网络爬虫技术

主　编　吴月萍
副主编　姚顺剑
参　编　李　涛　宋新宇　裴　华　程　灏

北京理工大学出版社

BEIJING INSTITUTE OF TECHNOLOGY PRESS

内 容 简 介

本书是一本专注于介绍如何通过技术实现爬取有用数据的书籍，内容包括网页构造的认识、静态网页的爬取、数据存储、动态网页爬取、反爬限制技术、Scrapy 爬虫框架。本书注重实践，适合用作应用型本科、高职院校等计算机相关专业的专业核心课的教材，或软件开发、大数据、人工智能等相关行业从业人员的技术性参考书籍。

图书在版编目（Ｃ Ｉ Ｐ）数据

网络爬虫技术／吴月萍主编．－－北京：北京理工大学出版社，2024.5
　　ISBN 978－7－5763－3157－8

Ⅰ.①网… Ⅱ.①吴… Ⅲ.①软件工具-程序设计
Ⅳ.①TP311.561

中国国家版本馆 CIP 数据核字（2023）第 228972 号

责任编辑：王玲玲		文案编辑：王玲玲	
责任校对：刘亚男		责任印制：施胜娟	

出版发行 / 北京理工大学出版社有限责任公司

社　　址 / 北京市丰台区四合庄路 6 号

邮　　编 / 100070

电　　话 / (010) 68914026（教材售后服务热线）
　　　　　　（010) 68944437（课件资源服务热线）

网　　址 / http://www.bitpress.com.cn

版 印 次 / 2024 年 5 月第 1 版第 1 次印刷

印　　刷 / 涿州市新华印刷有限公司

开　　本 / 787 mm×1092 mm　1/16

印　　张 / 20.25

字　　数 / 474 千字

定　　价 / 89.00 元

图书出现印装质量问题，请拨打售后服务热线，负责调换

前言

党的二十大报告强调科教兴国战略，推进教育、科技、人才"三位一体"融合发展，不断塑造创新发展新领域新赛道。因此，职业教育、高等教育要协同创新，促进产教融合校企"双元"育人，坚持知行合一、工学结合。依托校企合作的丰富资源和实践基础，根据生产实际需求、行业发展趋势，并结合高等院校的学情特点，校企双方共同开发具有实用性、有效性的真实任务和项目案例，形成了新形态《网络爬虫技术》的"立体化"教材。

随着互联网、大数据与人工智能的快速发展，数据在企业生产经营、商业决策、学术研究等各个领域都发挥着重要的作用。网络爬虫，又称为网络机器人，是自动获取数据的强大工具，能够按照特定的规则与算法，在网络上收集、提取、处理与存储数据，为其他应用提供数据支持，这些数据可以是网页内容、链接、图片、视频等各类有用信息。通过掌握网络爬虫技术，能够快速地获取所需的大量数据，大大提高工作效率和准确性。

然而，想要有效地使用网络爬虫技术并非易事，这涉及网络协议、网页结构、数据解析、数据存取、反爬技术与开发框架等多个方面，各个方面都需要深入理解并灵活运用。因此，编写一本具有实践性、系统性、全面性的网络爬虫技术教材，以帮助读者能够使用这一技术，具有重要的现实意义。

当前，Python 语言简单易用，而且还提供了大量优秀的第三方库和多样的爬虫技术，所以本书基于 Python 语言实现网络爬虫，要求读者首先具有 Python 语言开发基础。

本书以可测量的、明确的学习目标引出，通过"项目—任务—案例"形式展开，对所需的知识点进行全面的介绍，并给出了案例任务实现的详细操作步骤和相应的综合实战练习，每个项目后附有考核评价指导。全书由浅入深、实例生动、易学易用，可以满足不同层次读者的需求，也可以作为本科、高职院校的参考教材。

本书共分为如下六部分内容：

项目 1：网页构造的认识。本项目让读者辨识 HTTP/HTTPS 协议、网页前端技术、Session、Cookies、多线程与多进程等技术与网络爬虫之间的关系，并能实现安装与配置网络爬虫所需的编程工具。

项目 2：静态网页爬取。本项目针对静态网页实现 HTTP 的请求，并根据请求返回的数据，运用 BeautifulSoup 库、lxml 库、正则表达式和 Parsel 库进行解析，从而得到有用的信息。最后让读者能够使用这些技术，来获取静态网站中的数据。

项目 3：数据存储。本项目针对已经获取得到的数据，将数据存储于文本文件、

MySQL、MongoDB 与 Redis 中，供其他应用程序使用；或者将数据传递至 Kafka 或 RabbitMQ 中，供其他应用程序消费。最后让读者能够使用这些技术，将获取得到的数据进行持久化处理或传递给其他应用程序。

项目 4：动态网页爬取。本项目借助浏览器工具去分析网站业务结构，然后使用 JavaScript Hook、PyExecJS、Selenium 等工具来解析通过异步、加密与混淆等技术处理过的数据，从而完成数据的获取。最后让读者能够使用这些技术，来获取动态网页数据。

项目 5：反爬限制技术。本项目首先让读者认识常见的反爬限制技术，然后通过使用 OCR 技术、QPython 工具等解决验证问题，通过代理技术解决 IP、账号类限制。最后让读者能够使用这些技术，来提高数据获取的效率。

项目 6：Scrapy 爬虫框架。本项目基于 Scrapy 框架的各个组件与它们的作用，通过实战演示怎么去整合各类中间件、对接 Selenium 与 Splash，来完成一个比较复杂的爬虫程序。最后能够让读者理解框架的益处，并使用框架技术来提高编码效率。

本书特色：

1. 校企"双元"合作开发教材，实现校企协同"双元"育人

本书紧跟产业发展趋势和行业人才需求，及时将产业发展的新技术、新知识、新规范纳入教材内容，并吸收行业企业技术人员、能工巧匠等深度参与教材编写，以真实生产项目、典型工作任务、案例等为载体组织教学单元，从而保证了教材内容既有理论深度，也有实践广度。

2. 满足典型岗位（群）职业能力要求，立足于学习目标，完成一致性建构

本书直接对接行业中"网络爬虫工程师"岗位的需求，反映典型岗位（群）职业能力要求。以项目展开，以任务驱动，建构知识。同时，基于每个项目的学习目标，让学习者明确项目完成所能达到的知识、技能和素养，依托考核评价指导衡量标准。本书结构设计符合学生认知规律，由浅入深，从模拟实践到独立开发。

3. 新形态立体化教材，实现教学资源共享

教材编写组始终坚持立体化资源库的建设思路，在开发教材的同时，同步实施标准资源库的建设，配套教学课件、教学视频、案例源码、配套练习等数字课程资源的支持，并提供教学设计、课程标准、考核评价等文件参考。资源可以通过 http://www.techlabplt.com：8080/BD - PC/leaveContact.html 获取。新形态立体化教材非常适合学习者随时随地个性化地学习和教师的教学参考，也有助于教师开展线上线下混合创新教学模式。

由于网络爬虫技术依赖于网站数据，为了更好地支持本书项目化案例的稳定性，开发了专项网站，以满足不同案例任务的实施。

最后，感谢所有为本书编写与出版作出贡献的前辈、同事和朋友们，也特别要感谢在编写过程中给予莫大支持的纳斯卡信息科技（上海）有限公司、新华三人才研学中心、银联智策顾问（上海）有限公司等企业的领导、技术专家。我们希望本书能够帮助更多的读者走进网络爬虫的世界，掌握这一强大的数据处理工具，为未来的学习和工作打下坚实的基础。

由于本人水平和能力有限，编写时间仓促，书中不妥之处在所难免，恳请读者批评指正。

目录

项目 1
网页构造的认识

网页构造是创建和设计网站的过程，包括确定网站目标、规划网站架构、设计用户界面和功能、编写代码、测试和调试等步骤。

确定网站目标：在开始设计网站之前，需要明确网站的目标和受众，以便为用户提供良好的体验。

规划网站架构：考虑网站结构、导航和页面关系，以确保用户轻松找到所需信息。这通常涉及创建一个地图或流程图。

设计用户界面和功能：创建真实且易于使用的界面和功能，以确保用户获得最佳体验。功能设计包括确定需要哪些交互元素，如表单和按钮等。

编写代码：基于确定的设计和功能方案，使用 HTML、CSS 和 JavaScript 等技术创建代码，以构建用户可用的网站。

知识目标

- 概述大数据与网络爬虫之间的关系；
- 说出 HTTP 与 HTTPS 的区别；
- 说出 HTTP 协议基本原理；
- 概述 HTML 与 CSS 的关系；
- 说出 Session 和 Cookie 在网站中的作用；
- 概述多线程和多进程的用途。

技能目标

- 能安装网络爬虫所需要的编程环境与基础工具包；
- 能完成网络爬虫所需要的编程环境的配置；
- 能辨识网页前端技术与网络爬虫之间的关系；
- 能使用浏览器工具查看网页交互；
- 能模拟多线程与多进程的使用。

素养目标

- 通过本项目的学习，使学生可以理解大数据行业与网络爬虫之间的关系，培养学生对大数据行业的认识，提升学生学习本课程的兴趣；

- 通过清晰的知识框架、浅显易懂的语言风格，增强学生学习新知识的自信心；
- 培养学生具有基本的职业基础和信息素养；
- 培养学生要具有数据安全意识、尊重知识产权和个人隐私问题。

任务1.1　认识网络爬虫

1.1.1　大数据与网络爬虫

根据 Gartner 对 IT 基础设施领域云计算的未来发展趋势的预测，至 2025 年，将有 85% 的企业和组织采用云优先原则。加之人工智能、5G、智慧城市等新技术与应用的不断涌现，使得数据量呈指数级增长。在海量数据中，需要挖掘出有价值的数据，给上层应用提供支撑，使之服务于社会。综上所述，在大数据时代，信息的采集是一项非常重要的工作，如果单纯靠人力进行信息的采集，不仅低效烦琐、容易出错，而且采集的成本也会非常高。

此时，可以使用网络爬虫技术对海量数据进行自动采集，比如应用于搜索引擎中对网站关键信息进行爬取收录的采集；应用于物联网数据分析中对各传感器数据进行采集；应用于推荐系统中对个人数据进行采集。除此之外，还可以将网络爬虫应用于舆情监测与分析、目标客户数据的收集等各个领域。

网络爬虫又称网络蜘蛛、网络机器人等，可以替代人去自动地收集与整理互联网中有价值的数据信息。

对于工程技术型、应用型的大数据人才定位，如图 1 – 1 – 1 所示。学好网络爬虫技术，可以从事数据采集等工作。

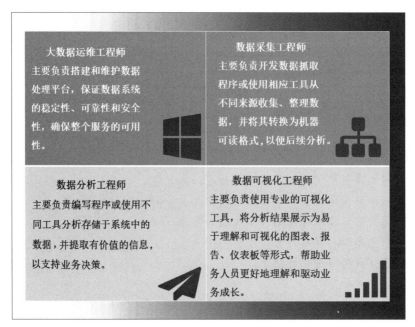

图 1 – 1 – 1　大数据人才定位

1.1.2　编程环境及工具包

1. 编程环境介绍

PyCharm 是一种流行的 Python 集成开发环境（IDE），由 JetBrains 开发，它提供了一系列的工具和功能，使得 Python 开发更加高效、方便和舒适。以下是其中的一些主要功能。

● 代码编辑器：PyCharm 的代码编辑器支持 Python 语法高亮、代码折叠、代码补全、代码格式化等功能，能够帮助程序员快速编写高质量的 Python 代码。

● 调试工具：PyCharm 集成了 Python 的调试器，可以让程序员在开发过程中方便地调试 Python 代码，识别和修复错误。

● 代码检查和提示：PyCharm 提供了代码静态分析功能，可以帮助程序员发现代码潜在的问题和错误，并给出相应的修复建议。

● 交互式 Python 控制台：PyCharm 内置了交互式 Python 控制台，程序员可以在其中输入和运行 Python 代码片段，方便、快捷地测试和验证 Python 代码。

● 自动化测试工具：PyCharm 支持自动化测试，并提供了一系列的测试工具和框架，如 unittest、pytest 等，可以帮助程序员编写和运行 Python 单元测试。

● 项目管理：PyCharm 支持多个 Python 项目，并提供了一个方便的项目管理器，使得开发人员能够轻松地切换和管理不同的 Python 项目。

● 数据库工具：PyCharm 集成了常用的数据库工具，如 PyMySQL、SQLAlchemy 和 Psycopg2 等，可以方便地连接和管理不同的数据库。

● 代码版本控制：PyCharm 支持多种代码版本控制系统，如 Git、Subversion 等，能够方便地管理和维护 Python 代码。

2. Python 3.7 环境安装

● 双击运行 Python 安装程序，勾选"Add Python 3.7 to PATH"，单击"Customize installation"，如图 1 – 1 – 2 所示。

图 1 – 1 – 2　选择安装方式

● 按照图 1 – 1 – 3 所示，勾选所有可选功能项，单击"Next"按钮。

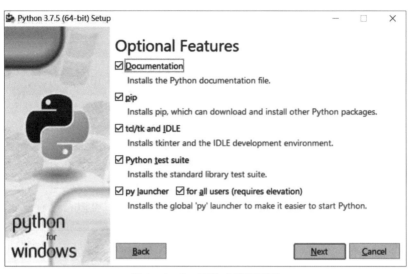

图 1 - 1 - 3 可选功能项界面

- 按照图 1 - 1 - 4 所示，勾选高级可选项，单击"Install"按钮。

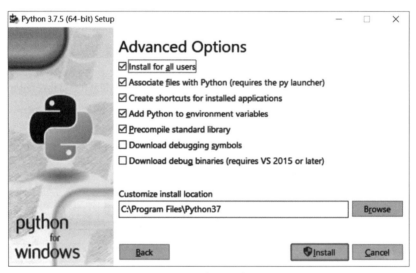

图 1 - 1 - 4 高级可选项界面

- 等待安装完毕后，打开 Windows cmd 命令行界面。在 cmd 界面输入"python"，再输入 print('您好')。如图 1 - 1 - 5 所示，说明 Python 安装已完毕。

图 1 - 1 - 5 Python 测试安装完毕

● 修改 pip3 的镜像源，在 Windows cmd 命令行内输入 python－m pip install －－upgrade pip－i https：//pypi. tuna. tsinghua. edu. cn/simple some－package－－user，设置完毕后，再输入 pip config set global. index－url https：//pypi. tuna. tsinghua. edu. cn/simple。（默认采用海外源，安装插件的速度较慢。修改为国内清华源后，下载速度加快。）

3. PyCharm 安装

● 双击 PyCharm 安装程序，单击"Next"按钮，如图 1－1－6 所示。

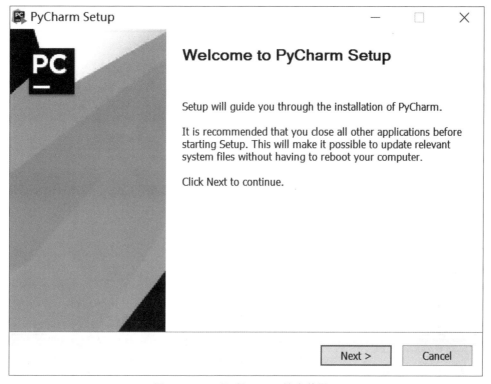

图 1－1－6　PyCharm 开始安装界面

● 选择 PyCharm 程序的安装路径，单击"Next"按钮，如图 1－1－7 所示。
● 按照图 1－1－8 所示，勾选所有安装选项，单击"Next"按钮。
● 单击"Install"按钮，如图 1－1－9 所示。
● 等待安装完毕后，双击 PyCharm 图标，出现如图 1－1－10 所示界面，勾选"I confirm…"选项，单击"Continue"按钮。
● 单击"Don't Send"按钮，如图 1－1－11 所示。
● 单击"Skip Remaining and Set Defaults"按钮，如图 1－1－12 所示。
● 选择"Evaluate for free"选项，单击"Evaluate"按钮免费试用，如图 1－1－13 所示。
● 单击"Create New Project"按钮，如图 1－1－14 所示。
● 选择项目路径（根据自身电脑的情况，选择相应的路径）与 Python 版本，如图 1－1－15 所示。
● 新建一个 Python 程序并执行，如图 1－1－16 所示，证明安装与配置已完成。

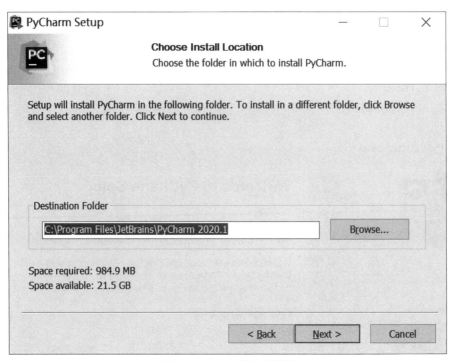

图 1 - 1 - 7　安装路径界面

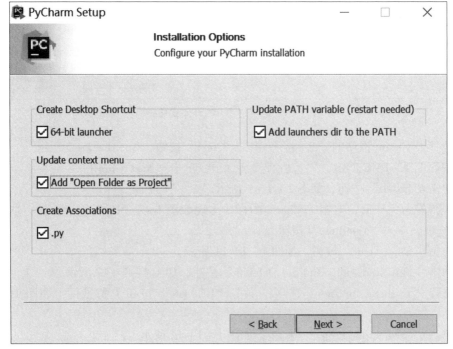

图 1 - 1 - 8　安装选项界面

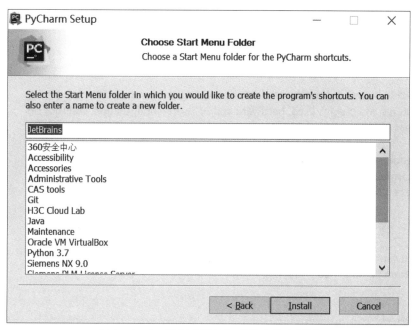

图 1 - 1 - 9　选择"开始"菜单文件夹界面

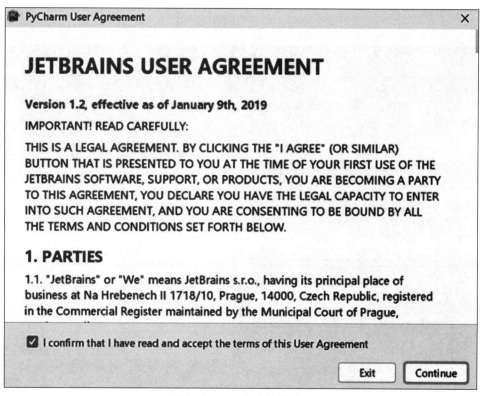

图 1 - 1 - 10　用户协议界面

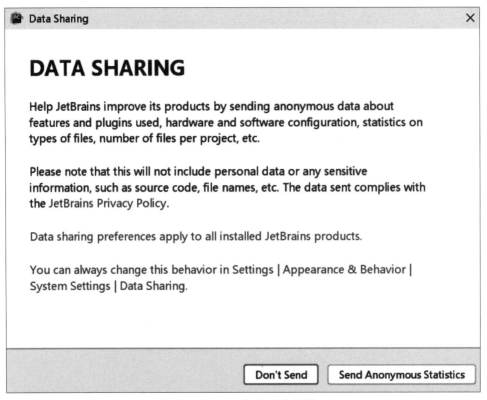

图1-1-11 数据分享界面

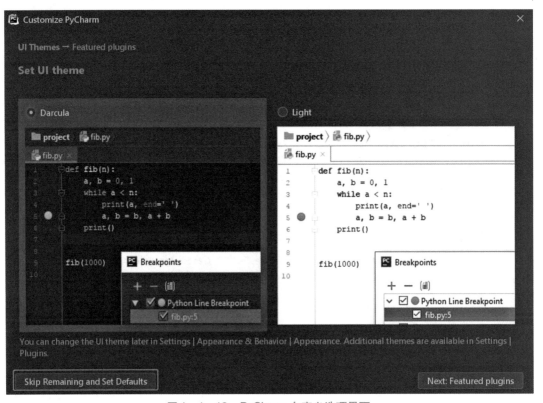

图1-1-12 PyCharm自定义选项界面

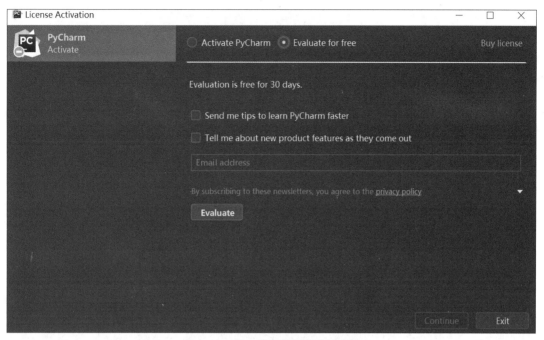

图 1 - 1 - 13　激活或免费试用界面

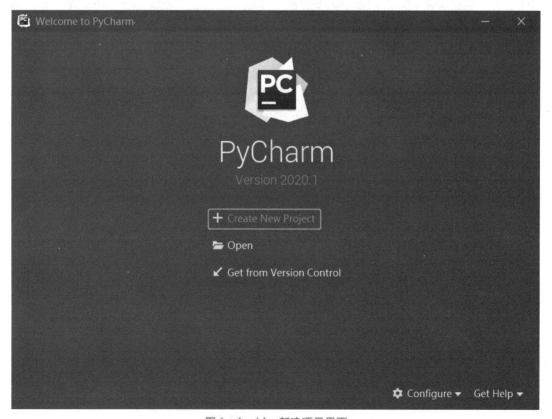

图 1 - 1 - 14　新建项目界面

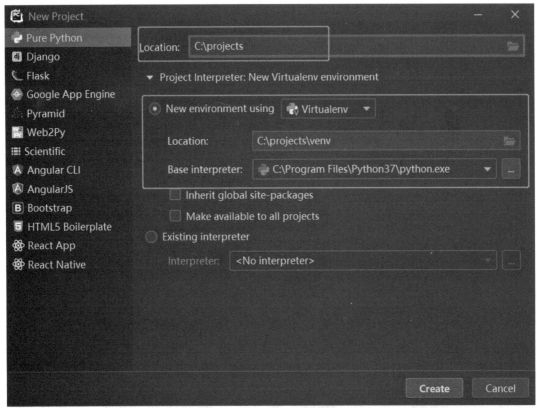

图 1 - 1 - 15　项目环境设置界面

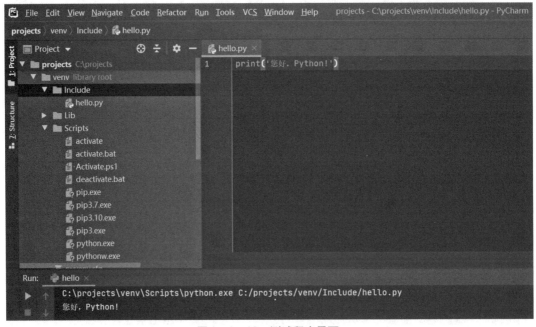

图 1 - 1 - 16　测试程序界面

HTTP 和 HTTPS

任务 1.2　网页构造

1.2.1　HTTP 和 HTTPS

HTTP（HyperText Transfer Protocol，超文本传输协议）是应用层的一个协议。打开浏览器，HTTP 是浏览网页时使用的最重要的协议。用户浏览过程中，客户端浏览器（客户机）和 Web 服务器（服务器）之间采用 HTTP 协议进行通信。

HTTPS（HyperText Transfer Protocol Secure，超文本传输安全协议）是以安全为目标的 HTTP 通道，在 HTTP 的基础上，通过传输加密和身份认证保证了传输过程的安全性。简单来说，HTTPS 在 HTTP 的基础上增加了 SSL（Secure Socket Layer，安全套接层），通过 HTTPS 传输的内容都是经过 SSL 加密的，用于保证数据传输的安全性。

通过客户端浏览器（例如 Chrome、Firefox、Safari 等，以下以 Chrome 为例）访问网站（http://www.techlabplt.com）时，HTTP 协议所起到的作用一般包括如下四个步骤：

- 建立连接：客户端浏览器与 Web 服务器建立连接，打开一个 Socket 连接。
- 发送请求（Request）：客户端浏览器通过 Socket 向 Web 服务器提交请求。HTTP 的请求一般为 Get、Post、Put 和 Delete。
- 响应请求（Response）：Web 服务器端获取请求后，根据请求体的内容，进行事务处理，最后将处理结果通过 HTTP 协议传回给客户端浏览器，客户端浏览器解析后，显示出所请求的页面。
- 关闭连接：当应答结束后，客户端浏览器与 Web 服务器断开。

HTTP 协议的工作流程如图 1-2-1 所示。

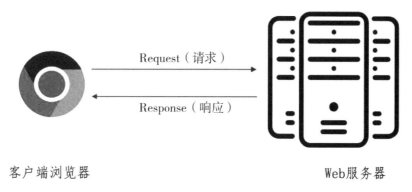

客户端浏览器　　　　　　　　　　　　　　Web 服务器

图 1-2-1　HTTP 协议工作流程

为了更直观地说明上述整个过程，通过 Chrome 浏览器的开发者工具模式下的 Network 组件来演示一下网站（http://www.techlabplt.com:8081）的访问。Network 组件可以在请求访问网站的时候，显示所有产生的请求和响应的数据。

打开 Chrome 浏览器访问网站（http://www.techlabplt.com:8081），此时按 F12 键，或者右击，选择"检查"选项来打开 Chrome 浏览器的开发者工具，如图 1-2-2 所示。

图 1-2-2　Chrome 浏览器的开发者工具界面

通过 Chrome 浏览器看到的"爬取测试"，可以在"Elements"选项卡内看到对应的数据。

切换到"Network"选项卡，然后按快捷键 F5 刷新网页，可以看到在"Network"下面有很多条数据，每一条数据就代表着一次请求和响应，如图 1-2-3 所示。

图 1-2-3　"Network"选项卡

表头各列所代表的含义如下所示。

- Name：请求的资源名称，单击名称可以查看资源的详情。
- Status：HTTP 响应状态码，状态码为 200 代表这个请求的响应是正常的。通过状态码，可以了解到请求发出后的响应是否正常。
- Type：请求的资源 MIME 类型。
- Initiator：请求源，用来标记这个请求是由哪个对象或进程发起的。
- Size：从服务器侧下载的文件和请求的资源大小。如果是从缓存中取得的资源，则该项会显示（from disk cache）。

- Time：客户端发起 Request 请求到服务端响应 Response 请求，并把资源下载到客户端所用的时间，以 ms（毫秒）为单位。
- Waterfall：显示网络请求的可视化瀑布流（时间状态轴）。

单击"Headers"选项卡第一条数据（http://www.techlabplt.com:8081），如图 1-2-4 所示。

图 1-2-4　"Headers"选项卡

在"Headers"选项卡内分为三部分，具体内容如图 1-2-5 所示。

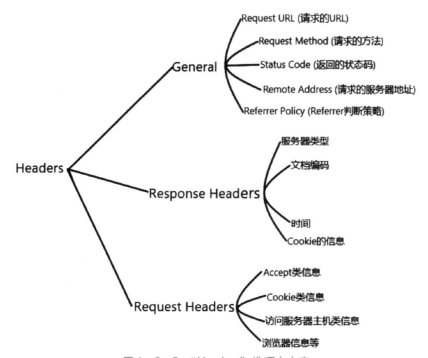

图 1-2-5　"Headers"选项卡内容

Request Method：请求的方法。一般分为四种，即 Get、Post、Put 和 Delete，常用的为 Get、Post。Get 请求是最常见的一种请求方式，通过网址内携带参数来获取数据，可以看到

图 1-2-4 上面的一条数据链接就是 Get 类的请求。Post 请求用于 Form 表单或带有数据的提交。一般表单数据填写完成后，用 Post 请求来提交服务器。

Status Code：用于判断 Response 返回的数据状态信息，状态码与其含义解释如下所示。

● 1××：代表信息的状态码。

100：Continue（继续），一般用在发送 Post 请求时，已发送了 HTTP Header 之后，服务器端将返回此信息，表示确认，之后再发送具体参数信息。

● 2××：代表成功的状态码。

200：Ok，正常返回数据。

202：Accepted，服务器已接受请求，但尚未处理。

● 3××：代表重定向的状态码。

301：Moved Permanently，请求的网页已永久移动到新的服务器。

302：Found，临时性重定向。

304：Not Modified，最近一次访问该页面以来，浏览器中存储（缓存）的资源没有被修改。

● 4××：代表客户端错误的状态码，此类错误一般是客户端的问题引起的无法访问。

400：Bad Request，服务器无法理解客户端请求的格式。

401：Unauthorized，请求未授权。

403：Forbidden，禁止访问。

404：Not Found，找不到与访问相匹配的资源。这是最常见的一种报错，一般是客户端输错了网站访问的资源地址引起的。

● 5××：代表服务器错误的状态码，此类错误一般是服务器端的问题引起的无法访问。

500：Internal Server Error，最常见的服务器端错误，比如服务器端的异常未处理引起的无法访问。

503：Service Unavailable，服务器端暂时无法处理请求，比如服务器过载。

单击"Response"选项卡，在"Response"里面的内容就是响应返回的数据；本条数据中，就是网页（http://www.techlabplt.com:8081）的 HTML 内容，如图 1-2-6 所示。

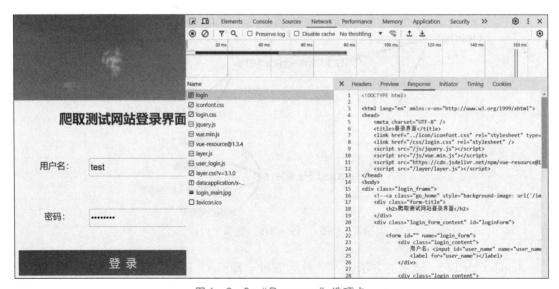

图 1-2-6 "Response"选项卡

1.2.2　HTML 和 CSS

通过浏览器访问网站的时候，所看到的界面称为网页。网页是网站中的"一页"，通常是 HTML 格式的文件，可以直接通过浏览器打开，如图 1 – 2 – 7 所示。

图 1 – 2 – 7　浏览器打开 HTML 文件

网页是构成网站的基本元素，它通常包含文字、图片、视频、链接等内容。网页通常是以 .htm 或 .html 结尾的文件，因此俗称为 HTML 文件。

HTML 是用来描述网页的一种语言。HTML 不是一种编程语言，而是一种标记语言（Markup Language）。标记语言是一套标记标签（Markup Tag）。

HTML 常用标签见表 1 – 2 – 1。

表 1 – 2 – 1　HTML 常用标签

标签名称	分类	说明
< html ></ html >	HTML 标签	页面中最靠外的标签，定义为根标签
< head ></ head >	文档的头部	头部标签，里面有 title 和资源类等标签
< title ></ title >	文档的标题	网页的标题

续表

标签名称	分类	说明
< body ></ body >	文档的主体	文档的内容基本都放在 body 内
< div ></ div >	文档内容	布局内容,一般独占网页内的一行
< span ></ span >	文档内容	布局内容,网页内的一行可以存放多个
< img ></ img >	图像内容	用于定义页面内的图像
< a ></ a >	超链接	用于定义超链接
< table ></ table >	表格	用于定义表格
< tr ></ tr >	表格中的行	用于定义表格中的一行,嵌套在 table 内
< td ></ td >	表格中的列	用于定义表格中的一列,嵌套在 tr 内
< th ></ th >	表格中的表头	用于定义表格中的表头,嵌套在 tr 内
< form ></ form >	表单	用于定义表单域,一般用于用户信息的收集与传递

HTML 标签可以完整地构建整个网页的内容,但要使网页看起来舒服、美观,就需要使用到 CSS。

CSS(Cascading Style Sheets,层叠样式表)相当于网页的美容师,它也是一种标记语言。主要用于给 HTML 页面设置版面布局、外观样式;给文本内容设置字体、大小、颜色、摆放位置、对齐方式等;给图片内容设置长、宽、边框样式、边距、阴影等。HTML 没有 CSS 与有 CSS 的情况分别如图 1 - 2 - 8 与图 1 - 2 - 9 所示。

图 1 - 2 - 8 没有 CSS 的网页界面

从图 1 - 2 - 8 与图 1 - 2 - 9 的对比可知,在没有 CSS 的情况下,页面内所有的内容布局杂乱无章,仿佛是没有装修的毛坯房;在有 CSS 的情况下,页面布局合理,比没有 CSS 的情况美观了很多。换言之,HTML 类似于毛坯房,CSS 类似于毛坯房内的硬装和软装。

图 1 - 2 - 9　有 CSS 的网页界面

打开 Chrome 浏览器，同样，通过按 F12 键打开开发者工具，选择 "Network" 选项卡，当打开一个网页时，除了可以获取到 HTML 页面外，里面有很多以 . css 结尾的文件，这些文件就是 CSS 文件，如图 1 - 2 - 10 所示，用于点缀和装饰页面；还有很多以 . js 结尾的文件，这些文件是 JavaScript 文件，用来实现动态网页显示的文件。

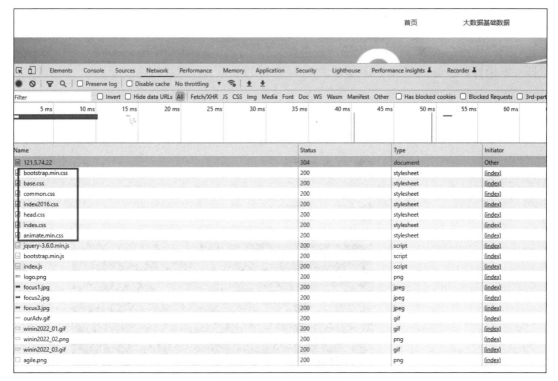

图 1 - 2 - 10　CSS 文件

1.2.3　Session 和 Cookie

通过 Web 浏览器打开网站的时候，部分网站的内容不需要输入账号和密码等验证手段就可以直接访问，但是有些网站资源需要登录后才能访问。比如购物网站、招聘网站、资源下载类网站等。当登录这些网站后，可以连续多次访问此类资源而不需要重复登录。还有一些网站登录后，即使关闭浏览器或很长时间不使用，也不需要重新登录，这其中就涉及 Session 与 Cookie 的相关知识。

在了解 Session 与 Cookie 之前，先了解一下静态网页与动态网页。如下代码可以构成一个简单的静态网页：

```html
<html >
    <head >
        <title >这是第一个例子</title >
    </head >
    <body >
        <div >
            <h1 >第一个例子</hi >
            <p >你好,世界!<p >
            <img src = "1.png" >
        </div >
    </body >
</html >
```

把此段代码放入 Notepad 编辑器，并将此文件另存为以 . html 结尾的文件，可以通过浏览器在本地打开，如图 1 - 2 - 11 所示。

图 1 - 2 - 11　本地 HTML 文件

此 HTML 文件为静态网页，里面的内容是静态固定的，不会随着时间或者操作而改变。如果需要发布此网页，可以在某台具有固定 IP 地址的主机上，先部署 Nginx 或 Tomcat 等服务器，然后把这个静态网页发布到此 Web 服务器内，那么其他人就可以通过 IP 地址来访问这个静态网站。

此静态网页是由 HTML 代码编写而成的。其中包括文字、图片等内容。静态网页编写简单、服务器处理速度快、占用资源小，但同时也暴露了很多问题。比如，其显示的内容是固定的，如需要修改内容，必须要修改 HTML 文件，导致可维护性差；又如，无法针对不同的访问人群显示不同的内容。

针对这些突出的问题，动态网页技术应运而生。它可以辨别访问人群、参数、时间，通过关联数据库、中间件等手段动态呈现不同的内容。现在看到的绝大部分的网站都是通过这些技术来构建的。比如，购物网站，不同的人群，浏览网站看到的商品是不一样的；不同的时间段，看到的商品也不一样；甚至浏览了某些商品后，再回过头来看到的商品也是不一样的。这些功能是静态网页无法完成的，只能通过动态网页来实现。

要实现这些功能，就需要携带用户信息来识别不同的用户，从而加载不同的数据，来分析不同的用户习惯和行为或不同的权限内容。

那么如何携带用户信息呢？就像进入大厦或者学校，有工牌或学生证就可以自由进入有权限的地方。在动态网站里，就要用到 Session 和 Cookie 了。

在了解 Session 和 Cookie 之前，还需要介绍 HTTP 协议的特点，即，它是无状态的。客户端发送 Request 请求，服务器处理完返回 Response 响应，但是每次的过程都是完全独立的，服务器不会记录前后的状态关联关系，这样就导致如果需要获取用户信息，每次都需要登录，才能访问相应的资源。这样对于用户来说，体验感是很差的。

此时，Session 和 Cookie 这两种用于保持 HTTP 连接状态的技术应运而生。Session 在服务器侧，用于保存用户的 Session 信息；Cookie 在第一次登录操作后，保留在用户侧，浏览器在请求访问相同网站资源的时候，一并带上发送给服务器，服务器通过解析 Cookie 来识别相应的用户，判断其登录状态和权限，并响应访问的数据返回给客户端。

接下来，通过一个例子来详细说明 Session 和 Cookie 的工作机制。当登录网站，浏览网页时，Web 服务器为这个用户开启了一个 Session，Session 用来存储用户的配置信息等，并且给用户创建一个 Cookie。这样，当用户在不同的页面进行跳转的时候，携带这个 Cookie 来标识用户身份信息，服务器可以根据存储的 Session 来判断不同的用户，从而返回不同的信息与访问权限。就好比新员工入职公司，会给每位员工发门禁卡，这样员工就能进入有权限的公司场所，直到员工离职回收门禁卡。

以下是访问网站后，在 Web 浏览器（Chrome）存储的 Cookie 信息。打开 Chrome 浏览器的"开发者工具"，选择"Application"选项卡，在"Storage"下的"Cookies"内详细记录了每个网站的 Cookie 信息，如图 1-2-12 所示。

在浏览器的 Cookie 内有如图 1-2-13 所示的重要信息。

此例中的 Cookie 只有在访问相应网站资源（www.techlabplt.com:8081）的时候才能使用，并且随着 Session 的失效而删除。简而言之，一般会随着浏览器的关闭而删除。

图 1 - 2 - 12　Cookie 信息

图 1 - 2 - 13　Cookie 内容

　　建立 Session 并获取到 Cookie 信息后，再访问站内其他资源的时候，Cookie 信息就会携带在"Request Headers"内，如图 1 - 2 - 14 所示，从而使接收到这个 Request 的 Web 服务器能够通过 Session 来识别用户信息，给予不同的信息和权限响应给用户。

　　在爬虫的时候，可以使用获取到的 Cookie 或 Token 等信息，来获取登录后才能显示的信息内容。

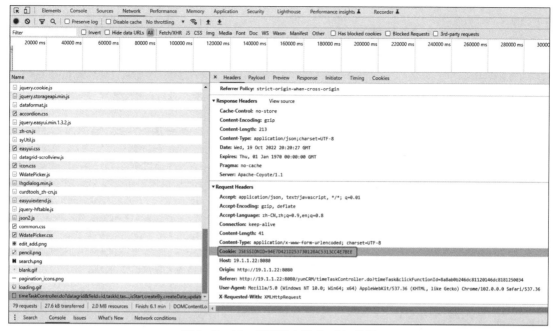

图 1 - 2 - 14　浏览器内的 Cookie 信息

1.2.4　多线程和多进程

在使用电脑的时候，既可以打着游戏，又可以听着音乐，并可以使用办公软件。这是怎么做到的呢？这里不得不介绍一下多线程与多进程的概念。

当电脑打开游戏，或者音乐，又或者使用办公软件时，都代表着一个个进程。那么它们为什么可以同时稳定流畅地运行呢？这就是多线程的作用。就好比工厂内的生产线，有很多道工序来完成一个产品，每道工序由一个或多个工人完成。这样生产产品的效率是最高的，其中每一道工序相当于一个进程，工人相当于线程。同样，服务器或个人电脑也是多个线程来处理大量的进程，这样处理的速度会快很多。

那么为什么要使用多线程和多进程呢？举个例子，当执行一个程序的时候，有一些操作是比较耗时的，比如数据的存取类操作（数据库或文本的存储）。这时如果使用单线程，那么在操作的时候，必须等待结果返回，才能执行下一步的操作。这时如果使用多线程，不必等待返回，还可以执行其他的操作。

换言之，对于网络爬虫来说，爬虫程序在向服务器发出请求的过程中，需要等待服务器响应数据；在得到数据后，需要进行数据处理；处理完成后，需要存储到合适的空间（文本、数据库和缓存等）内。这就像生产线的多道工序。那么如果每道生产线有多个工人，或者有多条生产线，此时大大增加了产量。同样，多线程和多进程对于网络爬虫来说，可以极大地提高运行效率。

接下来看一下 Python 中多线程是怎么被执行的。以下是一个简单的多线程例子：

```
import threading
import time
```

```
#需要执行的内容
def run(n):
  print("当前任务:",n)
  #暂停1秒
  time.sleep(1)
  print("欢迎来到我们的世界:",n)

if __name__ =="__main__":
  for i in range(5):
    t = threading.Thread(target = run,args = ("线程" + str(i),))
  t.start()
```

输出结果如图 1 – 2 – 15 所示。

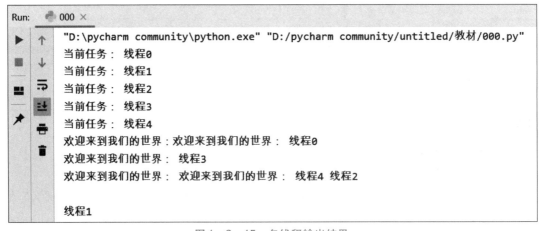

图 1 – 2 – 15　多线程输出结果

从输出结果可以看到，第二个 print 的输出就显得杂乱无章。多个线程在同时执行的过程中，线程之间并非严格遵守执行顺序，这就会造成线程不安全的情况。比如上面的 print 会自动添加换行符，但在换行执行时可能存在线程不安全的情况，导致换行和下一句输出同时发生，从而导致输出混乱。

接下来看一下 Python 中多进程是怎么被执行的。以下是一个简单的多进程例子：

```
from multiprocessing import Process
import time
class myProcess(Process):
  def __init__(self,name):
    super(myProcess,self).__init__()
    self.name =name
  def run(self):
    print('进程名称:' + self.name)
    time.sleep(1)
    print("欢迎来到我们的世界:" + self.name)
```

```
if __name__ == '__main__':
  for i in range(5):
    p = myProcess("进程" + str(i))
    p.start()
  for i in range(5):
    p.join()
```

输出结果如图1-2-16所示。

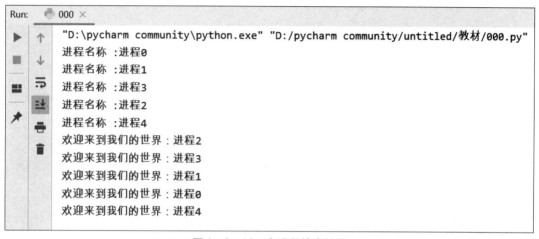

图1-2-16 多进程输出结果

那么，在编写网络爬虫时，是使用多线程还是多进程呢？

线程是进程的子集，一个进程可能由多个线程组成。一般情况下，对于CPU密集型，比如程序更多的是用于计算，例如机器学习、科学计算等，建议使用多进程；对于I/O（输入/输出）密集型，比如程序更多的是进行输入/输出操作，例如存取文件、读取数据库等，建议使用多线程。所以，对于网络爬虫来说，更多的是后者的操作，建议采用多线程的方式。

练一练

1. 以下不是HTML标签的是（　　）。

A. < head >　　　　B. < body >　　　　C. < python >　　　　D. < css >

2. 以下不是HTTP方法的是（　　）。

A. GET　　　　B. POST　　　　C. PUT　　　　D. DELETE

3. 在HTML中，用于创建超链接的标签是（　　）。

4. 写爬虫是用多进程好还是多线程好？为什么？

5. 解释HTTP状态码200和404的含义。

6. 解释HTTPS和HTTP的区别，并说明为什么HTTPS更安全。

考核评价单

项目	考核任务	评分细则	配分	自评	互评	师评
网页构造的认识	1. 浏览器和编程环境	1. 能安装常用主流的浏览器，5 分； 2. 能安装网络爬虫的编程环境与基础工具包，10 分； 3. 说出网络爬虫能够使用的编程环境以及不同编程环境的优缺点，5 分； 4. 列举现今主流的浏览器，5 分。	25 分			
	2. 认识网页构造	1. 说出网页运行原理，5 分； 2. 解释 HTML、CSS、JS 文件的区别，5 分； 3. 解释进程和线程的概念，5 分； 4. 解释 Session 和 Cookie 在网页中的作用，5 分； 5. 能辨认 HTML 文件基本元素，5 分； 6. 能说出 CSS 文件、JS 文件的功能，5 分； 7. 能使用浏览器的开发者模式，通过指定的网页内容说出 Elements、Network 选项卡下的信息的含义，20 分。	50 分			
	3. 学习态度和素养目标	1. 考勤（10 分，缺勤、迟到、早退，1 次扣 5 分）； 2. 按时提交作业，5 分； 3. 诚信、守信，5 分； 4. 符合职业素养要求，体现学生一丝不苟、严谨求实的学习态度，5 分。	25 分			

项目 2

静态网页爬取

　　静态网页不需要通过服务器编译，通常也不需要访问数据库，而是直接加载到客户端浏览器上显示出来，从而减少了系统的消耗，运行的速度比较快，适用于一般更新较少的展示型网站。在介绍 Session 和 Cookie 的时候，提到过静态网页是标准的 HTML 文件，它的扩展名是 . htm、. html，可以包含文本、图像、声音、Flash 动画、客户端脚本和 ActiveX 控件及 Java 小程序等。本项目是针对静态网页实现 HTTP 的请求，并根据请求返回的数据，运用 BeautifulSoup 库、lxml 库、正则表达式和 Parsel 库等进行解析，从而得到有用信息。

知识目标

- 说明 pip 源的作用；
- 说出 Requests 与 HTTPX 库爬取网站的过程；
- 说出 Requests 库内的方法；
- 说出 BeautifulSoup 库的遍历方法；
- 说出正则表达式的常用语法。

静态网页爬取

技能目标

- 能完成 pip 源的修改；
- 能完成 Python 第三方库的安装；
- 能使用 Requests 库爬取网站内容；
- 能使用 HTTPX 库爬取网站内容；
- 能使用 BeautifulSoup 库解析网站内容信息；
- 能使用 Requests 和 BeautifulSoup 库进行网站内容分析；
- 能使用 lxml 库解析 HTML 文件；
- 能使用 XPath 语法提取所需的网站内容信息；
- 能使用 Parsel 库中 Selector 类提取网站内容；
- 能设计与完成静态网站的爬取任务。

素养目标

● 通过不断地引导学生通过一定的解析方法获取静态网站的内容，从而让学生建立网络爬虫的知识体系；

● 通过一些深入浅出的实例，增强学生对于理论知识的理解，建立理论结合实际的学习方法；

● 在静态网站内容的获取与解析方法的学习过程中，不断培养学生自主思考与分析问题、解决问题和再学习的能力；

● 强调编码的可读性、健壮性和友好性，培养学生具有职业程序员的编码的基本素养；

● 正则表达式的常用符号较多，并且语法复杂，在创建正则表达式时，需要具有严谨的工作态度以及精益求精的工作精神。

项目准备：

项目所安装的环境为 Python3.7 或以上，集成开发环境（IDE）为 PyCharm 2020.1 或以上。

Python 第三方库的常用安装方法有很多种，这里只罗列针对以下所用的库安装的方法。

1. pip 安装

在安装好 Python 之后，pip 就会一同安装，可以在 cmd 命令行使用如下命令确认 pip 是否成功安装，以及确认安装的版本。

```
pip --version
```

结果如下所示。

```
pip 22.1.2 from c:\users\administrator\appdata\…\lib\site-packages\pip(python 3.7)
```

pip 成功安装后，在 cmd 命令行输入以下命令进行安装第三方库：pip/pip3 install 库名，如图 2-0-1 所示。

图 2-0-1　cmd 中安装库成功

在 Python2 中使用 pip 安装，在 Python3 中既可以使用 pip，也可以使用 pip3 安装。pip 默认指定给 Python2 使用，pip3 指定给 Python3 使用。

若 pip 库安装失败，则极有可能是源的问题，接下来就详细介绍一下如何修改源。

● 找到如下路径：C:\Users\Administrator\AppData\Roaming（Administrator 为个人电脑

的用户名），如图 2 - 0 - 2 所示。

名称	修改日期	类型	大小
.anaconda	2021/11/17 星期三 10:25	文件夹	

此电脑 › 本地磁盘 (C:) › 用户 › Administrator › AppData › Roaming

图 2 - 0 - 2　Roaming 文件夹路径

● 新建一个 pip 文件夹，在 pip 文件夹里面新建一个配置文件 pip. ini，如图 2 - 0 - 3 所示。

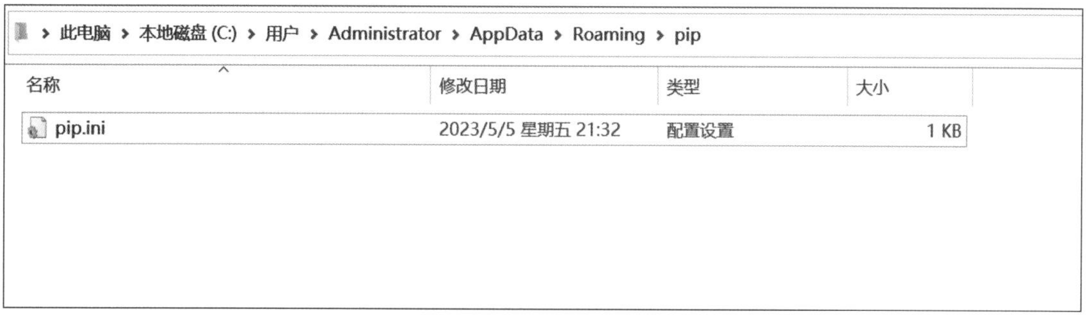

此电脑 › 本地磁盘 (C:) › 用户 › Administrator › AppData › Roaming › pip

名称	修改日期	类型	大小
pip.ini	2023/5/5 星期五 21:32	配置设置	1 KB

图 2 - 0 - 3　新建 pip 文件

● 在配置的文件中输入以下内容后保存（此镜像源为国内源）。

```
[global]
trusted - host = mirrors. aliyun. com
index - url = http://mirrors. aliyun. com/pypi/simple
```

2. 在集成开发环境 PyCharm 中安装第三方库

打开 PyCharm，然后新建或打开一个 Project，在菜单栏中选择 "File"→"Settings" 命令。在弹出的对话框中选择左侧的 "Project Interpreter" 选项，在窗口右上方确认 Python 环境。单击 " + " 按钮添加第三方库，如图 2 - 0 - 4 所示，接着在 "Available Packages" 对话框中输入第三方库名。

选中需下载的库，然后单击 "Install Package" 按钮，如图 2 - 0 - 5 所示。

PyCharm 中第三方库安装成功后，如图 2 - 0 - 6 所示。

PyCharm 中第三方库安装失败后，如图 2 - 0 - 7 所示。

当然，在 PyCharm 中新建项目时，也可以勾选图 2 - 0 - 8 中的 "Inherit global site - packages" 复选项，将已经安装好的库导入当前项目中。

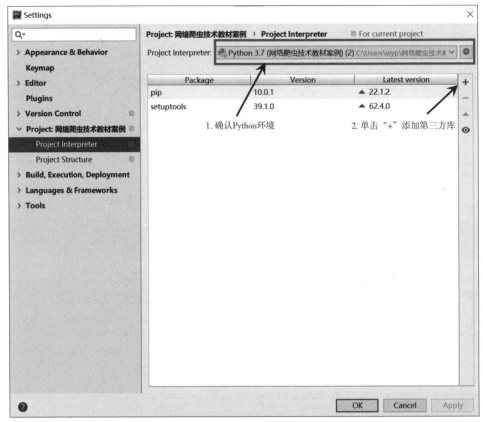

图 2 - 0 - 4　在 PyCharm 中安装第三方库的步骤一

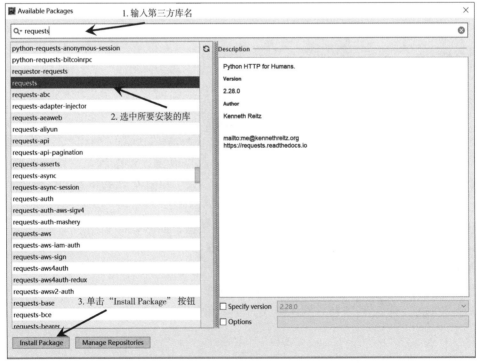

图 2 - 0 - 5　在 PyCharm 中安装第三方库的步骤二

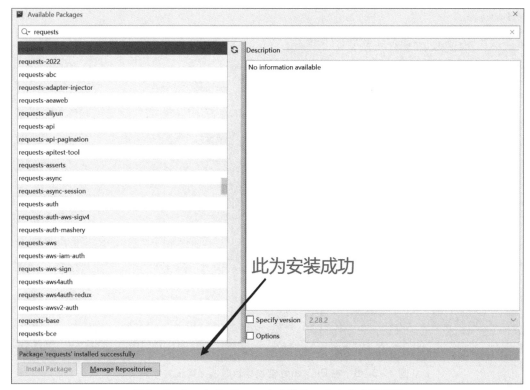

图 2 - 0 - 6　在 PyCharm 中安装第三方库成功的界面

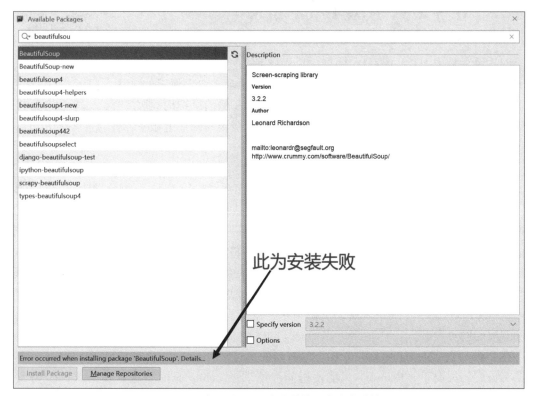

图 2 - 0 - 7　在 PyCharm 中安装第三方库失败的界面

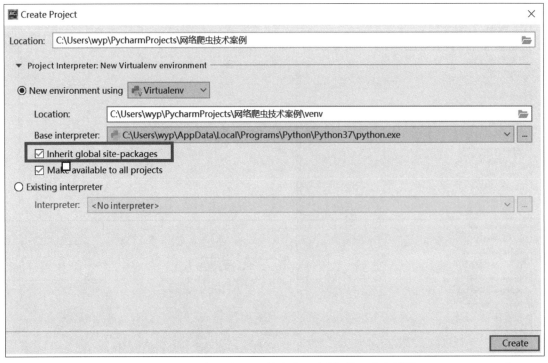

图 2 - 0 - 8　在 PyCharm 创建项目时选择第三方库界面

Requests 库的使用

任务2.1　实现 HTTP 请求

　　网站通常采用 HTTP/HTTPS 协议，后面统称为 HTTP。HTTP 采用了请求/响应模型。客户端向服务器发送一个请求，请求头包含请求的方法、URL、协议版本，以及包含请求修饰符、客户信息和内容类似于 MIME 的消息结构。服务器以一个状态行作为响应，响应的内容包括消息协议的版本、成功或者错误编码加上服务器信息、实体元信息以及可能的实体内容等。

　　HTTP 已经演化出了很多版本，要查看网页协议的具体版本，可以在浏览器中按 F12 键，或鼠标右击，选择"检查"进入浏览器调试信息界面。以 Chrome 浏览器为例，如图 2 - 1 - 1 所示。选择"Network"选项，刷新网页，默认的情况下，Protocol 协议不显示，可以通过鼠标右击"Name"这一栏，在快捷菜单中选择"Protocol"，即可看到网页的协议版本，目前大部分网页使用的 HTTP 版本为 HTTP1.1 和 HTTP2。

　　要完成一个网页的爬取，首先需要实现 HTTP 网络请求，其原理就像网络连接，计算机作为客户端发出 Request 请求，服务器经过解析和处理做出 Response 回应。一个基本的爬取也是通过 URL 地址，生成请求头，发出请求，并查看返回结果类型、状态码、编码、响应头和获取的网页内容。

　　在 Python 众多的 HTTP 客户端中，最有名的莫过于 Requests、Aiohttp 和 HTTPX。在不借助第三方库的情况下，Requests 只能发送同步请求；Aiohttp 只能发送异步请求；HTTPX 既能发送同步请求，又能发送异步请求。下面介绍两个最常用的库：Requests 和 HTTPX。

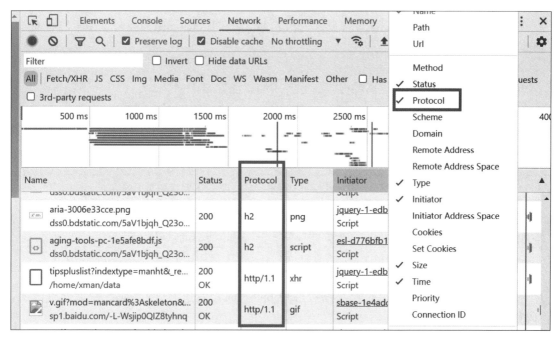

图 2-1-1　Protocol 的设置

2.1.1　Requests 库的使用

Requests 库是 Python 的一个第三方库，专门用于发送 HTTP 请求，使用起来比 Python 自带的库 Urllib 简洁很多，且功能更强大，是最常用的请求库。

Requests 库中有 7 个常用方法。见表 2-1-1。

表 2-1-1　Requests 库的 7 个常用方法

方法	说明
requests. request( )	构造一个请求，支撑以下各方法的基础方法
requests. get( )	从指定的资源请求数据，对应 HTTP 中的 Get 方法
requests. head( )	获取 HTML 网页的头信息，对应 HTTP 中的 Head 方法
requests. post( )	向指定的资源提交要被处理的数据，对应 HTTP 中的 Post 方法
requests. put( )	向 HTML 网页提交 Put 方法，对应 HTTP 中的 Put 方法
requests. patch( )	向 HTML 网页提交局部修改的请求，对应 HTTP 中的 Patch 方法
requests. delete( )	向 HTML 提交删除请求，对应 HTTP 中的 Delete 方法

其中，Request 方法是 Requests 库的核心方法，而其余 6 个方法则是通过调用 Request 方法来实现各种各样的操作。

下面重点讲解一下最为常用的 Get 方法。Get 方法是获取 HTML 网页的主要方法，其基本语法格式如下：

```
requests.get(url,** kwargs)
```

url：欲获取网页的网址链接 URL。

**kwargs：12 个控制访问的参数，为可选项，例如，Params、Data、JSON、Headers、Cookies、Timeout 等。

返回值：Response 对象。

Response 对象包含爬虫返回的内容，它常用的属性见表 2 – 1 – 2。

表 2 – 1 – 2　Response 对象常用的属性

属性	说明
status_code	HTTP 请求的返回状态，200 表示连接成功，404 表示失败
text	HTTP 响应内容的字符串形式，即 URL 对应的页面内容
encoding	从 HTTP header 中猜测的响应内容编码方式
apparent_encoding	从内容中分析出的响应内容编码方式（备选编码方式）
content	HTTP 响应内容的二进制形式

使用 Requests 库向网站（http://www.techlabplt.com）发送 HTTP 请求，获取网页数据。代码如下：

```
import requests
result = requests. get("http://www. techlabplt. com/")
print(result)
#PyCharm 中返回结果为 <Response[200]>,说明请求网址成功
#若为 404 或 400,说明请求的网址返回失败,请先检查网址是否正确
#接下来,使用表 2 – 1 – 2 所列的 response 对象属性来查看返回的结果
print(type(result))
print(result. status_code)
print(result. encoding)
print(result. apparent_encoding)
```

输出结果如图 2 – 1 – 2 所示。

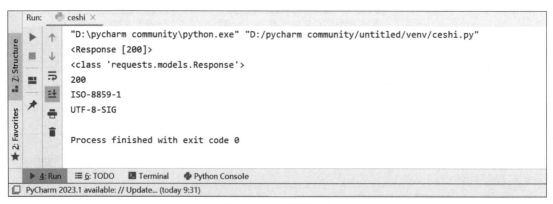

图 2 – 1 – 2　运行结果

Encoding 是从服务器返回的响应头的 Content – Type 去获取字符集编码，如果 Content –

Type 有 Charset 字段，那么 Requests 字段才能正确识别编码，否则，就使用默认的 ISO – 8859 – 1。

使用 Requests 库向网站（http://www. techlabplt. com:8081/searchlist?keyword = ）发送 HTTP 请求，获取它的头部信息、编码和网页内容。

```
import requests
result = requests. get("http://www. techlabplt. com:8081/searchlist? keyword = ")
print(result. headers)
print(result. encoding)
print(result. apparent_encoding)
result. encoding = result. apparent_encoding #result. encoding = "utf -8"
print(result. text)
```

由于输出结果太长，截取部分输出结果，如图 2 – 1 – 3 所示。网站的 Encoding 编码是默认的 ISO – 8859 – 1，若想正确打印网页中的中文内容，则必须将编码设置成"UTF – 8"。

图 2 – 1 – 3　打印获取到的网页数据

有时按照上例可能出现爬取网页失败的情况，譬如返回状态码为 503 或 404，或者输出提示"抱歉，你的访问行为异常……"等字样，那么就表示可能存在非正常访问。很多网站对网络爬虫有限制，常规的限制方式有以下两种：一种方式是使用 Robots 协议，告知哪些可以爬，哪些不可以爬；另一种方式一般通过 HTTP 请求头来做限制，如果在爬取过程中出现访问失败的情况，应判断是否是请求头内缺少相关数据，从而导致此结果。这时爬虫需要加入请求头来伪装成浏览器，以便更好地抓取数据。在 Chrome 浏览器中按 F12 键打开 Chrome 开发者工具，刷新网页，找到 User – Agent 进行复制，如图 2 – 1 – 4 所示。

以下代码用于测试对网站的请求是否成功：

```
import requests
kv = {'User - Agent':'MMozilla/5.0(Windows NT 10.0;Win64;x64)' +
        'AppleWebKit/537.36(KHTML,like Gecko)Chrome/112.0.0.0 Safari/537.36'
}
```

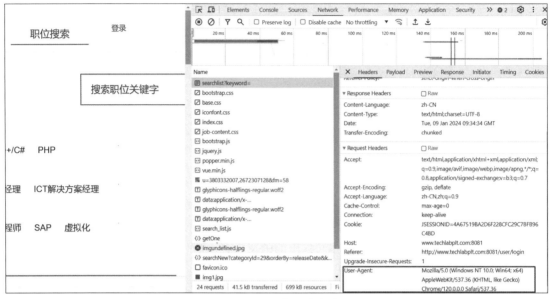

图2-1-4 复制请求头

```
result = requests. get ( " http://www. techlabplt. com: 8081/searchlist? keyword = ",
headers = kv)
    print(result. status_code)
```

由上例可见，将复制过来的 User – Agent 修改成字典数据赋值给 Headers 即可。当一行太长，可读性较差时，使用 " + " 连接，实现换行。Get 方法中除了可以设置 Headers，还可以设置 Params。运行程序，输出结果状态码为 200，表示请求已成功，如图 2 – 1 – 5 所示。

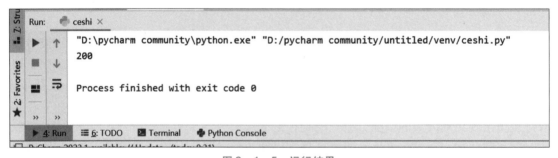

图2-1-5 运行结果

打开网站（http://www. techlabplt. com:8080/BD – PC/priceList），滚动条滚到下面，可以看到有分页链接，单击 "下一页" 图标，就可以观察到 URL 地址栏中增加了参数值，再单击 "下一页" 图标，pageId = 2，如图 2 – 1 – 6 和图 2 – 1 – 7 所示。

通过设置 Params 值，作为参数增加到 URL 中，即可爬取所指定的网页数据。代码如下：

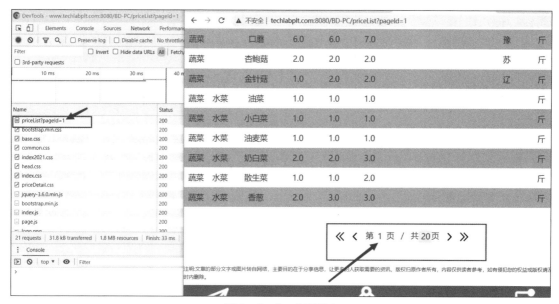

图 2-1-6 分页码 1

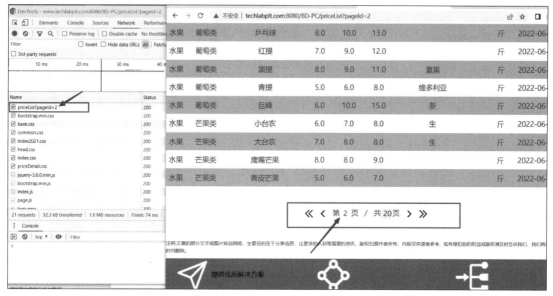

图 2-1-7 分页码 2

```
import requests
kv = {'pageId':'2'}
result = requests. get("http://www. techlabplt. com:8080/BD - PC/priceList",params =
kv)
print(result.url)
```

运行结果如图 2-1-8 所示。

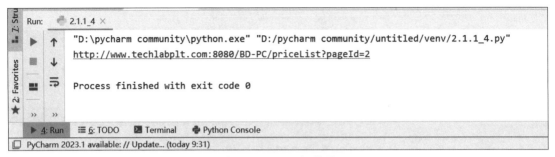

图 2-1-8 运行结果

正如前面所述，Requests 库请求并不会总是"一帆风顺"，当遇到一些情况时，Requests 库会抛出错误或者异常。Requests 库的错误和异常主要有 6 种，见表 2-1-3。

表 2-1-3 Requests 库中的错误和异常

错误和异常	说明
requests. ConnectionError	网络连接错误异常，如 DNS 查询失败、拒绝连接等
requests. HTTPError	HTTP 错误异常
requests. URLRequired	URL 缺失异常
requests. TooManyRedirects	超过最大重定向次数，产生重定向异常
requests. ConnectTimeout	连接远程服务器超时异常
requests. Timeout	请求 URL 超时，产生超时异常

所有 Requests 显示抛出的异常都继承自 Requests. exceptions. RequestException，当发现这些错误或异常时，重新修改代码后，再重新运行爬虫程序，爬取到的数据又会重新爬取一次，这对于爬虫的效率和质量来说都是不利的。对此可通过 Python 中的 try 来避免异常，具体使用方法如下：

```
import requests
try:
  result = requests. get("http://www. techlabplt. com:8080/BD - PC/priceList")
  print(result)
except:
  print("拒绝连接")
```

此例中，由于 URL 中将 HTTP 误输入为 HTTPS，导致出现 ConnectionError 异常，则会打印"拒绝连接"，这样程序就不会报错，而是给开发者一个提示，不会影响下面代码的运行。

2.1.2 HTTPX 库的使用

Requests 和 Urllib 只能在 HTTP1.0 和 HTTP1.1 上请求，对于 HTTP2.0 的网站无能为力，有一些网站是强制 HTTP2.0 的，所以就需要用到 HTTPX 库。

HTTPX 是 Python 新一代的网络请求库，它包含以下特点：基于 Python3 的功能齐全的 HTTP 请求模块；既能发送同步请求，也能发送异步请求；支持 HTTP1.1 和 HTTP2.0。能够直接向 WSGI 应用程序或者 ASGI 应用程序发送请求；安装 HTTPX 需要 Python3.6 以上（使用异步请求需要 Python3.8 以上）。注意：安装 HTTPX 库要使用 pip3 install httpx。

如果需要使用 HTTP2.0，则需要安装 HTTP2.0 的相关依赖，在 Windows 的 cmd 命令行内输入如下命令：

```
pip3 install httpx[http2]
```

HTTPX 库和 Requests 库的使用基本一致，同样可以使用 Get、Post、Put、Delete、Head 和 Options 等请求方法，代码如下：

```
import httpx
result = httpx.get("http://www.techlabplt.com:8080/BD-PC/priceList")
print(result)
```

输出结果如下：

```
PyCharm 中返回结果为 <Response[200]>。
```

使用上面的请求方式时，HTTPX 每次发送请求都需要建立一个新的连接，然而，随着请求的数量增加，整个程序的请求效率就会变得很低。

HTTPX 提供了 Client 来解决以上问题，Client 是基于 HTTP 连接池实现的，这意味着当对一个网站发送多次请求时，Client 会保持原有的 TCP 连接，从而提升程序的执行效率。

创建一个 Client 对象，使用该对象去做相应的请求，代码如下：

```
import httpx
with httpx.Client()as client:#官网推荐 with…as 使用方式
  result = client.get("http://www.techlabplt.com:8080/BD-PC/priceList")
  print(result)
#等价于以下代码
client = httpx.Client()
try:
  result = client.get("http://www.techlabplt.com:8080/BD-PC/priceList")
  print(result)
finally:
  client.close()
```

运行结果如图 2-1-9 所示。

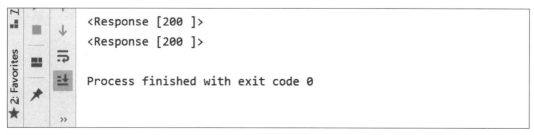

图 2-1-9　运行结果

可以将 Headers、Cookies、Params 等参数放在 Http. Client()中，在通过 HttpClient 请求时，将携带这些参数，代码如下：

```
import httpx
kv = {'pageId':'2'}
headers1 = {'x - auth':'from - client'}
with httpx. Client(headers = headers1,params = kv)as client:
    headers2 = {'x - custom':'from - request'}
    result = client. get("http://www. techlabplt. com:8080/BD - PC/priceList",
    headers = headers2)
    print(result. url)
    print(result. request. headers)
```

截取部分运行结果，如图 2 – 1 – 10 所示。

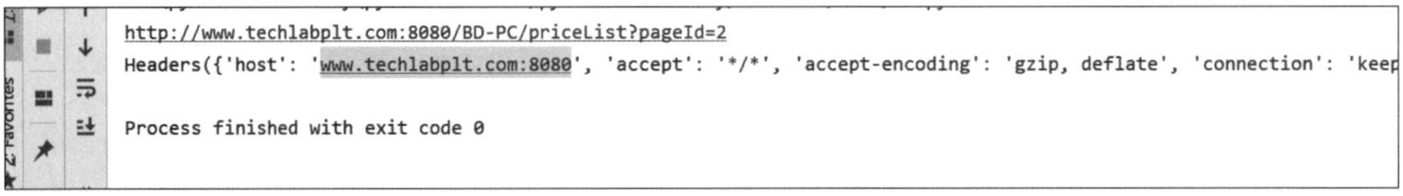

图 2 – 1 – 10　部分运行结果

Result 虽然配置了 Headers2 协议，但由于 Headers1 和 Headers2 的参数不同，Client 会合并这两个 Headers 的参数作为一个新的 Headers（如果参数相同，则 Headers2 的参数会覆盖 Headers1 的参数）。

HTTPX 库默认不支持 Headers2 协议，但只需要在使用前手动声明一下使用 HTTP2. 0，代码如下：

```
import httpx
client = httpx. Client(http2 = True)
#调用声明的 client 对象去访问
r = client. get("http://www. techlabplt. com:8080/BD - PC/priceList")
print(r. text)
```

默认情况下，HTTPX 使用标准的同步请求方式，如果需要的话，可以使用它提供的异步 Client 来发送相关请求。使用异步 Client 比使用多线程发送请求更加高效，更能体现明显的性能优势，并且它还支持 WebSocket 等长网络连接。使用 async/await 语句来进行异步操作，创建一个 Httpx. AsyncClient() 对象的代码如下：

```
import asyncio
import httpx
async def main():
    async with httpx. AsyncClient()as client:#创建一个异步 client
        r = await client. get('http://www. techlabplt. com:8080/BD - PC/priceList')
        print(r)
if __name__ == '__main__':
    asyncio. run(main())
```

输出结果如下：

```
<Response[200]>
Process finished with exit code 0
```

在一次请求时，同步请求和异步请求的差距并不大。因此，当需要爬取大量数据的时候，不妨使用同步和异步两种方法进行请求，对比两种不同的方法的效率情况。

同步请求代码如下：

```
import time
import httpx
def main():
  with httpx.Client()as client:
    for i in range(300):
      res = client.get('http://www.techlabplt.com:8080/BD-PC/priceList')
      print(f'第{i+1}次请求,status_code={res.status_code}')
if __name__ == '__main__':
  start = time.time()
  main()
  end = time.time()
print(f'同步发送300次请求,耗时:{end-start}')
```

由于输出结果太长，截取部分结果，如图 2 - 1 - 11 所示，此为同步请求。

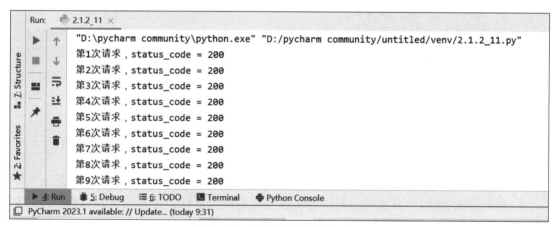

图 2 - 1 - 11　同步请求输出结果

异步请求代码如下：

```
import asyncio
import time
import httpx
async def req(client,i):
  res = await client.get('http://www.techlabplt.com:8080/BD-PC/priceList')
  print(f'第{i+1}次请求,status_code={res.status_code}')
  return res
```

```
async def main():
    async with httpx.AsyncClient(timeout = None)as client:
        task_list =[]#任务列表
        for i in range(300):
            res = req(client,i)
            task = asyncio.create_task(res)#创建任务
            task_list.append(task)
        await asyncio.gather(* task_list)#收集任务
if __name__ =='__main__':
    start = time.time()
    asyncio.run(main())
    end = time.time()
    print(f'异步发送300次请求,耗时:{end - start}')
```

由于输出结果太长,截取部分结果,如图2-1-12所示,此为异步请求。

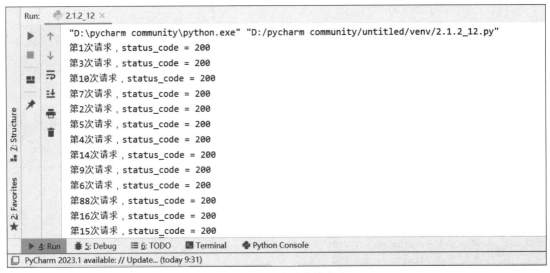

图2-1-12 异步请求输出结果

从输出结果的时间对比来看,异步请求有一定的优越性(由于是异步执行的,所以打印的 i 值是无序的),当然,程序执行效率还与计算机性能相关。

2.1.3 任务实施

1. 任务需求

通过 Requests 爬取网站(http://www.techlabplt.com)的图片数据,并将图片存入指定文件内。

2. 任务实施

使用 Requests 库向网站(http://www.techlabplt.com)发送 Get 请求,并上传伪装过的 User - Agent 信息,如(Mozilla/5.0(Windows NT 10.0;Win64;x64)AppleWebKit/537.36(KHTML,like Gecko)Chrome/112.0.0.0 Safari/537.36)。确认连接成功,输出服务器返回的

状态码，能正确显示页面内容，不能出现乱码，代码如下：

```python
#导入 requests 请求库
import requests


#创建函数
def img():
    #统一资源定位符,指定 url
    url = "http://www.techlabplt.com/upload/focus2.jpg"
    #请求头,字典格式
    headers = {"User - Agent":"Mozilla/5.0(Windows NT 10.0;Win64;x64)AppleWebKit/537.36(KHTML,like Gecko)Chrome/112.0.0.0 Safari/537.36"}
    #功能,参数,返回值
    res = requests.get(url,headers = headers).content

    #参数一:图片存储的路径、格式;参数二:根据数据的类型进行选择
    with open("./nazca.jpg","wb")as f:
        #写入所爬取到的数据
        f.write(res)    #调用函数
img()
```

程序运行成功，输出结果如图 2 - 1 - 13 所示。

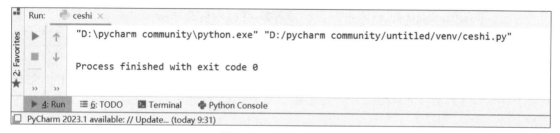

图 2 - 1 - 13　运行结果

所抓取到的图片如图 2 - 1 - 14 所示。

图 2 - 1 - 14　图片信息

任务 2.2 解析网页数据

通过 HTTP 方法向网站请求所爬取到的内容，实际是 HTML 内容，没有意义，需要对 HTML 内容进一步解析，定位到网页信息中的位置并提取出有用的数据。接下来通过 BeautifulSoup 库、lxml 库、正则表达式及 Parsel 库这几种方法实现在 Python 中解析网页 HTML 内容，每种方法各有千秋，根据实际情况进行选择。

2.2.1 BeautifulSoup 库的使用

BeautifulSoup 是 Python 用来从 HTML 或 XML 文件中提取数据的一个库，可以用它来方便地从网页中提取数据，官方解释如下：

BeautifulSoup 提供一些简单的函数来处理导航、搜索、修改分析树等。它是一个工具箱，通过解析文档为用户提供需要抓取的数据。比较简单，不需要多少代码就可以写出一个完整的应用程序。

BeautifulSoup 库的使用

BeautifulSoup 自动将输入文档转换为 Unicode 编码，输出文档转换为 UTF - 8 编码。所以，提取数据的时候不需要考虑编码方式，除非文档没有指定一个编码方式，这时也仅仅需要说明一下原始编码方式就可以了。

目前，BeautifulSoup3 已经停止开发，推荐在项目中使用 BeautifulSoup4。所以，安装 BeautifulSoup 时，在 Windows cmd 命令行内输入 pip install BeautifulSoup4，在集成开发环境 PyCharm 中也是选择 BeautifulSoup4 库包。

BeautifulSoup 在解析时，实际上依赖解析器，它除了支持 Python 标准库中的 HTML 解析器外，还支持一些第三方解析器（比如 lxml）。表 2 - 2 - 1 列出了 BeautifulSoup 库支持的解析器。

表 2 - 2 - 1　BeautifulSoup 库支持的解析器

解析器	使用方法	优势	劣势
Python 标准库	BeautifulSoup (markup, " html. parser")	Python 的内置标准库；执行速度适中；文档容错能力强	Python 2.7.3 之前的版本文档容错能力差
lxml HTML 解析器	BeautifulSoup (markup, " lxml")	运行速度快；文档容错能力强	需要安装 C 语言库，可以通过 pip install lxml 安装
lxml XML 解析器	BeautifulSoup (markup, " xml")	运行速度快；唯一支持 XML 的解析器	需要安装 C 语言库，可以通过 pip install lxml 安装
html5lib	BeautifulSoup (markup, " html5lib")	最好的容错性；以浏览器的方式解析文档；生成 HTML5 格式的文档	速度慢；不依赖外部扩展，可以通过 pip install html5lib 安装

通过以上对比可以看出，lxml 解析器可以解析 HTML 和 XML 的功能，而且速度快，容

错能力强，所以官方推荐使用 lxml 解析器。但当前为了集中解释 BeautifulSoup 库，先使用 Python 的内置 HTML 解析器。

1. 创建 BeautifulSoup 对象

BeautifulSoup 库，也叫 BeautifulSoup4 或 BS4，在使用 BS4 解析网页时，首先需要导入，约定导入方式如下，即主要是用 BeautifulSoup 类。

```
from bs4 import BeautifulSoup
```

其次需要构建 BeautifulSoup 对象，通过将字符串或 HTML 文件传入 BeautifulSoup 库的构造方法可以创建一个 BeautifulSoup 对象，如下例所示。

```
soup1 = BeautifulSoup(' <html >data </html >','html.parser')#通过字符串创建
soup2 = BeautifulSoup(open('d://demo.html'),'html.parser')#通过 HTML 文件创建
```

基于网站（http://www.techlabplt.com:8080/BD–PC/priceList）实现创建 BeautifulSoup 对象，代码如下：

```
import requests
#从 bs4 包中导入 BeautifulSoup 类
from bs4 import BeautifulSoup
result = requests.get("http://www.techlabplt.com:8080/BD-PC/priceList")
soup = BeautifulSoup(result.text,'html.parser')
print(soup)
```

截取部分运行结果，如图 2 – 2 – 1 所示。

图 2 – 2 – 1　运行结果

从上例可以看出，BeautifulSoup 库可以轻松地解析 Requests 库请求的网页，并把网页源代码解析为 BeautifulSoup 文档，以便过滤提取数据。BeautifulSoup 文档可以使用 prettify( ) 方法将 BeautifulSoup 的文档树格式化后以 Unicode 编码输出，每个 XML/HTML 标签都独占一行。可以使用（http://www.techlabplt.com:8080/BD–PC/static.html）这个网页做一个对比，这里就不再赘述了。

2. BeautifulSoup 类的基本元素

一个 HTML 文档是由标签树构成的，图 2 – 2 – 2 和图 2 – 2 – 3 分别是网站（http://www.techlabplt.com:8080/BD–PC/static.html）对应的 HTML 页面和网页源码。

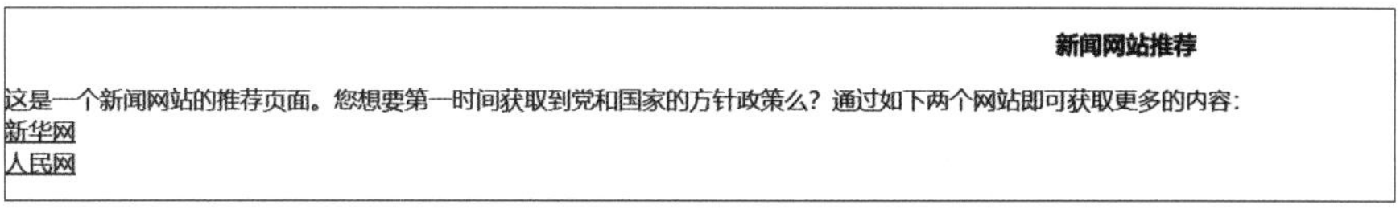

图 2 – 2 – 2　HTML 页面

```
1  <html>
2  <head>
3      <link href="css/static.css" type="text/css" rel="stylesheet" />
4      <title>新闻网站推荐</title>
5  </head>
6  <body>
7      <p class="title"><b>新闻网站推荐</b></p>
8      <p class="course">这是一个新闻网站的推荐页面。您想要第一时间获取到党和国家的方针政策么？通过如下两个网站即可获取更多的内容：
9          <a href="http://www.xinhuanet.com/" class="py1" id="link1">新华网</a>
10         <a href="http://www.people.com.cn/" class="py2" id="link2">人民网</a>
11     </p>
12 </body>
13 </html>
```

图 2 - 2 - 3　网页源码

该网页源码所对应的标签树如图 2 - 2 - 4 所示。

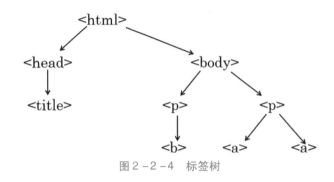

图 2 - 2 - 4　标签树

< > ··· < / > 构成了所属关系，形成了标签的树形结构。BeautifulSoup 库是解析、遍历、维护"标签树"的功能库。通常认为 HTML 文档、标签树、BeautifulSoup 类三者是等价的关系。BeautifulSoup 类中的基本元素见表 2 - 2 - 2 和图 2 - 2 - 5。

表 2 - 2 - 2　BeautifulSoup 类中的基本元素

基本元素	说明
Tag	标签，最基本的信息组织单元，分别用 < > 和 < / > 表明开头和结尾
Name	标签的名字，< p > ··· < /p > 的名字是"p"，格式：< tag >. name
Attributes	标签的属性，字典形式组织，格式：< tag >. attrs
NavigableString	标签内非属性字符串，即 < > ··· < / > 中的字符串，格式：< tag >. string
Comment	标签内字符串的注释部分，是一种特殊的 Comment 类型

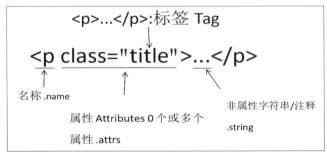

图 2 - 2 - 5　BeautifulSoup 类中的基本元素

基于以上静态网页，运用 BeautifulSoup 类中的基本元素解析网页，代码如下：

```python
import requests
from bs4 import BeautifulSoup
r = requests.get("http://www.techlabplt.com:8080/BD - PC/static.html")
r.encoding = 'utf-8'


soup = BeautifulSoup(r.text,'html.parser')
#1. 获取标签
#输出标签(如 title,a)
print(soup.title)
#默认得到的第一个 a 标签
print(soup.a)
#输出标签的名字
print(soup.a.name)
#输出标签的父标签
print(soup.a.parent)
#2. 获取标签的名字
#输出 a 标签的父标签的名字
print(soup.a.parent.name)
#输出 a 标签的父标签的父标签的名字
print(soup.a.parent.parent.name)
#3. 获取标签的属性
#输出 a 标签的属性
print(soup.a.attrs)
'''
标签的属性:是标明标签特点的相关区,常以字典的形式展现
由于是字典,还可采用字典的方式对每一个属性进行信息的提取,如下列
#输出 a 标签的 class 属性值
'''
print(soup.a.attrs['class'])
#另外,可以使用 type 方法查看类型,在 BS4 库中,将标签定义成了 bs4.element.Tag 类型
print(type(soup.a.attrs))
print(type(soup.a))
#4. 获取标签的 Navigableastring 属性
#输出 a 标签的 Navigableastring
print(soup.a.string)
'''
查看网页源代码,不难发现,p 标签的内部其实还含有一个 b 标签
下面使用 print 输出 p 标签
'''
print(soup.p)
'''
```

p 标签的 NavigableString 输出直接跨过 b 标签,说明 NavigableString 是可以跨越多个标签层次的。

下面输出 p 标签的 Navigableastring

```
'''
print(soup. p. string)
#新建 beautifulsoup 对象
newsoup = BeautifulSoup("<b><! —this is a comment --></b><p>this is not a comment</p>","html. parser")
#5. 查看 comment
#输出 comment
print(newsoup. b. string)
#comment 是一种特殊的类型
print(type(newsoup. b. string))
```

截取部分运行结果,如图 2 - 2 - 6 所示。

```
<title>新闻网站推荐</title>
<a class="py1" href="http://www.xinhuanet.com/" id="link1">新华网</a>
a
<p class="course">这是一个新闻网站的推荐页面。您想要第一时间获取到党和国家的方针政策么? 通过如下两个网站即可获取更多的内容:
        <a class="py1" href="http://www.xinhuanet.com/" id="link1">新华网</a>
<a class="py2" href="http://www.people.com.cn/" id="link2">人民网</a>
</p>
p
body
{'href': 'http://www.xinhuanet.com/', 'class': ['py1'], 'id': 'link1'}
['py1']
<class 'dict'>
```

图 2 - 2 - 6　网页源代码

在 HTML 中,用"<!"表示注释的开始。

3. BeautifulSoup 库的遍历方法

基于 BS4 库,HTML 树形结构有三种遍历方法。如图 2 - 2 - 7 所示,以网页(http://www. techlabplt. com:8080/BD - PC/static. html)源码为例。

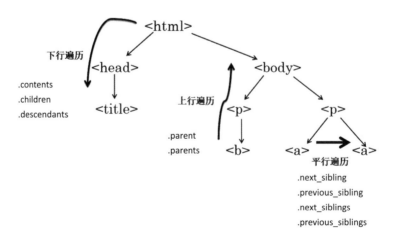

图 2 - 2 - 7　HTML 树形结构的遍历方法

1) 下行遍历

下行遍历指从根节点到叶节点的遍历，所涉及的属性见表2-2-3。

表2-2-3 标签树的下行遍历属性

属性	说明
. contents	子节点的列表，将＜tag＞所有儿子节点存入列表
. children	子节点的迭代类型，与.contents类似，用于循环遍历儿子节点
. descendants	子孙节点的迭代类型，包含所有子孙节点，用于循环遍历

下行遍历代码如下：

```
import requests
r = requests. get("http://www. techlabplt. com:8080/BD - PC/static. html")
r. encoding = 'utf - 8'
demo = r. text
from bs4 import BeautifulSoup
soup = BeautifulSoup(demo,"html. parser")
#上行遍历
print(soup. head)
#遍历 head 标签的子节点
print(soup. head. contents)
#遍历 body 标签的子节点
print(soup. body. contents)
#输出 body 标签的子节点的数量
print(len(soup. body. contents))
#使用列表类型的下标来查看body的相关子节点
print(soup. body. contents[1])
#. children 和. descendants 返回的是迭代器类型,可用 for…in…的循环结构进行查看
i = 1
for child in soup. body. children:
  print(str(i) + ". ",end = "")
  print(child)
  i += 1


i = 1
for child in soup. body. descendants:
  print(str(i) + ". ",end = "")
  print(child)
  i += 1
```

输出结果部分截图2-2-8所示。

2) 上行遍历

上行遍历指从叶子节点到根节点的遍历，所涉及的属性见表2-2-4。

```
<head>
<link href="css/static.css" rel="stylesheet" type="text/css"/>
<title>新闻网站推荐</title>
</head>
['\n', <link href="css/static.css" rel="stylesheet" type="text/css"/>, '\n', <title>新闻网站推荐</title>, '\n']
['\n', <p class="title"><b>新闻网站推荐</b></p>, '\n', <p class="course">这是一个新闻网站的推荐页面。您想要第一时间获取到
      <a class="py1" href="http://www.xinhuanet.com/" id="link1">新华网</a>
<a class="py2" href="http://www.people.com.cn/" id="link2">人民网</a>
</p>, '\n']
5
<p class="title"><b>新闻网站推荐</b></p>
1.
```

图 2-2-8 下行遍历部分输出结果

表 2-2-4 标签树的平行遍历属性

属性	说明
. parent	节点的父标签
. parents	节点先辈标签迭代类型，用于循环遍历先辈节点

上行遍历代码如下：

```python
import requests
from bs4 import BeautifulSoup
r = requests.get("http://www.techlabplt.com:8080/BD-PC/static.html")
r.encoding = 'utf-8'
demo = r.text
soup = BeautifulSoup(demo,"html.parser")
#输出 title 标签的父标签
print(soup.title.parent)
#html 标签是 html 的最上层结构,其父标签为他本身,显示整个 html 标签
print(soup.html.parent)
#soup 的父标签为空
print(soup.parent)
#而通过 parents 遍历 soup 的先辈标签,显示结果是一个迭代对象。
print(soup.parents)
#此时使用函数确认迭代对象中的元素数量,结果确实为空的。详情见如下代码的输出结果
print(len(list(soup.parents)))
for parent in soup.a.parents:
    print(parent.name)
```

截取部分运行结果，如图 2-2-9 所示。

3）平行遍历

平行遍历发生在同一个父节点下的各节点间。所涉及的属性见表 2-2-5。

```
<head>
<link href="css/static.css" rel="stylesheet" type="text/css"/>
<title>新闻网站推荐</title>
</head>
<html>
<head>
<link href="css/static.css" rel="stylesheet" type="text/css"/>
<title>新闻网站推荐</title>
</head>
<body>
<p class="title"><b>新闻网站推荐</b></p>
<p class="course">这是一个新闻网站的推荐页面。您想要第一时间获取到党和国家的方针政策么? 通过如下两个网站即可获取更多的内容:
        <a class="py1" href="http://www.xinhuanet.com/" id="link1">新华网</a>
<a class="py2" href="http://www.people.com.cn/" id="link2">人民网</a>
```

图 2 – 2 – 9　上行遍历部分运行结果

表 2 – 2 – 5　标签树的平行遍历属性

属性	说明
. next_sibling/nextSibling	返回按照 HTML 文本顺序的下一个平行节点标签
. previous_sibling/previousSibling	返回按照 HTML 文本顺序的上一个平行节点标签
. next_siblings	迭代类型,返回按照 HTML 文本顺序的后续所有平行节点标签
. previous_siblings	迭代类型,返回按照 HTML 文本顺序的前续所有平行节点标签

平行遍历代码如下:

```
import requests
r = requests. get("http://www. techlabplt. com:8080/BD - PC/static. html")
r. encoding = 'utf - 8'
demo = r. text
from bs4 import BeautifulSoup
soup = BeautifulSoup(demo,"html. parser")

#查看标签的下一个平行节点标签
print(soup. a. nextSibling)

'''
在标签树中,尽管树形结构采用的是标签的形式来进行组织,但是标签中的 NavigableString 也构成
了标签树的节点。
    即任何一个节点,它的平行标签、儿子标签是可能存在 NavigableString 类型的。
    所以平行遍历获得的下一个节点不一定是标签类型。
'''

#查看 a 标签的下一个平行节点标签的下一个平行节点
print(soup. a. next_sibling. next_sibling)
#查看 a 标签的上一个平行节点的标签
print(soup. a. previous_sibling)
```

```
#查看 a 标签的上一个平行节点标签的上一个平行节点
print(soup.a.previous_sibling.previous_sibling)
#遍历前续平行节点
for sibling in soup.a.previous_sibling:
  print(sibling,end="")
#遍历后续节点
for sibling in soup.a.next_sibling:
  print(sibling,end="")
```

截取部分输出结果，如图 2 - 2 - 10 所示。

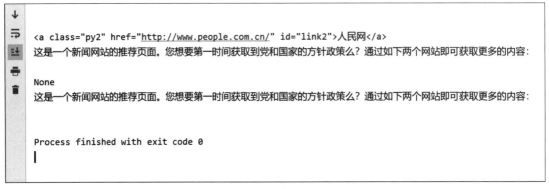

图 2 - 2 - 10　平行遍历部分输出结果

4. BeautifulSoup 库的信息提取函数

基于 BS4 进行信息提取的一般方法有两种。

方法一：完整解析信息的标记形式，再提取关键信息。例如：前面所说的 BS4 库的标签树遍历，这种方法的优点是信息解析准确；缺点是提取过程烦琐，速度慢。

方法二：无视标记形式，直接搜索关键信息。使用对信息的文本查找函数即可。这种方法的优点是提取过程简洁，速度较快；缺点是提取结果准确性与信息内容相关。也可以使用融合方法，结合形式解析与搜索方法，提取关键信息。

解析得到的 BeautifulSoup 文档可以使用 find_all、find 及 select 方法提取需要的元素。

select 方法：主要作用是作为一个层级选择器，> 表示一个层级。

find 方法：指定某一个标签定位，返回第一次出现的所查找的对应标签内容。

find_all 方法：以列表类型返回查找到的所有标签元素。其基本语法格式如下：

```
BeautifulSoup 文档.find_all(name,attrs,recursive,text,limit,** kwargs)
```

这里介绍常用的前三个参数。

name：查找标签名，可以是字符串、列表、方法、True 或 re 正则表达式，默认值为 None。

attrs：标签属性值的检索，默认为空。可以"属性名 = 值"的形式赋值。若要匹配标签内 Class 的属性，由于 Class 是 Python 的保留关键字，所以，在 BeautifulSoup 中，在 Class 后加_，使用 Class_ = 值检索；也可以使用 attrs 属性用字典的方法进行参数传递。

recursive：是否搜索子孙节点，默认为 True。

使用 requests 库向网站（http：//www. techlabplt. com：8080/BD – PC/priceList）爬取 HTML 字符串，构造 BeautifulSoup 对象，从而搜索网页上所有 ul 标签，并获取 ul 标签的数量。代码如下：

```
import requests
from bs4 import BeautifulSoup
result = requests. get("http://www. techlabplt. com:8080/BD - PC/priceList")
soup = BeautifulSoup( result. text,'html. parser')
lists = soup. find_all('ul')
print(len(lists))    #输出返回结果的元素数量
print(lists)         #输出网页所有 ul 标签
```

截取部分结果，如图 2 – 2 – 11 所示。

图 2 – 2 – 11 运行结果

基于上述实例补充以下代码：

```
allNavA = soup. find_all('a','navFisrt')
for l in allNavA:
  print(l. text,' ',l. get('href'))
tBody = soup. find_all('tbody',id = 'tableBody')
print(tBody)
```

通过第一个 find_all 方法查找所有 a 标签，且 Class 属性值是 "navFisrt"，返回的结果通过循环遍历，依次输出 a 标签内的文本内容及 Href 的属性值。除了以上代码外，还可以通过 l. string 或者 l. get_text( ) 方法获取文本内容，而获取属性值也可以通过 l. attrs('href') 的方法。

通过第二个 find_all 方法查找 id 属性值是 "tableBody" 的所有 tBody 标签，并输出。

截取部分输出结果，如图 2 – 2 – 12 所示。当没有定义 href 属性时，输出值为 None。

图 2 – 2 – 12 运行结果

find_all 方法也可以同时查找多个标签，只要将要查找的多个标签以列表形式作为参数即可，例：Soup. find_all（［'a'，'b'］），即在 Soup 文档中查找标签 a 和 b。

find 方法和 find_all 方法的参数一致，但 find 方法返回找到的第一个标签，是字符串类型。

如下代码：使用 Requests 库向网站（http:∥www. techlabplt. com：8080/BD – PC/priceList）爬取 HTML 字符串，构造 BeautifulSoup 对象，通过 find（）方法抽取第一个 a 标签，并且 Class 属性值是"navFisrt"的标签。

```
import requests
from bs4 import BeautifulSoup
result = requests. get("http://www. techlabplt. com:8080/BD - PC/priceList")
#print(type(result. text))
soup = BeautifulSoup(result. text,'html. parser')
firstNavA = soup. find('a','navFisrt')
print(firstNavA)
```

输出结果如下：

```
< a class = "navFisrt" href = "http://121.5.74.22" > 首页 </a >
```

select 方法返回的是列表类型，其中的参数可以通过浏览器复制得到，也可以使用 CSS 选择器的语法：标签名不加任何修饰；类名前加 .（点）；id 名前加 #（井号）等。在这里介绍如何通过 Chrome 复制得到。

（1）通过 Chrome 打开网站（http:∥www. techlabplt. com：8080/BD – PC/priceList）。

（2）将鼠标定位到想要提取的"大白菜"数据位置，右击，在弹出的快捷菜单中选择"检查"命令。

（3）在网页源代码中右击所选元素。

（4）在弹出的快捷菜单中选择"Copy selector"，如图 2 – 2 – 13 所示。这时在 PyCharm中粘贴便得到：

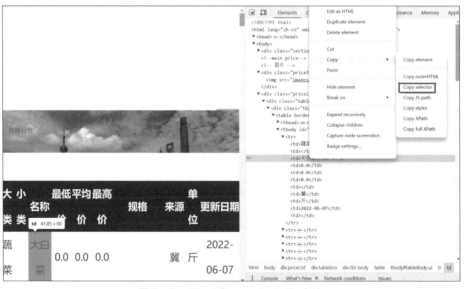

图 2 – 2 – 13　"Copy selector" 方法

```
#tableBody > tr:nth - child(1) > td:nth - child(3)
```

通过下列代码便可得到"大白菜"农产品。

```
import requests
from bs4 import BeautifulSoup
result = requests. get("http://www. techlabplt. com:8080/BD - PC/priceList")
soup = BeautifulSoup(result. text,'html. parser')
foodName = soup. select('#tableBody > tr:nth - child(1) > td:nth - child(3)')
print(foodName)
```

输出结果如下：

```
[ <td>大白菜</td>]
```

显然，复制得到的 selector 即 CSS 路径，若把 selector 改为：

```
#tableBody > tr > td:nth - child(3)
```

则可以得到整个页面的所有农产品名，返回的结果是列表，可以通过循环分别打印出来，也可以存储起来。代码如下：

```
import requests
from bs4 import BeautifulSoup
result = requests. get("http://www. techlabplt. com:8080/BD - PC/priceList")
soup = BeautifulSoup(result. text,'html. parser')
foodNames = soup. select('#tableBody > tr > td:nth - child(3)')
for foodName in foodNames:
  print(foodName. text)
```

截取部分运行结果，如图 2 - 2 - 14 所示。

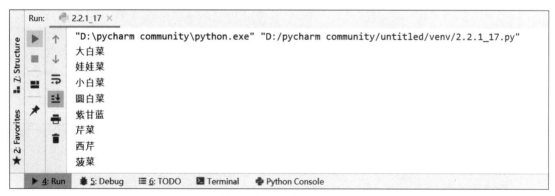

图 2 - 2 - 14　运行结果

2. 2. 2　lxml 库的使用

lxml 库是 Python 的第三方库，使用它可以轻松处理 XML 和 HTML 文件。lxml 库的特点是简单和易于使用，在解析大型文档（特指 XML 或

lxml 库的使用

HTML 文档）时速度非常快，因此写爬虫程序来解析网页的时候，它是一个不错的选择。

使用 lxml 库前，需要安装。此第三方库的安装方法如前所述，这里不再赘述。

lxml 库中大部分的功能都位于 lxml. etree 模块中，导入 lxml. etree 模块的常见方式如下：

```
from lxml import etree
```

1. 基本使用

利用 lxml 库解析 HTML 代码，并且在解析 HTML 代码的时候，如果 HTML 代码不规范或者不完整，lxml 解析器会自动修正或补全代码，从而提高效率。

1）修正、补全 HTML 代码

```
from lxml import etree
    text = '''
    <html>
      <div class = "clearfix">
      <div class = "nav_com">
      <ul>
      <li class = "active">
      <a href = "/" rel = "external nofollow">推荐</a>
      </li>
      <li class = "">
      <a href = "/nav/python" rel = "external nofollow">Python</a>
      </li>
      <li class = "">
      <a href = "/nav/java" rel = "external nofollow">Java</a>
      </li>
    </ul>
    </div>
    </div>
</html>>
</html>>
'''
html = etree. HTML(text)#将字符串解析为 html 文档
#print(html)
#将字符串序列化为 html
result = etree. tostring(html,encoding = 'utf - 8'). decode('utf - 8')
print(result)
```

运行结果如图 2 - 2 - 15 所示。

很明显，本例体现了 lxml 库能自动修正 HTML 代码，去除了 HTML 标签多余的 > 括号，补全 BODY 标签和 HTML 标签。此例中运用 etree 库中的函数。

HTML( ) 函数：从字符串常量中解析 HTML 文档或片段，返回根节点（或解析器目标返回的结果）。

tostring( ) 函数：可以将元素序列化为其 XML 树的编码字符串表示形式，返回结果为 bytes 类型，因此需要利用 decode( ) 方法将其转成 Str 类型。在函数里添加 encoding = " utf -

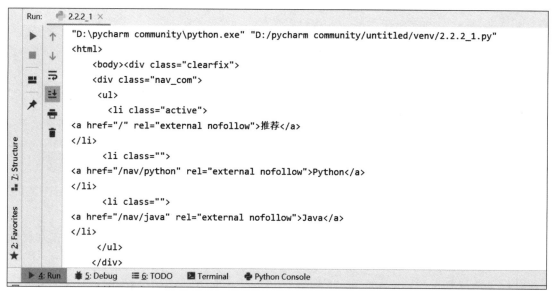

图 2 - 2 - 15　运行结果

8"，设置实现中文显示。

2）解析 HTML 文件

利用 Requests 库获取 HTML 文件后，可以用 lxml 库来解析 HTML 文件。

代码如下：

```python
import requests
from lxml import etree
res = requests.get("http://www.techlabplt.com:8080/BD - PC/priceList")
html = etree.HTML(res.text)
result = etree.tostring(html,encoding = 'utf - 8').decode('utf - 8')
print(result)
```

截取部分输出结果，如图 2 - 2 - 16 所示。

```
2.2.2_19 ×

"D:\pycharm community\python.exe" "D:/pycharm community/untitled/venv/2.2.2_19.py"
<html lang="zh-cn" xmlns="http://www.w3.org/1999/xhtml">    <head>      <meta http-equiv="Content-Type" content="text/html; charset=utf-8"/>

Process finished with exit code 0
```

图 2 - 2 - 16　解析 HTML 文件

3）读取本地 HTML 文件

对于本地 HTML 文件，可以调用 Parse() 函数直接解析。在调用函数时，如果没有提供解析器，那么就使用默认的解析器。例如，根据网站（http://www.techlabplt.com:8080/BD - PC/static.html）源码在本地创建 Demo.html，然后通过下面的代码读取：

```
from lxml import etree
html = etree.parse('demo.html')
result = etree.tostring(html,pretty_print = True)
print(result)
```

若出现 "lxml. etree. XMLSyntaxError" 信息的报错，原因可能是 HTML 文件里的格式不规范，解决的方法是创建解析器：

```
parser = etree.HTMLParser(encoding = 'utf -8')
```

在调用 parse( ) 函数时指定解析器：

```
html = etree.parse('demo.html',parser = parser)
```

2. XPath 语法

XPath 是一门在 XML 文档中查找信息的语言，可以用于在 XML 文档中通过元素和属性进行导航，同样也支持 HTML 文档，并且解析效率比较高。

1）节点关系

在 XPath 中，有 7 种类型的节点：元素、属性、文本、命名空间、处理指令、注释以及文档（根）节点。XML 及 HTML 文档是被作为节点树来对待的。树的根被称为文档节点或者根节点。节点间存在着父节点、子节点、同胞节点、先辈节点和后代节点等关系。

下面以 XML 文档为例，来理解节点关系，对应的节点树如图 2 - 2 - 17 所示。

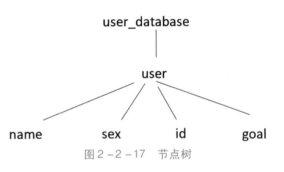

图 2 - 2 - 17 节点树

```
< user_database >
< user >
  < name > xiao ming </name >
  < sex > Female </sex >
  < id >34 </id >
  < goal >89 </goal >
</user >
</user_database >
```

父节点：每个元素及属性都有一个父节点。user 元素是 name、sex、id、goal 元素的父节点。

子节点：元素节点可有零个、一个或多个子节点。name、sex、id、goal 元素是 user 元素的子节点。

同胞节点：同胞节点拥有相同的父节点。name、sex、id、goal 元素都是同胞节点。

先辈节点：先辈节点指某节点的父节点、父节点的父节点等。name 元素的先辈是 user 和 user_database 元素。

后代节点：后代节点指某个节点的子节点、子节点的子节点等。user_database 元素的后代节点是 user、name、sex、id、goal 元素。

2）节点选择

XPath 使用路径表达式来选取 XML/HTML 文档中的节点或节点集。节点是通过沿着路径（Path）或者步（Step）来选取的。常用的表达式见表 2 - 2 - 6。

表 2 - 2 - 6　XPath 常用表达式

表达式	描述
nodename	选取此 nodename 节点的所有子节点
/	从根节点选取子节点
//	从匹配选择的当前节点选择文档中的节点，而不考虑它们的位置
.	选取当前节点
..	选取当前节点的父节点
@	选取属性

以网站（http://www.techlabplt.com:8080/BD - PC/static.html）为例，进一步理解表达式的运用，实例见表 2 - 2 - 7。

表 2 - 2 - 7　实例

路径表达式	结果
body	[< body > < p class = 'title' > < b > ⋯ </b > </p > < p class = 'course' > ⋯ </a > .</p > </body >]
/body	[]，可知结果为空，说明从根节点选取，绝对路径
//body	[< body > < p class = 'title' > < b > ⋯ </b > </p > < p class = 'course' > ⋯ </a > .</p > </body >]
p	[]，可知结果为空，说明直接使用名称无法定位子孙节点的 p 节点，因为名称只能定位子节点的 head 节点或 body 节点
//p	[<p > ⋯ </p > , <p > ⋯ </p >] 选择所有 p 子元素，而不管文档中的位置
//div/a	[< a ⋯ </a > , < a > ⋯ </a >] 找到 body 下的所有链接
//div/a	[]，可知结果为空，说明该网页中的 body 元素直接下级中并没有任何 a 元素
//p/@ class	['title' , 'course']

表 2 - 2 - 7 实例所示可以基于以下代码验证：

```
import requests
from lxml import etree
url = " http://www.techlabplt.com:8080/BD - PC/static.html"
res = requests.get(url)
selector = etree.HTML(res.text)
print(selector.xpath('body'))
```

XPath 函数中的参数可以使用表 2 - 2 - 7 所示的路径表达式代替，返回的是 HTML 文档的列表类型，故查看路径表达式返回的列表元素，可以使用 tostring( ) 函数进行序列化输出。例如，上例输出结果：

```
[ <Element body at 0x1ab953c7288 >]
```

使用以下代码：

```
print(etree. tostring(selector. xpath('body')[0]). decode())
```

因输出篇幅过长，此处省略中间部分，输出结果如下：

```
[ <Element body at 0x210eeca7248 >]
<body ><p ><link href = "css/static. css" type = "text/css" rel = "stylesheet"/ >&#
13;
...
    </p >&#13;
&#13;
</body >
```

XPath 语法中的谓语用来查找某个特定的节点或者包含某个指定值的节点，谓语被嵌在路径后的方括号中，见表 2 - 2 - 8。

表 2 - 2 - 8　谓语

表达式	结果
/html/body/p[1]	选取属于 body 子节点的第一个 p 节点
/html/body/p[last( )]	选取属于 body 子节点的最后一个 p 节点
/html/body/p[last( ) - 1]	选取属于 body 子节点的倒数第二个 p 节点
/html/body/p[position( ) < 3]	选取属于 body 子节点的前两个 p 节点
/html/body/p[@ class]	选取属于 body 子节点的带有 class 属性的 p 节点
/html/body/p[@ class = "course"]	选取属于 body 子节点的带有 class 属性值为 course 的 p 节点

XPath 中还提供了进行模糊搜索的功能函数。有时仅掌握了对象的部分特征，当需要模糊搜索该类对象时，可使用功能函数来实现，见表 2 - 2 - 9。

表 2 - 2 - 9　功能函数

功能函数	示例	说明
starts - with	//p[starts - with(@ class,"co")]	选取 class 值以 co 开头的 p 节点
contains	//p[contains(@ class,"co")]	选取 class 值包含 co 的 p 节点
And	//p[contains(@ class," co") and contains(@ class,"se")]	选取 class 值包含 co 和 se 的 p 节点
text	//p/text( )	定位 p 节点并获取 p 节点内的文本内容

使用 text( ) 函数可以提取某个单独子节点下的文本，若想提取出定位到的子节点及其子孙节点下的全部文本，则需要使用 string 方法来实现。

代码如下：

```
import requests
from lxml import etree
url = "http://www.techlabplt.com:8080/BD - PC/static.html"
res = requests.get(url)
res.encoding = 'utf - 8'
selector = etree.HTML(res.text)
print(etree.tostring(selector.xpath('//head')[0]))
print(selector.xpath('//head/text()'))
print(selector.xpath('//head')[0].xpath('string()'))
```

运行结果如下：

b'<head>\n <link href = "css/static.css" type = "text/css" rel = "styleshe-et"/>\n <title>新闻网站推荐</title>\n</head>\n'

['\r\n','\r\n','\r\n']

　　新闻网站推荐

　　XPath 中也可以使用通配符来选取位置的元素，常用的就是"＊"通配符，它可以匹配任何元素节点。

　　就像"Copy selector"一样，XPath 也可以复制。最终基于网站（http://www.techlab-plt.com:8080/BD - PC/priceList）输出如图 2 - 2 - 18 所示的结果，即输出网页底部公司地址、邮编及联系电话。

　　实现步骤：

　　（1）打开网页（http://www.techlabplt.com:8080/BD - PC/priceList），滚动到页面底部，右击"总部地址（上海）"，选择"检查"，在网页源代码中右击所选元素。在弹出的快捷菜单中选择"Copy XPath"，这时在 PyCharm 中粘贴便得到：

//* [@ id = "headAddress"]/span

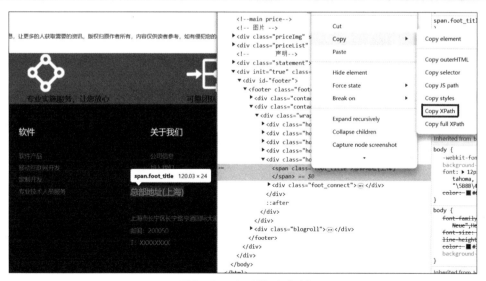

图 2 - 2 - 18　XPath 复制

根据前面 XPath 语法的学习，复制下来的 XPath 路径应该能够理解其含义了，即选取属性 ID 值为"headAddress"的任何标签下的 Span 标签，若此时输出，即为 Span 元素标签列表，可以改写路径为：

//* [@ id = "headAddress"]/span/text( )

（2）使用同样的方法获取网页中"上海市长宁区长宁路亨通国际大厦 13A"的 XPath 路径，如下：

//* [@ id = "headAddress"]/div/p[1]

现在除了公司地址，还需要邮编和联系电话信息，它们分别属于 div 的第二、三个子节点，因此可以改写路径为：

//* [@ id = "headAddress"]/div/p[position( ) < 4]/text( )

依据抽取到的文本列表，循环遍历即可。

（3）代码如下：

```
import requests
from lxml import etree
res = requests. get( "http://www. techlabplt. com:8080/BD - PC/priceList")
html = etree. HTML( res. text)
addressText = html. xpath( '//* [@ id = "headAddress"]/span/text( )')
print( addressText[0],":")
addPs = html. xpath( '//* [@ id = "headAddress"]/div/p[position( ) < 4]/text( )')
for addP in addPs:
  print("addP")
```

运行结果如图 2 - 2 - 19 所示。

图 2 - 2 - 19　运行结果

2.2.3　正则表达式

正则表达式是一个特殊的字符序列，它能帮助开发者方便地检查一个字符串是否与某种模式匹配。Python 中的 re 模块拥有全部的正则表达式功能。例如，测试字符串内的模式、替换文本、基于模式匹配从字符串中提取子字符串等。

本项目主要介绍正则表达式模式语法和 Python 中 re 模块常用的正则表达式处理函数的方法。

1. 正则表达式模式语法

模式字符串使用特殊的语法来表示一个正则表达式，表 2 – 2 – 10 列出了正则表达式模式语法中的特殊字符（也称为元字符）。如果使用模式的同时提供了可选的标志参数，则某些模式元素的含义会改变。

表 2 – 2 – 10　元字符

元字符	描述
.	匹配任意单个字符（不包括换行符 \ n）。例如：abc、aic、a&c
^	匹配字符串开头。例如：^abc 匹配 abc 开头的字符串
$	匹配字符串结尾。例如：abc $ 匹配 abc 结尾的字符串
[...]	字符集。对应字符集中的任意一个字符。例如：a[bcd]，可匹配 ab、ac、ad
|	逻辑表达式"或"。例如：a | b 代表可匹配 a 或者 b
\	转义字符（把有特殊含义的字符转换成字面意思）
\d	匹配一个数字字符。等价于 [0 – 9]
\D	匹配一个非数字字符。等价于 [^0 – 9]
\s	匹配任何空白字符，包括空格、制表符、换页符等。等价于 [\f\n\r\t\v]
\S	匹配任何非空白字符。等价于 [^ \f\n\r\t\v]
\w	匹配包括下划线的任何单词字符。等价于 [A – Za – z0 – 9_]
\W	匹配任何非单词字符。等价于 [^A – Za – z0 – 9_]
\A	仅匹配字符串开头。例如：\Aabc
\Z	仅匹配字符串结尾。如果存在换行，则只匹配到换行前的结束字符串。例如：abc\Z
?	匹配前一个字符 0 或 1 次。例如：ab?c 匹配 ac、abc 等
+	匹配前一个字符 1 或无限次。例如：ab + c 匹配 abc、abbc、abbbc 等
*	匹配前一个字符 0 或无限次。例如：ab * c 匹配 ac、abc、abbc、abbbc 等
{n}	匹配前一个字符 n 次。例如：ab{3}c 匹配 abbbc
{n,}	匹配前面的字符最少 n 次。例如：ab{3,}c 匹配 abbbc、abbbbc、abbbbbc 等
( )	对正则表达式分组并记住匹配的文本

接下来通过正则表达式的实例（表 2 – 2 – 11）来巩固这些常用的特殊符号。

表 2 – 2 – 11　正则表达式的实例

实例	对应字符串
PYTHON	'PYTHON'
P（Y|YT|YTH|YTHO）? N	'PN'，'PYN'，'PYTN'，'PYTHN'，'PYTHON'
PYTHON +	'PYTHON'，'PYTHONN'，'PYTHONNN'等

实例	对应字符串
PY[TH]ON	'PYTON'，'PYHON'
PY[^TH]?ON	'PYON'，'PYaON'，'PYbON'，'PYcON'等
PY{,3}N	'PN'，'PYN'，'PYYN'，'PYYYN'
^[A-Za-z]+$	由 26 个字母组成的字符串
^[A-Za-z0-9]+$	由 26 个字母和数字组成的字符串
^-?\d+$	整数形式的字符串
^[0-9]*[1-9][0-9]*$	正整数形式的字符串
[1-9]\d{5}	中国境内邮政编码，6 位
[\u4e00-\u9fa5]	匹配中文字符
\d{3}-\d{8}|\d{4}-\d{7}	国内电话号码，010-60000530

2. re 模块

Python 使用正则表达式要导入 re 模块，但不需要安装。

```
import re
```

re 模块下有很多方法和属性。在 re 模块中，正则表达式通常被用来检索查找、替换那些符合某个模式（规则）的文本。常用的方法如下：

1）search

re. search 方法扫描整个字符串并返回第一个成功的匹配。函数语法：

```
re. search(pattern,string,flags=0)
```

（1）pattern 为匹配的正则表达式。

（2）string 为要匹配的字符串。

（3）flags 为标志位，用于控制正则表达式的匹配方式，例如：是否区分大小写、多行匹配等。

re 模块中包含一些可选标志修饰符来控制匹配的模式，见表 2-2-12。

表 2-2-12　re 模块修饰符

修饰符	描述
re. I	使匹配对大小写不敏感
re. L	做本地化识别（locale-aware）匹配
re. M	多行匹配，影响 ^ 和 $
re. S	单行匹配，使匹配包括换行在内的所有字符
re. U	根据 Unicode 字符集解析字符。这个标志影响 \w、\W、\b、\B
re. X	该标志通过给予更灵活的格式，以便将正则表达式写得更易于理解

在网络爬虫中，re. S 是最常用的修饰符，它能够换行匹配，例如：

```
import re
s = "http://www.techlabplt.com:8080/BD - PC/priceList? pageId = 1"
info = re.search('\',s)
print(info)
```

运行结果如图 2 - 2 - 20 所示。

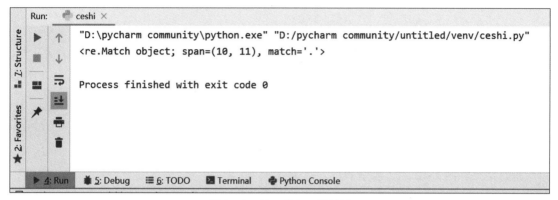

图 2 - 2 - 20　换行匹配结果

从运行结果可以看出，search 方法的返回值是一个匹配对象，如果匹配不成功，则返回 None。其中，span 匹配的是字符序列在字符串中的位置信息，而 match 中保存了匹配到的字符序列信息。

2）match

re 模块中的 match 方法用于对字符串开头的若干字符进行正则表达式的匹配。语法格式为：

```
re. match( Pattern,String,Flags = 0)
```

re. match 方法各参数的含义与 re. search 方法的完全相同。如果匹配成功，则返回一个匹配对象；否则，返回 None。

例如：

```
import re
s = "cive. sspu. edu. cn/"
result1 = re. match('sspu',s)
result2 = re. match('CIVE',s)
result3 = re. match('CIVE',s,re. I)print(result1)
print(result2)
print(result3)
```

运行结果如图 2 - 2 - 21 所示。

从运行结果看出，即便对 Flags 参数指定了匹配选项 re. MULTILINE 或 re. M，re. match 函数也只会对字符串开头的若干字符做匹配，而不对后面行的开头字符做匹配。

前面介绍的 match 方法和 search 方法，匹配成功时都会返回一个匹配对象，匹配失败时则返回 None。因此，可以通过条件语句判断前面的匹配是否成功，如下面的例子：

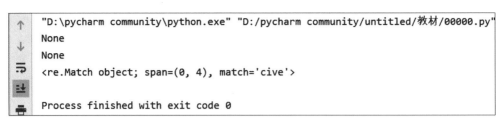

图 2 - 2 - 21 match 方法运行结果

```
import re
result1 = re.search('SSPU','我喜欢我的大学 sspu! ',re.I)
if result1:#判断是否匹配成功
  print('result1:',result1)#匹配成功,则输出返回的匹配对象
result2 = re.match('SSPU','我喜欢我的大学 sspu! ',re.I)
if result2:#判断是否匹配成功
  print('result2:',result2)#匹配成功,则输出返回的匹配对象
```

运行结果如图 2 - 2 - 22 所示。

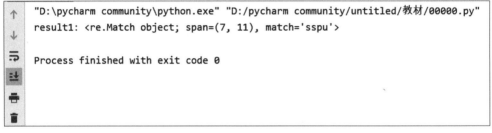

图 2 - 2 - 22 match 匹配结果

那么,对于返回的匹配对象,开发者如何提取其中的字符串和位置呢?

接下来,介绍匹配对象中常用的方法,见表 2 - 2 - 13。

表 2 - 2 - 13 匹配对象中常用的方法

match 对象方法	描述
group([group1,…])	根据传入的组号返回对应分组的匹配结果。如果传入一个组号,则返回一个字符串形式的匹配结果;如果传入多个组号,则返回一个由多个匹配结果字符串组成的元组;如果传入 0 或不传入参数,则返回的是与正则表达式匹配的整个字符串
groups()	返回一个由所有分组的匹配结果字符串组成的元组
start(group = 0)	返回指定分组的匹配结果字符串在原字符串中的起始位置。如果 group 值为 0(默认值),则返回与正则表达式匹配的整个字符串在原字符串中的起始位置
end(group = 0)	返回指定分组的匹配结果字符串在原字符串中的结束位置。如果 group 值为 0(默认值),则返回与正则表达式匹配的整个字符串在原字符串中的结束位置
span(group = 0)	返回指定分组的匹配结果字符串在原字符串中的位置信息。如果 group 值为 0(默认值),则返回与正则表达式匹配的整个字符串在原字符串中的位置信息

续表

match 对象方法	描述
group(num = 0)	返回整个匹配对象，或者编号为 num 的特定子组
groups(default = None)	返回一个包含所有匹配子组的元组（如果没有成功匹配，则返回一个空元组）

如下面的例子：

```
import re
fireCall = re.match('(\w\w\w\w):(\d\d\d)','fire:119')
print(fireCall.group())     #输出 fire:119
print(fireCall.group(1))    #输出 fire
print(fireCall.group(2))    #输出 119
print(fireCall.groups())    #输出('fire','119')
m = re.match('((a)(b))','ab')
print(m.groups())           #输出('ab','b')
```

上面 match 方法中的正则表达式加上 () 实现了分组，并且通过匹配对象的 group 方法中的参数分别抽取到第一分组和第二分组的字符串。也可以使用 groups 方法返回的元组来抽取匹配的字符串。

若取消分组，代码如下：

```
fireCall = re.match('\w\w\w\w:\d\d\d','fire:119')
print(fireCall.group(1))
```

则会出现错误，因为正则表达式没有分组，传入组号抽取字符串失败。接着补充几个位置方法的引用，代码如下：

```
print(fireCall.start())   #输出 0
print(fireCall.end())     #输出 8
print(fireCall.span())    #输出(0,8)
```

3）findall

在字符串中找到正则表达式所匹配的所有子串，并返回一个列表。如果有多个匹配模式，则返回元组列表；如果没有找到匹配的，则返回回空列表。

注意：match 和 search 是匹配一次，findall 匹配所有。语法格式为：

```
re.findall(pattern,string,flags = 0)
```

re.findall 各参数的含义与前两个方法完全相同，代码如下：

```
import re
s = " http://www.techlabplt.com/"
info = re.findall('\w+',s)
print(info)
s = "My university's website:\ncive.sspu.edu.cn"
info = re.findall('^cive.+',s,re.M)
print(info)
```

运行结果如图 2 - 2 - 23 所示。

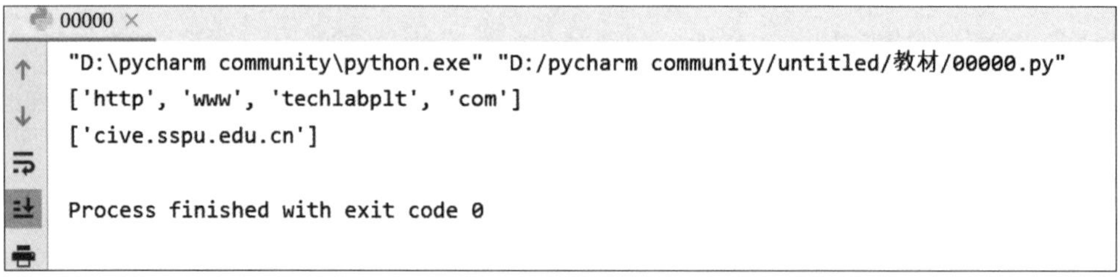

```
00000  ×
"D:\pycharm community\python.exe" "D:/pycharm community/untitled/教材/00000.py"
['http', 'www', 'techlabplt', 'com']
['cive.sspu.edu.cn']

Process finished with exit code 0
```

图 2 - 2 - 23　findall 运行结果

除了以上搜索之外，还有 finditer 方法，也是和 findall 类似，在字符串中找到正则表达式所匹配的所有子串，并把它们作为一个迭代器返回。这里不再赘述。

4）sub

re 模块提供了 sub 方法用于替换字符串中的匹配项，语法格式为：

```
re. sub(pattern,repl,string,count = 0,flags = 0)
```

（1）pattern 为匹配的正则表达式。

（2）repl 为替换的字符串。

（3）string 为要被查找替换的原始字符串。

（4）count 为模式匹配后替换的最大次数，默认为 0，表示替换所有的匹配。

（5）flags 为标志位，用于控制正则表达式的匹配方式，如是否区分大小写、多行匹配等。

如下面的例子使用 sub 方法去除电话号码中的连接线。

```
import re
phone = '136 - 4567 - 1234'
new_phone = re. sub('\D','',phone)
print(new_phone)            #13645671234
```

在爬虫实战中，由于主要的需求是爬取数据，所以 re 模块中的其他方法，像 sub、split 方法的使用是极少的。以下基于网站（http://www.techlabplt.com），爬取其详细的页面内容，通过正则表达式去除 html 标签的方式，具体代码如下：

```
import requests
import re
#发送请求
res = requests. get("http://www.techlabplt.com/")
res. encoding = res. apparent_encoding
stence = re. findall(' < dt class = "t" > (. * ?) </dt >',res. text,re. S)[0]
#返回网页内容
print(re. sub(' < . * ? >','',stence))
```

运行结果如图 2 - 2 - 24 所示。

有时在正则表达式的前面加 r，这是因为正则表达式的规则也是由一个字符串定义的，而在正则表达式中大量使用转义字符'\'，如果不用 raw 字符串，则在需要写'\'的地方，必

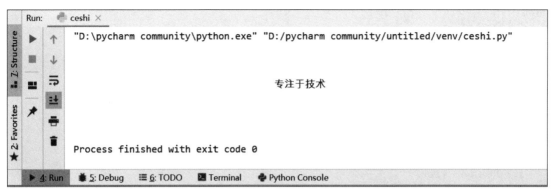

图 2 - 2 - 24 运行结果

须写成'\\'，那么要从目标字符串中匹配一个'\'时，就得写 4 个'\'，成为'\\\\'。这当然很麻烦，也不直观，所以一般使用 r'…'来定义规则字符串。当然，某些情况下，可能不用 raw 字符串比较好。

另外，介绍一下正则表达式的贪婪匹配与懒惰匹配。贪婪匹配是先看整个字符串是否匹配，如果不匹配，它会去掉字符串的最后一个字符，并再次尝试。如果还不匹配，那么再去掉当前最后一个，直到发现匹配或不剩任何字符为止，所以通常的行为是匹配尽可能多的字符。例如，< li. + >默认贪婪匹配"li 加任意字符"，代码如下：

```
import re
s = ''' <ul class = "cell_1" >
              <li index = "li_40" >公司信息 </li >
              <li index = "li_41" >最新动态 </li >
              <li index = "li_42" >加入我们 </li >
              <li index = "li_43" >联系我们 </li >
              </ul >'''
li_list = re. findall(' <li. + >',s)
for li in li_list:
    print(li)
```

运行结果如图 2 - 2 - 25 所示。

```
"D:\pycharm community\python.exe" "D:/pycharm community/untitled/教材/00000.py"
<li index="li_40">公司信息</li>
<li index="li_41">最新动态</li>
<li index="li_42">加入我们</li>
<li index="li_43">联系我们</li>

Process finished with exit code 0
```

图 2 - 2 - 25 贪婪匹配

而在后面增加一个?，就能够匹配尽可能少的字符，这被称为懒惰匹配。例如，< li. + ?>懒惰匹配"li 加任意字符"，代码如下：

```
import re
s = ''' <ul class = "cell_1" >
                        <li index = "li_40" >公司信息 </li >
                        <li index = "li_41" >最新动态 </li >
                        <li index = "li_42" >加入我们 </li >
                        <li index = "li_43" >联系我们 </li >
                  </ul >'''
li_list = re. findall('<li. +? >',s)
for li in li_list:
    print(li)
```

如图 2 - 2 - 26 所示。

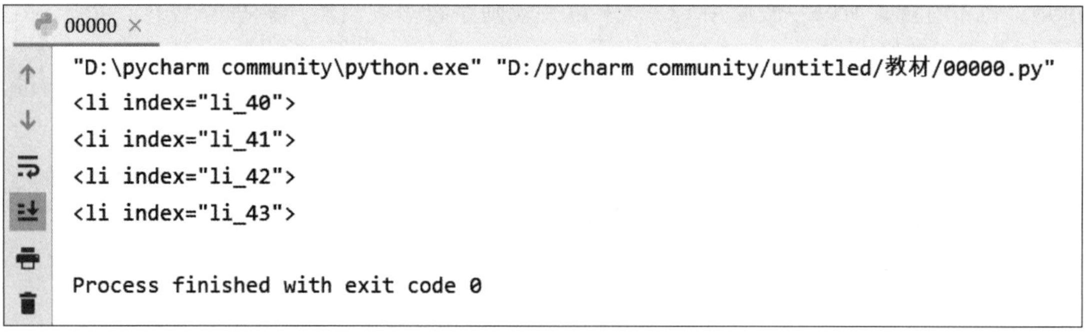

图 2 - 2 - 26　懒惰匹配

2. 2. 4　Parsel 库的使用

Parsel 库可以解析 HTML 和 XML,并支持使用 XPath 和 CSS 选择器对内容进行提取和修改,同时,还融合了正则表达式的提取功能。由 Scrapy 团队开发的 Parsel 库灵活且强大,同时也是 Python 最流行的爬虫框架 Scrapy 的底层支持库。

在使用 Parsel 之前,请确保已经安装好了 Parsel 库,如尚未安装,可以在 Windows cmd 命令行输入 pip3 install parsel,安装即可。

1. 初始化

无论是使用 CSS 选择器还是 XPath、re,都需要先创建一个 Parsel. Selector 对象。创建了 Selector 对象之后,可以进行 XPath、CSS 的任意切换。实际上,使用 CSS 获取节点最终也是转换成 XPath 进行查询。

Parsel 库中一般使用 Selector 类,代码如下:

```
#导入 Selector 类
from parsel import Selector
#初始化 html 字符串
html = '''
<div >
  <ul >
```

```
            < li class = "item - 0" > 首页 </li >
            < li class = "item - 1" > <a href = "introduce. html" > 概况 </a > </li >
            < li class = "item - 0 active" > <a href = "new. html" > <span class = "bold" > 新闻
</span > </a > </li >
            < li class = "item - 1 active" > <a href = "notice. html" > 公告 </a > </li >
            < li class = "item - 0" > <a href = "about. html" > 联系我们 </a > </li >
        </ul >
    </div >
    '''
        #创建 selector 对象
        selector = Selector(html)
        #使用 CSS 提取 class 包含 item - 0 的节点
        items = selector. css('.item - 0')
        print(len(items))
        print(type(items))
        print(items)
```

截取部分运行结果，如图 2 - 2 - 27 所示。

```
3
<class 'parsel.selector.SelectorList'>
[<Selector query="descendant-or-self::*[@class and contains(concat(' ', normalize-space(@class), ' '), ' item-0 ')]" data='<li class="item-0">首页</
Process finished with exit code 0
```

图 2 - 2 - 27   部分运行结果

从输出结果可知，使用 CSS 提取返回的是 SelectorList 对象，是个可迭代对象。用 len 方法获取结果的长度是 3。另外，返回的节点是第 1、3、5 个 li 节点，每个节点都包含 HTML 代码。并且注意看，用 CSS 选择器提取的节点，输出的是 XPath 属性而不是 CSS 属性，这是因为传入 CSS 选择器会先被转化成 XPath，所以真正用于节点提取的是 XPath。其中，CSS 选择器转化为 XPath 的过程是由底层 CSS Selector 库实现的。

下面使用 XPath 方法提取 Class 中包含 item - 0 节点的代码：

```
items = selector. xpath('//li[contains(@ class,"item - 0")]')
print(len(items),type(items),items)
```

输出的结果如图 2 - 2 - 27 所示。

2. 提取文本

根据上例所获得的可迭代对象 SelectorList，提取 li 节点的内容，代码如下：

```
for item in items:
  text = item. xpath('. //text()'). get()
  print(text)
```

遍历 SelectorList 获得 Selector 对象，再调用其 XPath 方法内容提取。这里使用 ". //text()" 这个 XPath 方法提取了当前节点文本内容，此时若不调用其他方法，则返回的是 Selector 构成的可迭代对象 SelectorList。SelectorList 中有一个 get 方法，get 方法可以将 SelectorList 包含的 Selector 对象中的内容提取出来。输出结果如图 2 - 2 - 28 所示。

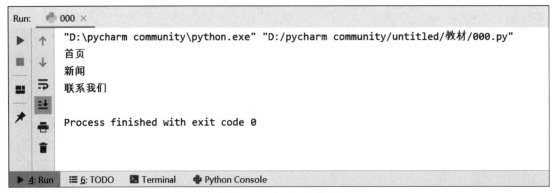

图 2 - 2 - 28　运行结果

以上实例通过 XPath 方法抽取 3 个 li 对象，如果想获取第一个 li 对象文本，可以使用 get 方法，代码如下：

```
result = selector. xpath('//li[contains(@ class,"item-0")]//text()'). get()
print(result)
```

运行结果如图 2 - 2 - 29 所示。

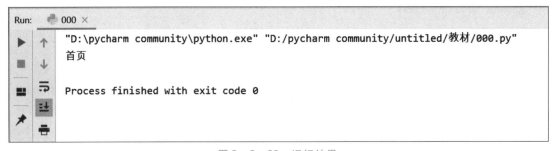

图 2 - 2 - 29　运行结果

get 方法只会提取第一个 Selector 对象的结果，如果想获取所有的对象，可以使用 getall 方法。

```
result = selector. xpath('//li[contains(@ class,"item-0")]//text()'). getall()
print(result)
```

运行结果如图 2 - 2 - 30 所示。

因此，如果要提取 SelectorList 里面对应的结果，可以使用 get 或 getall 方法，前者只会获取第一个 Selector 对象里面的内容，后者会依次获取每个 Selector 对象对应的结果。另外，上例中，要将 XPath 方法改写成 CSS 方法，可以这么实现：

```
result = selector. css('.item-0 * ::text'). getall()
```

这里 * 用来提取所有子节点（包括纯文本节点），提取文本需要再加上 "::text"，最终的运行结果是一样的。

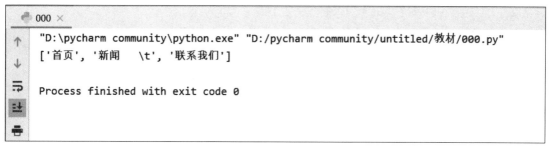

图2-2-30 运行结果

3. 属性提取

由上述实例得知，直接在 XPath 中加入 "//text( )" 即可提取文本，现提取第三个 li 节点内部的 a 节点的 href 属性。以下代码分别使用 CSS 和 XPath 方法实现：

```
result = selector. css(".item - 0. active a::attr(href)"). get()#css 方法
print(result)
result = selector. xpath("//li[contains(@ class,'item - 0')and contains(@ class,'
active')]/a/@ href"). get()
print(result)
```

运行结果如图2-2-31所示。

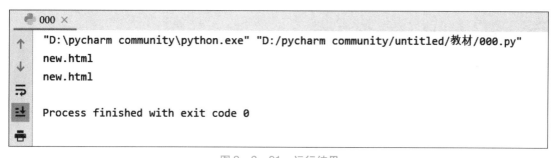

图2-2-31 运行结果

上述代码作用是：首先提取所有具有 item - 0 和 active 类的属性，再次选取其中的 < li > 元素，最后提取 < a > 标签内的 href 属性值。对于 CSS Selector，选取属性需要加 "::attr( )" 并传入对应的属性名称来选取；对于 XPath，直接用 "/@ " 再加属性名称即可选取。最后统一用 get 方法提取结果即可。

4. 正则提取

除了常用的 CSS 和 XPath 方法，Selector 对象还提供了正则表达式提取方法，代码如下：

```
result = selector. css(".item - 0"). re("href. * ")
print(result)
```

这里先用 CSS 方法提取所有 Class 中包含 item - 0 的节点，然后使用 re 方法传入 "href. * "，用来匹配包含 href 的所有结果，以列表类型返回。运行结果如图2-2-32 所示。

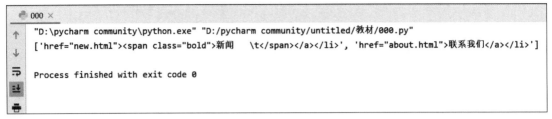

图 2 - 2 - 32　运行结果

可以看到，re 方法在这里遍历了所有提取到的 Selector 对象，然后根据传入的正则表达式查找出符合规则的节点源码，并以列表的形式返回。

当然，如果在调用 CSS 方法时已经提取了进一步的结果，比如提取了节点文本值，那么 re 方法就只会针对节点文本值进行提取：

```
result = selector.css('.item - 0 * ::text').re("首. * ")
print(result)
```

运行结果如图 2 - 2 - 33 所示。

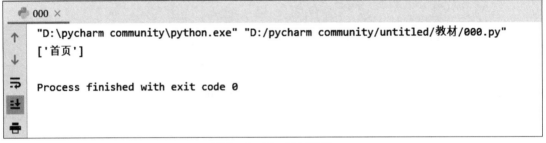

图 2 - 2 - 33　运行结果

另外，还有一个方法 re_first，可以利用 re_first 方法来提取第一个符合规则的结果：

```
result = selector.css(".item - 0").re_first('< span class = "bold" >(. * ?) </span >')
print(result)
```

这里提取的是被 Span 标签包含的文本值，提取结果用小括号括起来表示一个提取分组，最后输出的结果就是小括号部分对应的结果，运行结果如图 2 - 2 - 34 所示。

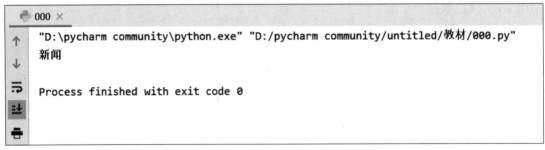

图 2 - 2 - 34　运行结果

基于网站（http://www.techlabplt.com:8080/BD－PC/priceList）爬取名字中含有"菜"字的农产品，并输出其平均价。具体代码如下：

```
import requests
from parsel import Selector
result = requests.get("http://www.techlabplt.com:8080/BD-PC/priceList")
selector = Selector(result.text)
foodnames = selector.xpath('//*[@ id="tableBody"]/tr/td[3]')
i = 1
for foodname in foodnames:
    text = foodname.xpath('.//text()').re('.*菜.*')
    if len(text)! =0:
        print(text[0],end = ' ')
        aveprice = selector.xpath('//*[@ id ="tableBody"]/tr[' +str(i) +']/td[5]//
text()').get()
        print(aveprice)
    i + =1
```

截取部分运行结果如图2－2－35所示。

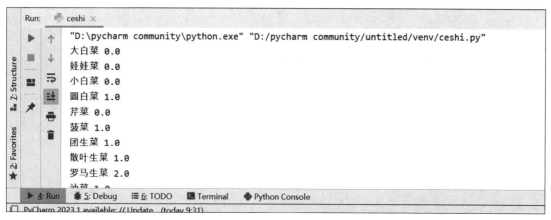

图2－2－35　运行结果

2.2.5　任务实施

1. 任务需求一

通过 BeautifulSoup 库解析获取网站（http://www.techlabplt.com:8081/position/44517）内容。

打开网站（http://www.techlabplt.com:8081/position/44517），显示招聘岗位的具体信息，如图2－2－36和图2－2－37所示。

2. 任务实施

实施代码如下：

图 2 - 2 - 36　爬取网页

```
import requests
from bs4 import BeautifulSoup
from lxml import etree


result = requests. get("http://www. techlabplt. com:8081/position/44517")
soup = BeautifulSoup(result. text,'html. parser')
company = soup. select('#position_content > div. detail. container > div > h4 > b')
for foodName in company:
  print(foodName. text)


html = etree. HTML(result. text)
description = html. xpath('/html/body/div/div/div[3]/p/text()')
for addP in description:
  print(addP)
```

截取部分运行结果，如图 2 - 2 - 37 所示。

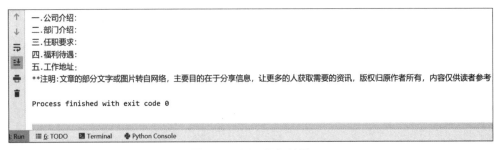

图 2 - 2 - 37　运行结果

3. 任务需求二

基于网站（http://www.techlabplt.com:8080/BD-PC/zhaopin.html），通过正则表达式来抽取底部导航中的邮箱，如图2-2-38所示，并在邮编号前添加"---"。

图2-2-38 获取网页

4. 任务实施

在邮编号前添加"---"的代码如下：

```python
import requests
import re

res = requests.get("http://www.techlabplt.com:8080/BD-PC/zhaopin.html")
res.encoding = res.apparent_encoding

phone = re.findall('<p>(.*?)</p>', res.text, re.S)[-2]

print(re.sub('<.*?>', '', phone))
#返回网页内容
new_phone = re.sub('\D', '-', phone)
print(new_phone)
```

运行结果如图2-2-39所示。

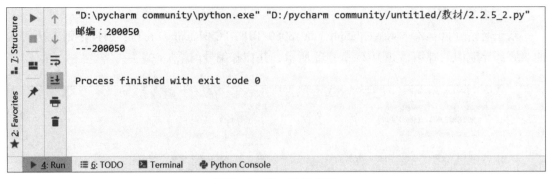

图 2-2-39　运行结果

任务2.3　基础爬虫案例分析与实战

1. 任务需求描述一

通过本任务学习得到的网站爬虫技术，将新闻网站（http://www. techlabplt. com/sspu/list1. html）最近 5 页发布的新闻时间和标题输出到控制台界面。

2. 任务分析

打开新闻网站，将页面拖动到底部，通过翻页链接，单击"下一页"按钮观察到第二页的 URL：http://www. techlabplt. com/sspu/list2. html。这里尝试将静态文件改为 list1、list3，发现就是对应新闻页面的第一页和第三页。故要爬取前 5 页的新闻，这 5 个 URL 只需要更改最后的文件名即可，其余不变。

（1）要爬取的新闻时间和标题如图 2-3-1 所示。

图 2-3-1　要爬取的新闻时间和标题

（2）通过"检查"窗口查找到所需爬取信息的位置，如图2-3-2所示。

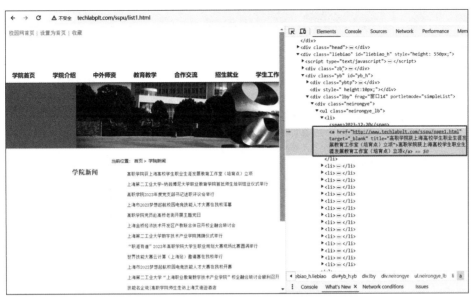

图2-3-2　爬取信息对应的位置

（3）分别通过Chrome浏览器的开发者工具去获取新闻时间和标题的"Selector"，如下所示：

```
#yb_h > div. lby > div. neirongye > ul > li:nth - child(1) > span
#yb_h > div. lby > div. neirongye > ul > li:nth - child(1) > a
```

此时的li:nth - child(1) 是选择一条新闻，现要爬取所有新闻时间和标题，故可以把Selector改为：

```
#yb_h > div. lby > div. neirongye > ul > li > span
#yb_h > div. lby > div. neirongye > ul > li > a
```

3. 任务实施

爬取前5页新闻时间和标题的代码如下：

```python
import requests
from bs4 import BeautifulSoup
def get_info(url):
    result = requests. get(url)
    result. encoding = result. apparent_encoding
    soup = BeautifulSoup( result. text,'html. parser')
    news = soup. select('#yb_h > div. lby > div. neirongye > ul > li > a')
    times = soup. select('#yb_h > div. lby > div. neirongye > ul > li > span')
    for new,time in zip(news,times):
        print( time. text,new. text)

for page in range(1,6):
```

```
url = "http://www.techlabplt.com/sspu/list%d.html" % (page)

get_info(url)
```

截取部分运行结果，如图2-3-3所示。

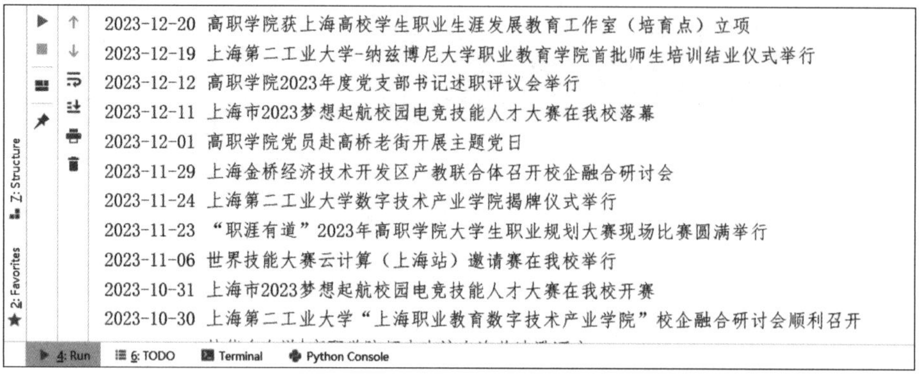

图2-3-3　程序运行的部分结果

代码分析：

（1）Get_info函数主要应用Requests库访问网页，通过BeautifulSoup库中的Select方法抽取数据，获取Span标签、a标签和列表类型。

（2）通过zip函数将列表中的元素打包成一个个元组，然后返回由这些元组组成的列表，并通过循环依次输出标签元素的文本内容。

（3）经任务分析，已观察到url的规律，通过for循环即可依次获取5个url，作为Get_info函数的参数。

除了BeautifulSoup库的Selector方法以外，这里再介绍另一种通过BeautifulSoup库的find方法来实现以上项目需求。代码如下：

```
import requests
from bs4 import BeautifulSoup
import bs4
def get_info(url):
    result = requests.get(url)
    result. encoding = result. apparent_encoding
    soup = BeautifulSoup( result. text, 'html. parser')
    trs = soup. find( 'ul', 'neirongye_lb'). children
    for tr in trs:
        if isinstance(tr, bs4. element. Tag):
            print(tr( 'span')[0]. text, tr( 'a')[0]. text)

for page in range(1,6):
    url = "http://www.techlabplt.com/sspu/list%d.html" % (page)
    get_info(url)
```

运行结果如图2-3-4所示，与图2-3-3结果一致。

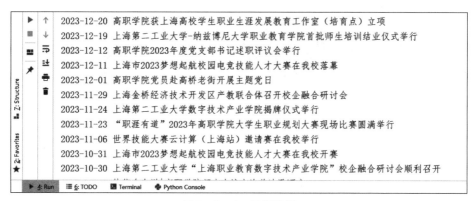

图2-3-4　运行结果

新闻时间和标题是 ul 标签的子节点，故可以使用 Children 遍历，返回迭代类型，通过遍历访问子节点，子节点中包含标签节点和空节点，再通过 isinstance 函数排除掉空节点，剩余节点即是含有时间和标题文本的标签节点。

4. 任务需求描述二

爬取新闻网站（http://www.techlabplt.com/sspu/list1.html）内新闻的详细信息，包括标题、日期与内容。图2-3-5所示是其中一篇新闻。

图2-3-5　新闻详情

5. 任务分析

（1）打开前几个新闻的具体页面，观察 URL 地址，发现不同新闻只是文件名不同而已。

```
http://www.techlabplt.com/sspu/page1.html
http://www.techlabplt.com/sspu/page2.html
http://www.techlabplt.com/sspu/page3.html
```

这些 URL 都是通过前一个网页链接过来的，如图2-3-6所示。爬取到 a 标签的 href 属性值，即可以获取详细新闻页的 URL。

（2）在详细新闻页面，有的新闻有副标题，有的新闻没有，故在爬取网页的时候要加以区分、判断。

（3）通过"检查"窗口，分别使用 Copy XPath 获取到（http://www.techlabplt.com/sspu/list1.html）网页的 a 标签的 XPath 路径，通过后面补充@href，得到相应属性值。

```
//*[@id="yb_h"]/div[3]/div[1]/ul/li/a/@href
```

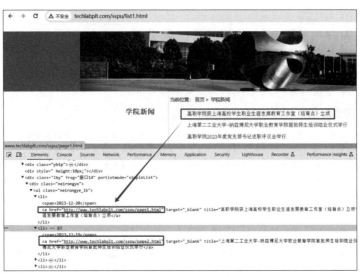

图 2 - 3 - 6　新闻列表

任选其中一条详细新闻页，获取到正副标题、发布日期的 **XPath** 路径，通过在后面补充 text()，从而得到标签中的文本内容。

```
//* [@ id ="yb_h"]/div[4]/div[1]/a/text()
//* [@ id ="yb_h"]/div[4]/div[2]/a/text()
//* [@ id ="yb_h"]/div[4]/div[4]/span/text()
```

爬取到的时间文本还需要通过正则表达式"\d{4}-\d{2}-\d{2}"清洗。另外，在这里新闻内容也是通过正则表达式爬取和清洗的。

6. 任务实施

根据以上分析，具体代码如下：

```
import requests
fromlxml import etree
import re
def get_url():
    result = requests. get("http://www.techlabplt.com/sspu/list1.html")
    result. encoding = result. apparent_encoding
    html = etree. HTML(result. text)
    aHref = html. xpath('//* [@ id ="yb_h"]/div[3]/div[1]/ul/li/a/@ href')
    return aHref
def get_info(url):
    result = requests. get(url)
    result. encoding = result. apparent_encoding
    html = etree. HTML(result. text)
    header = html. xpath('//* [@ id ="yb_h"]/div[4]/div[1]/a/text()')
    titles = header[0][0:]
    timesinfo = html. xpath('//* [@ id ="yb_h"]/div[4]/div[4]/span/text()')
    year = re. findall('\d{4} - \d{2} - \d{2}',timesinfo[0])
```

```
        times = year[0][0:]
        author = timesinfo[0][19+3:]
        newsCon = re.findall('<div class="neirongye_nr nrr">(.*?)</div>',result.
text,re.S)[0]
        newsFormat = re.sub('<.*?>','',newsCon)
        newsFormat = re.sub(' ','',newsFormat)
        data = {
            'title':titles,
            'author':author,
            'time':times,
            'news':newsFormat
                }
        return data

def print_info(data):
    for dictkey,dictvalue in data.items():
        print(dictkey,':',dictvalue)

aHref = get_url()
print(aHref)

for href in aHref:
    print(href)
    if(href.startswith("http://")):
        data = get_info(href)
        print_info(data)
```

截取部分运行结果，如图2-3-7所示。

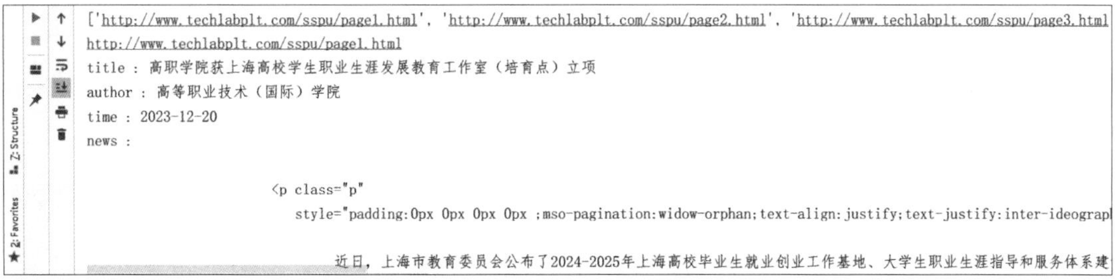

['http://www.techlabplt.com/sspu/page1.html', 'http://www.techlabplt.com/sspu/page2.html', 'http://www.techlabplt.com/sspu/page3.html
http://www.techlabplt.com/sspu/page1.html
title：高职学院获上海高校学生职业生涯发展教育工作室（培育点）立项
author：高等职业技术（国际）学院
time：2023-12-20
news：

        <p class="p"
        style="padding:0px 0px 0px 0px;mso-pagination:widow-orphan;text-align:justify;text-justify:inter-ideograp
近日，上海市教育委员会公布了2024-2025年上海高校毕业生就业创业工作基地、大学生职业生涯指导和服务体系建

图2-3-7　运行结果

代码分析：

（1）get_url函数主要应用于Requests库访问网页，通过lxml库中的XPath方法抽取数据，获取a标签属性值，以列表类型返回。

（2）经任务分析，已观察到url的规律，通过for循环遍历get_url函数返回的列表元素，即可依次获取新闻页面的url作为get_info函数的参数。

（3）get_info 函数是核心函数，应用 Requests 库、lxml 库和正则表达式抽取清洗数据，使用 Titles 抽取新闻中的副标题和列表类型，使用 re. findall 方法匹配时间，在正文中使用 re 正则方法对相应的文本内容进行匹配，最后封装成字典类型将上述提取的内容进行整合并返回。

（4）print_info 函数主要实现字典键值对的输出，这里使用 Items 方法遍历字典中的键和值。

（5）最后调用函数，这里使用了一个 if 条件语句对获取到的链接以 http://开头的字符串匹配并进行输出。

练一练

1. 以下（　　）库主要用于发送 HTTP 请求。

A. BeautifulSoup　　　B. lxml　　　　　　　C. Requests　　　　　　D. 正则表达式

2. 以下（　　）库主要用于解析 HTML 和 XML 文档。

A. Requests　　　　　B. lxml　　　　　　　C. BeautifulSoup　　　D. 正则表达式

3. 以下（　　）库主要用于处理 HTML 和 XML 文档的解析和遍历。

A. Requests　　　　　B. BeautifulSoup　　C. lxml　　　　　　　　D. 正则表达式

4. 以下（　　）不是 Python 爬虫常用的库。

A. Requests　　　　　B. BeautifulSoup　　C. lxml　　　　　　　　D. Torch

5. 以下（　　）方式最适合抓取动态网页数据。

A. 使用 requests 库　　　　　　　　　　　B. 使用 BeautifulSoup 库

C. 使用 lxml 库　　　　　　　　　　　　　D. 使用 JavaScript

6. 在 Python 中，使用 BeautifulSoup. find ＿＿＿方法可以查找 HTML 文档中的＿＿＿元素。

7. 使用 Python 编写一个简单的 HTTP 爬虫，获取网页 http://www. techlabplt. com/的 HTML 内容，并输出。

8. 使用 Python 和 CSS 选择器编写一个爬虫，获取网页 http://www. techlabplt. com/的所有图片 URL，如下图所示。

```
images/logo.png
upload/focus1.jpg
upload/focus2.jpg
upload/focus3.jpg
images/ourAdv.gif
images/winin2022_01.gif
images/winin2022_02.png
images/winin2022_03.gif
images/agile.png
images/integrate.png
images/framework.png
```

考核评价单

项目	考核任务	评分细则	配分	自评	互评	师评
静态网页爬取	1. 实现 HT-TP 请求	1. 能安装第三方库，1分； 2. 能使用 Requests 库实现 HTTP 请求，2分； 3. 能使用 Response 对象查看状态码，2分； 4. 能使用 Response 对象查看编码和设置编码，2分； 5. 能设置请求头与查询响应头，2分； 6. 能设置超时、url 参数等，2分； 7. 能运用 try…except…异常处理机制处理异常，3分； 8. 能查看网页协议的具体版本，2分； 9. 能使用 HTTPX 库进行 HTTP2.0 协议的请求，3分； 10. 能使用 HTTPX 库进行同步和异步请求，4分； 11. 说出 Requests、Urllib 和 HTTPX 库的区别，2分。	25分			
	2. 解析网页数据	1. 使用 BeautifulSoup 库。 （1）能创建 BeautifulSoup 对象，2分； （2）能使用 BeautifulSoup 类中的基本元素解析网页，5分； （3）能使用 BeautifulSoup 库遍历方法遍历标签树，5分； （4）能使用 BeautifulSoup 库的 findAll、find、select 方法提取信息，8分。 2. 使用 lxml 库。 （1）能使用 lxml 库实现修正 HTML 代码、读取本地 HTML 文件，2分； （2）能使用 lxml 库解析 HTML 文件，2分； （3）能基于 XPath 语法使用路径表达式来选取 HTML 文档中的节点，8分。 3. 使用 re 模块。 （1）能创建正则表达式，5分； （2）能使用 re 模块中的 search、match、findall 等方法进行信息抽取，8分。 4. 使用 Parsel 库。 能使用 Parsel 库中的 Selector 类提取网站内容，5分。	50分			
	3. 学习态度和素养目标	1. 考勤（10分，缺勤、迟到、早退，1次扣5分）； 2. 按时提交作业，5分； 3. 诚信、守信，5分； 4. 编码具有可读性、健壮性和友好性，具有探索精神和精益求精的工作精神，5分。	25分			

项目 3
数据存储

　　无论使用何种方式获取、解析数据，都需要终端设备直接或通过网络连接到存储设备将数据存储起来，以便后续应用使用。数据存储的方式有很多种，主流的有将数据存储到文件或数据库，以及通过中间件直接提供给其他应用程序使用等多种方式。

知识目标

- 概述 3 种文件类型的使用区别与存储至文件的流程；
- 概述 MySQL 与 MongoDB 数据库的使用场景；
- 说出 MySQL 和 MongoDB 数据库的区别与优劣势；
- 概述 Redis 的作用与优劣势；
- 说出 Redis 的常用方法；
- 概述 Kafka 和 RabbitMQ 的作用与工作流程。

技能目标

- 能使用 Python 方法将爬取到的数据存储至三类文件内；
- 能完成数据库的搭建与环境配置；
- 能完成 Navicat Premium 工具的安装与使用；
- 能使用 Python 方法将数据存储至 MySQL 数据库；
- 能完成 MongoDB Compass 工具的安装；
- 能使用 Python 方法将数据存储至 MongoDB 数据库；
- 能使用 BeautifulSoup 或 XPath 解析网页；
- 能使用 PyMySQL 连接 MySQL 数据库，完成数据表的操作；
- 能完成 Redis、Kakfa 与 RabbitMQ 中间件的安装；
- 能使用 Python 方法完成 Redis 键值对的存取等操作；
- 能设计与使用各类中间件完成数据的存取等操作。

素养目标

- 通过实现上述学习目标，可以培养和提升数据管理、文件操作与中间件使用等方面

的素养;

- 通过不断引导学生对不同数据存储的使用,从而让学生建立中间件知识体系,开拓学生的视野;

- 通过一些深入浅出的实例,增强学生对于理论知识的理解,建立理论结合实际的学习方法;

- 培养学生的信息素养,养成数据的保护意识。

任务3.1 存储到文件

3.1.1 存储为文本文件

将处理过的数据保存为文本文件的操作相对比较简单,也便于传递分享。对于数据量不大,结构简单,后续不需要太多处理的数据,可以采用文本文件存储。

1. 任务需求

以网站(www.techlabplt.com:8080/BD - PC/priceList)的第一页数据为例,将网络爬虫程序爬取到的数据进行存储。

2. 任务准备

通过 Requests 和 BeautifulSoup 库爬取数据,并将数据输出到控制台,代码如下:

```
import requests
from bs4 import BeautifulSoup

#前置:使用 Requests 获取 URL 的 Response
url = 'http://www.techlabplt.com:8080/BD - PC/priceList'
#发送请求
resp = requests.get(url)
#手动指定字符编码为 UTF - 8
resp.encoding = 'UTF - 8'
'''
使用 BS4 解析数据,并输出;
'''
#1. 把页面源代码交给 BeautifulSoup 进行处理,生成 BS 对象并指定 html 解析器
pageHtml = BeautifulSoup(resp.text,"html.parser")
#2. 获取 html 内的 div,div 的 class 为 tbl - body,里面包含着所需的数据
tableDiv = pageHtml.find("div",attrs = {"class":"tbl - body"})
#3. 获取所有的 tr
dataDiv = tableDiv.findAll("tr")
#4. 删除第一行表头数据
del(dataDiv[0])
#5. 循环遍历每一行的数据
```

```
for data in dataDiv:
    #得到每一行中的每一列
    oneData = data.findAll("td")
    #输出
    print("大类:" + oneData[0].text + ",小类:" + oneData[1].text + ",名称:" + oneData[2]
.text + ",最低价:" + oneData[3].text + ",平均价:" + oneData[4].text + ",最高价:" + oneData
[5].text + ",规格:" + oneData[6].text + ",来源:" + oneData[7].text + ",单位:" + oneData[8]
.text + ",更新日期:" + oneData[9].text)
```

以上代码可以将网页中第一页的数据输出到控制台，输出结果如下：

大类:蔬菜,小类:,名称:大白菜,最低价:0.0,平均价:0.0,最高价:0.0,规格:,来源:冀,单位:斤,更新
日期:2022-06-07

大类:蔬菜,小类:,名称:娃娃菜,最低价:0.0,平均价:0.0,最高价:0.0,规格:大,来源:豫冀,单位:斤,
更新日期:2022-06-07

大类:蔬菜,小类:,名称:小白菜,最低价:0.0,平均价:0.0,最高价:0.0,规格:,来源:冀,单位:斤,更新
日期:2022-06-07

大类:蔬菜,小类:,名称:圆白菜,最低价:0.0,平均价:1.0,最高价:1.0,规格:,来源:冀,单位:斤,更新
日期:2022-06-07

……

3. 任务实施

基于上述任务需求，将输出的内容更改为存储至文本文件，修改后的代码如下：

```
import requests
from bs4 import BeautifulSoup


#前置:使用 Requests 获取 URL 的 response
url = "http://www.techlabplt.com:8080/BD-PC/priceList"
resp = requests.get(url)
resp.encoding = 'UTF-8'
'''
使用 BS4 解析数据,并输出
'''
#1. 把页面源代码交给 BeautifulSoup 进行处理,生成 BS 对象并指定 html 解析器
pageHtml = BeautifulSoup(resp.text,"html.parser")
#2. 获取 html 内的 div,div 的 class 为 tbl-body,里面包含着需要爬取的数据
tableDiv = pageHtml.find("div",attrs = {"class":"tbl-body"})
#3. 获取所有的 tr
dataDiv = tableDiv.findAll("tr")
#4. 删除第一个表头数据
del(dataDiv[0])
#5 新建命名为 data.txt 的文本文件并写入表头信息
```

```
saveFile = open("C:/lab/data.txt",'w',encoding = 'utf-8')
saveFile.write('大类,小类,名称,最低价,平均价,最高价,规格,来源,单位,更新日期\n')
#6. 循环遍历每一行的数据
for data in dataDiv:
    #得到每一行中的每一列
    oneData = data.findAll("td")
    #输出:存储为文本文件内
saveFile.write(oneData[0].text + ',' + oneData[1].text + ','
+ oneData[2].text + ',' + oneData[3].text + ','
+ oneData[4].text + ',' + oneData[5].text + ','
        + oneData[6].text + ',' + oneData[7].text + ','
+ oneData[8].text + ',' + oneData[9].text + '\n')
saveFile.close()
```

首先通过 Requests 库获取网站的 Response 信息，再通过 BeautifulSoup 库解析数据，最后使用 open 方法把解析出来的数据存入文本文件中。open 函数的基本语法格式如下：

```
open(filename,mode = 'r')
```

其中，filename 是要打开文件的路径；mode 是文件打开方式，不同文件打开方式可以组合使用，默认打开方式为 'r'（等同于 'rt'）。具体 mode 参数的含义见表 3 - 1 - 1。

表 3 - 1 - 1　mode 参数的含义

符号	含义
r'	以只读模式打开文件（默认模式）
w'	以只写的方式打开文件，如果文件存在，会先删除再重新创建
x'	以独占的方式打开文件，如果文件已经存在，则错误
a'	以写的形式打开文件，若文件已存在，则以追加的方式写入
b'	二进制模式
t'	文本模式（默认）
+'	更新文件（读/写）

下面介绍一下常用的几种参数：

• w：打开一个文件用于写入。如果该文件已经存在，则从开头开始编辑，即原有内容会被删除；如果该文件不存在，则创建新文件。

• w+：打开一个文件用于读写。如果该文件已经存在，则打开文件，并从开头开始编辑，即原有内容会被删除；如果该文件不存在，则创建新文件。

• r：以只读方式打开文件。文件的指针将会放在文件的开头。这是默认模式。

• a：打开一个文件用于追加。如果该文件已经存在，文件指针将会放在文件的结尾。简而言之，新增的内容将写入已有内容的后面；如果该文件不存在，则创建新文件进行写入。

open 方法还有其他参数，譬如文件的编码方式。

本任务利用 Python 提供的 open 方法打开一个自定义路径下的文件（文件存储路径根据个人的电脑情况做变更），先将表头信息写入一行，再遍历数据把每一列的数据用逗号隔开并写入文本文件，最后使用 close 关闭 SaveFile，这样获取的内容信息会全部写入文本文件中。

通过运行程序，可以发现在自定义的路径下多了一个 data. txt 文件，文件内容如图 3－1－1 所示。

```
data.txt - 记事本
文件(F)  编辑(E)  格式(O)  查看(V)  帮助(H)
大类,小类,名称,最低价,平均价,最高价,规格,来源,单位,更新日期
蔬菜,,大白菜,0.0,0.0,0.0,,冀,斤,2022-06-07
蔬菜,,娃娃菜,0.0,0.0,0.0,大,豫冀,斤,2022-06-07
蔬菜,,小白菜,0.0,0.0,0.0,,冀,斤,2022-06-07
蔬菜,,圆白菜,0.0,1.0,1.0,,冀,斤,2022-06-07
蔬菜,,紫甘蓝,0.0,0.0,0.0,,冀,斤,2022-06-07
蔬菜,,芹菜,0.0,0.0,1.0,,冀京,斤,2022-06-07
蔬菜,,西芹,2.0,2.0,2.0,,豫辽,斤,2022-06-07
蔬菜,,菠菜,1.0,1.0,2.0,,冀蒙,斤,2022-06-07
蔬菜,,莴笋,0.0,1.0,1.0,,冀津,斤,2022-06-07
蔬菜,,团生菜,0.0,1.0,1.0,白球净,京冀,斤,2022-06-07
蔬菜,,散叶生菜,1.0,1.0,2.0,毛净,冀辽,斤,2022-06-07
蔬菜,,罗马生菜,2.0,2.0,2.0,,冀,斤,2022-06-07
蔬菜,,油菜,0.0,1.0,1.0,大棵小棵,京,斤,2022-06-07
蔬菜,,香菜,2.0,2.0,3.0,,冀,斤,2022-06-07
```

图 3－1－1　部分文本数据

3.1.2　存储为 CSV 文件

CSV 全称为字符分割值（Comma－Separated Values），文件以纯文本形式存储表格数据（数字和文本）。CSV 文件由任意数目的记录组成，记录之间用某种换行符分隔；每条记录由多个字段组成，字段间的分隔符是其他字符或字符串，最常见的是逗号或制表符。通常各个字段都是纯文本文件。

存储为 CSV、
JSON 文件

1. 任务需求

依照 3.1.1 节存储为文本文件内的任务需求，把数据存储为文本文件修改成存储为 CSV 文件。

2. 任务实施

代码如下：

```python
import requests
from bs4 import BeautifulSoup
import csv

#前置:使用 Requests 获取 URL 的 response
url = "http://www.techlabplt.com:8080/BD－PC/priceList"
resp = requests.get(url)
resp. encoding = 'UTF－8'
```

```
'''
使用 BS4 解析数据,并输出
'''
#1. 把页面源代码交给 BeautifulSoup 进行处理,生成 BS 对象并指定 html 解析器
pageHtml = BeautifulSoup(resp.text,"html.parser")
#2. 获取 html 内的 div,div 的 class 为 tbl-body,里面包含着需要爬取的数据
tableDiv = pageHtml.find("div",attrs = {"class":"tbl-body"})
#3. 获取所有的 tr
dataDiv = tableDiv.findAll("tr")
#4. 删除第一个表头数据
del(dataDiv[0])
#5 新建命名为 data.csv 的 CSV 文件并写入表头信息
with open("C:/lab/data.csv",'w',newline = "")as csvFile:
    fieldNames = ['大类','小类','名称','最低价','平均价','最高价','规格','来源','单位',
'更新日期']
    writer = csv.DictWriter(csvFile,fieldnames = fieldNames)
    writer.writeheader()
    #6. 循环遍历每一行的数据
    for data in dataDiv:
        #得到每一行中的每一列
        oneData = data.findAll("td")
        #输出:每一行存储至 CSV 文件
        writer.writerow({'大类':oneData[0].text,'小类':oneData[1].text,
    '名称':oneData[2].text,'最低价':oneData[3].text,
    '平均价':oneData[4].text,'最高价':oneData[5].text,
            '规格':oneData[6].text,'来源':oneData[7].text,
            '单位':oneData[8].text,'更新日期':oneData[9].text})
```

首先通过 Requests 库获取网站的 Response 信息；再通过 BeautifulSoup 库解析数据；最后打开 CSV 文件把解析出来的数据存入文本文件中。

利用 Python 提供的 open 方法打开一个自定义路径下的文件（文件路径依据个人的电脑情况做变更），先把表头信息写入一行，再遍历数据把每一列的数据写入 CSV 文件中，这样获取的内容信息全部写入 CSV 文件内。

DictWriter 方法定义以字典形式写入。Writerow 是 CSV 模块中最常用的方法之一，用于将一行数据写入 CSV 文件中。此示例将每一条数据按行方式写入 CSV 文件内。

open 方法内的 newline = ''，表示启用通用换行模式。可以尝试一下，在这一行内不添加这个参数，文件中的内容就不会自动换行。添加此参数后，执行的结果存储在 CSV 文件内，会发现每一行记录会空一行。此参数的作用就是解决这个问题。

通过运行程序，可以发现在自定义的路径下多了一个 data.csv 文件，使用 Excel 打开，文件内容如图 3-1-2 所示。

存储为 CSV 文件相对于文本文件来说，更有利于后续数据的处理与分析。Excel 本身有一定的对小数据量的处理能力和分析插件，并且存储为 CSV 也可以调用 Pandas 等库，Pandas 库

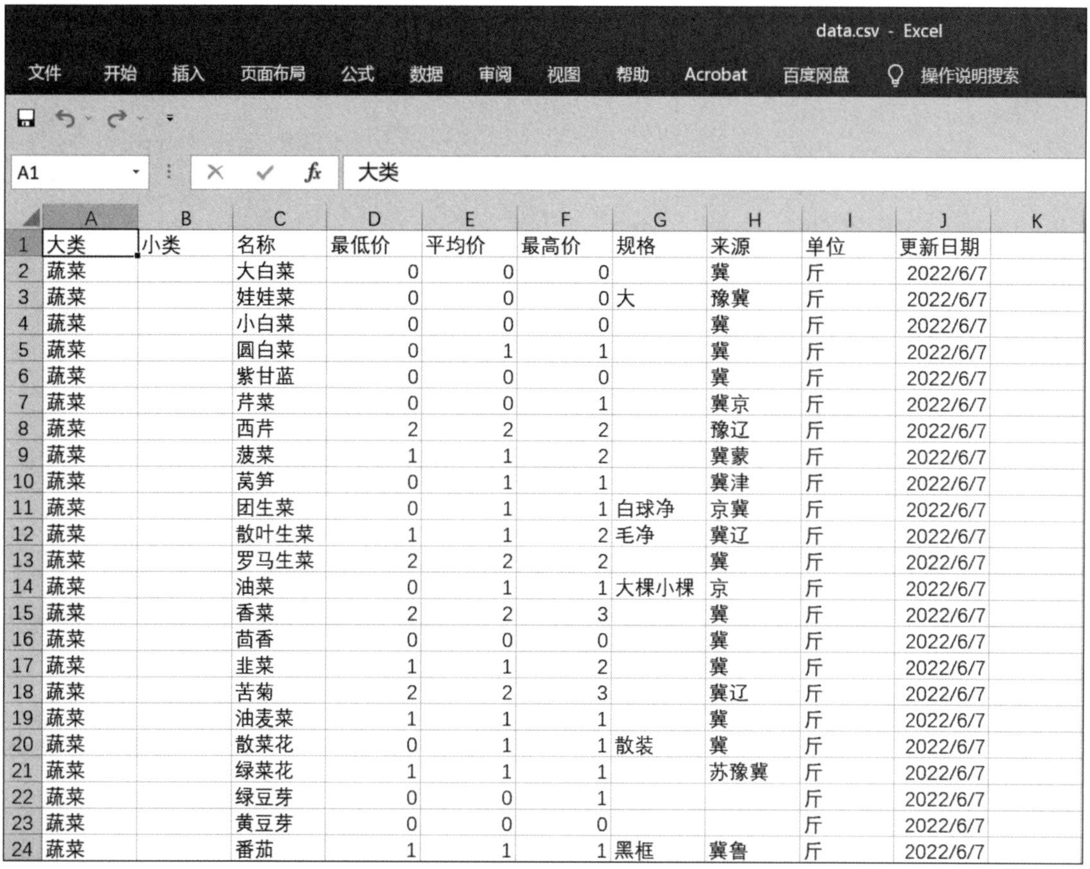

大类	小类	名称	最低价	平均价	最高价	规格	来源	单位	更新日期
蔬菜		大白菜	0	0	0		冀	斤	2022/6/7
蔬菜		娃娃菜	0	0	0	大	豫冀	斤	2022/6/7
蔬菜		小白菜	0	0	0		冀	斤	2022/6/7
蔬菜		圆白菜	0	1	1		冀	斤	2022/6/7
蔬菜		紫甘蓝	0	0	0		冀	斤	2022/6/7
蔬菜		芹菜	0	0	1		冀京	斤	2022/6/7
蔬菜		西芹	2	2	2		豫辽	斤	2022/6/7
蔬菜		菠菜	1	1	2		冀蒙	斤	2022/6/7
蔬菜		莴笋	0	1	1		冀津	斤	2022/6/7
蔬菜		团生菜	0	1	1	白球净	京冀	斤	2022/6/7
蔬菜		散叶生菜	1	1	2	毛净	冀辽	斤	2022/6/7
蔬菜		罗马生菜	2	2	2		冀	斤	2022/6/7
蔬菜		油菜	0	1	1	大棵小棵	京	斤	2022/6/7
蔬菜		香菜	2	2	3		冀	斤	2022/6/7
蔬菜		茴香	0	0	0		冀	斤	2022/6/7
蔬菜		韭菜	1	1	2		冀	斤	2022/6/7
蔬菜		苦菊	2	2	3		冀辽	斤	2022/6/7
蔬菜		油麦菜	1	1	1		冀	斤	2022/6/7
蔬菜		散菜花	0	1	1	散装	冀	斤	2022/6/7
蔬菜		绿菜花	1	1	1		苏豫冀	斤	2022/6/7
蔬菜		绿豆芽	0	0	1			斤	2022/6/7
蔬菜		黄豆芽	0	0	0			斤	2022/6/7
蔬菜		番茄	1	1	1	黑框	冀鲁	斤	2022/6/7

图 3－1－2　部分 CSV 数据

内有 to_csv 方法可以直接将数据写入 CSV 文件内，但需要安装 Pandas 库。

3.1.3　存储为 JSON 文件

JSON 全称为 JavaScript 对象标记（JavaScript Object Notation），是一种对象和数组组合的数据格式文件，虽构造简单，但是结构化程度相对较高的数据格式。目前不论是在实际开发中，还是在各应用程序之间交换数据，JSON 都是比较常见的一种。

JSON 数据由对象与数组组成。在 JavaScript 中，一切皆是对象。对象在 JavaScript 中是用 {} 括起来的内容，其数据结构为字典 {key1:value1,key2:value2,key3:value3}，以键值对组成。key 表示对象的属性，value 表示此属性对应的值，一个键对应一个值。数组在 JavaScript 中是用 [] 括起来的内容，其数据结构为列表 ["a","b","c"]。

基于此，下面给出了描述 User 对象的 JSON 数据，请仔细观察其数据的格式：

```
[{
"username":"张三",
      "password":"123",
      "mobile":"13712341234",
      "gender":"男",
```

```
        "createTime":"2022 - 02 - 22"
},
{
"username":"李四",
        "password":"321",
        "mobile":"13743214321",
        "gender":"男",
        "createTime":"2022 - 02 - 22"
},
{
"username":"王五",
        "password":"231",
        "mobile":"13732143214",
        "gender":"男",
        "createTime":"2022 - 02 - 22"
}]
```

使用 {} 表示的内容就是一个对象，每一个 {} 是一条数据，代表一个 User 的对象；使用 [] 把多个 User 对象的数据包括起来，形成 JSON 数据。

1. 任务需求

依照任务 3.1.1 节存储为文本文件内的任务需求把数据存储为文本文件修改成存储为 JSON 文件。

2. 任务实施

代码如下：

```
import requests
from bs4 import BeautifulSoup
import json

#前置:使用 Requests 获取 URL 的 response
url = "http://www. techlabplt. com:8080/BD - PC/priceList"
resp = requests. get(url)
resp. encoding = 'UTF - 8'
'''
使用 BS4 解析数据,并输出至 JSON 文件
'''
#1. 把页面源代码交给 BeautifulSoup 进行处理,生成 BS 对象并指定 html 解析器
pageHtml = BeautifulSoup( resp. text,"html. parser")
#2. 获取 html 内的 div,div 的 class 为 tbl - body,里面包含着需要爬取的数据
tableDiv = pageHtml. find("div",attrs = {"class":"tbl - body"})
#3. 获取所有的 tr
dataDiv = tableDiv. findAll("tr")
#4. 删除第一个表头数据
```

```
del(dataDiv[0])
#5. 命名 dataList 数组,用于存储 JSON 数据
dataList =[]
#6. 循环遍历每一行的数据
for data in dataDiv:
  #得到每一行中的每一列
  oneData =data. findAll("td")
  #存储到 jsonData 对象中
  jsonData = {
    "大类":oneData[0]. text,
    "小类":oneData[1]. text,
    "名称":oneData[2]. text,
    "最低价":oneData[3]. text,
    "平均价":oneData[4]. text,
    "最高价":oneData[5]. text,
    "规格":oneData[6]. text,
    "来源":oneData[7]. text,
    "单位":oneData[8]. text,
    "更新日期":oneData[9]. text

  }
  #把 jsonData 对象添加到 dataList 数组
  dataList. append(jsonData)


#7. 新建命名为 data. json 的 JSON 文件,并将 dataList 数据存储起来
with open('c:/lab/data. json','w',encoding ='utf-8')as jsonFile:
jsonFile. write(json. dumps(dataList,ensure_ascii =False,indent =4))
```

控制台无输出,可以发现自定义的路径下多了一个 data. json 文件。

同样,通过 Requests 库获取网站的 Response 信息;通过 BeautifulSoup 库解析数据;通过循环遍历每一条数据添加到 DataList 数组中;打开 JSON 文件,把 DataList 数据存入 JSON 文件中。

利用 Python 提供的 open 方法打开一个自定义路径下的文件(文件路径依据个人的电脑情况做变更),先把表头信息写入一行,再遍历数据,把每一行的数据写入 DataList 数组中,最后将获取的 DataList 数组的内容信息全部写入 JSON 文件内。

对于 jsonFile. write 内的参数 ensure_ascii =False 的设置,可以使返回值包含非 ASCII 值;参数 indent =4 的作用是对 JSON 文件的输出进行数据格式化,如果不添加,显示效果如图 3 - 1 - 3 所示,所有的 JSON 数据都集中在一行,不便于阅读。

打开自定义路径下的 data. json 文件,使用 Notepad + + 打开 JSON 文件,内容如图 3 - 1 - 4 所示。

3. JSON 函数

在本任务实例中,要想将数据存入 JSON 文件内,则需要使用到 JSON 函数,在使用之

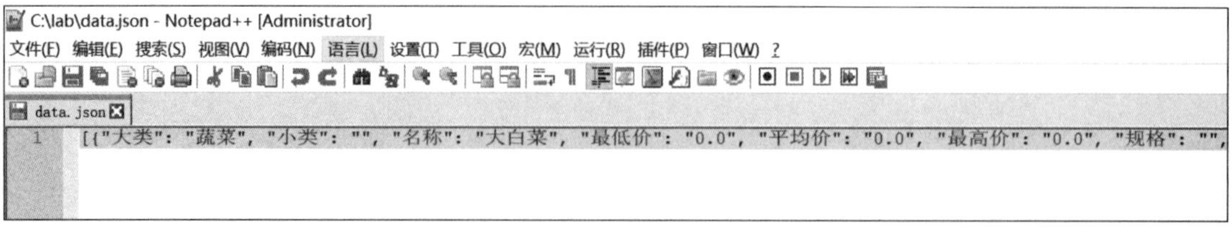

图 3 - 1 - 3　JSON 数据

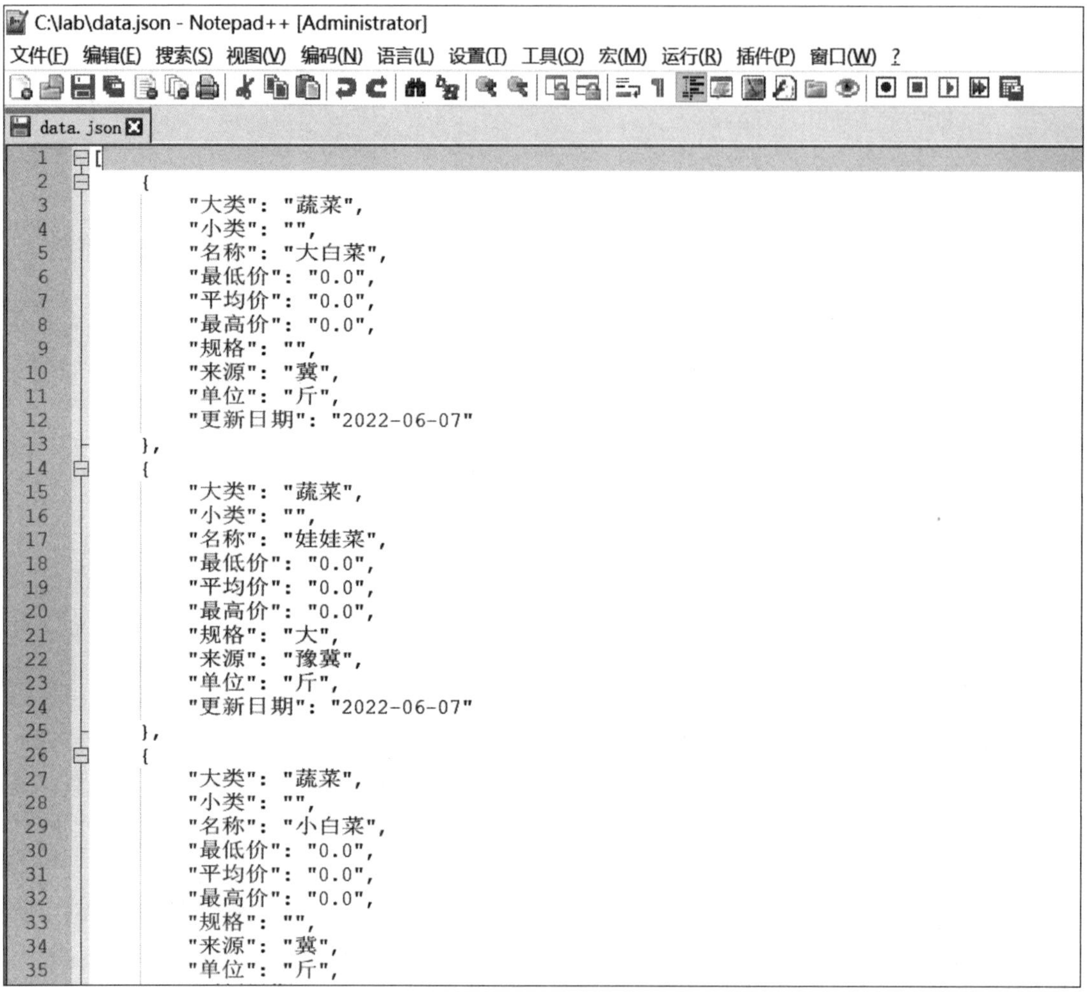

图 3 - 1 - 4　部分 JSON 数据

前，需要导入 JSON 库：import json。

　　JSON 的函数常用的有两个：

　　● json. dumps，将 Python 对象编码成 JSON 字符串。该函数的作用是把数据转换成 JSON 字符串编码。此方法主要用于存储 JSON 文件。

　　● json. loads，将已编码的 JSON 字符串解码为 Python 对象。此函数正好和 json. dumps 相反，主要用于读取 JSON 文件，为下一步的数据处理做准备。

3.1.4 任务实施

1. 任务需求

通过 Requests 爬取网页（http://www.techlabplt.com:8080/BD-PC/proxy.html）的标题和内部数据，并将数据存入 JSON 文件内。

2. 任务实施

使用 Chrome 浏览器打开此网页，查找到相应的元素所处位置，如图3-1-5所示。

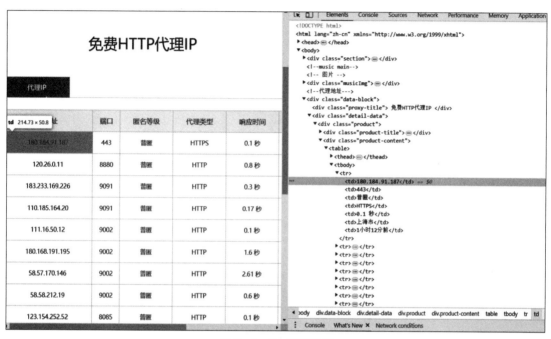

图3-1-5 查找元素

根据网页内的数据分析，代码如下：

```python
import requests
from bs4 import BeautifulSoup
#导入 lxml 的 etree 模块
from lxml import etree
import json


headers = {
    "User-Agent":"Mozilla/5.0(Windows NT 10.0;Win64;x64)AppleWebKit/537.36(KHT-ML,like Gecko)Chrome/112.0.0.0 Safari/537.36"
    }
url = 'http://www.techlabplt.com:8080/BD-PC/proxy.html'

response = requests.get(url=url,headers=headers)
response.encoding = 'utf-8'
```

```
    html = etree. HTML( response. text)

    pageHtml = BeautifulSoup( response. text,"html. parser")
    #获取 html 内的 div,div 的 class 为 proxy - title,里面包含着此网站的标题数据
    title = pageHtml. find("div",attrs = {"class":"proxy - title"}). text. replace(" ",'').
replace("\n",'')
    #输出标题
    print(title)


    #代理网站的 tr 列表
    dataDiv = html. xpath('/html/body/div[3]/div[2]/div/div[2]/table/tbody/tr')
    dataList = []
    for data in dataDiv:
      #得到每一行中的每一列
      oneData = data. findall('td')
      #存储到 jsonData 对象中
      jsonData = {
        "ip 地址":oneData[0]. text,
        "端口":oneData[1]. text,
        "代理类型":oneData[3]. text,
        "地理位置":oneData[5]. text
      }
      #把 jsonData 对象添加到 dataList 数组
      dataList. append(jsonData)


    #新建命名为 data. json 的 JSON 文件,并将 dataList 数据存储起来
    with open('D:/pycharm community/lab/代理 ip. json','w',encoding = 'utf - 8')as json-
File:
      jsonFile. write(json. dumps(dataList,ensure_ascii = False,indent = 4))
```

输出结果如图 3 - 1 - 6 所示。

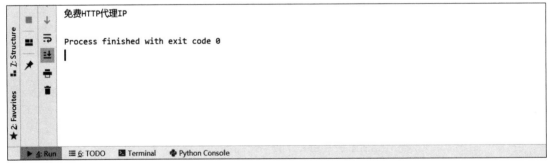

图 3 - 1 - 6 输出结果

可以发现,自定义路径下出现了一个代理 ip. json 文件,如图 3 - 1 - 7 所示。

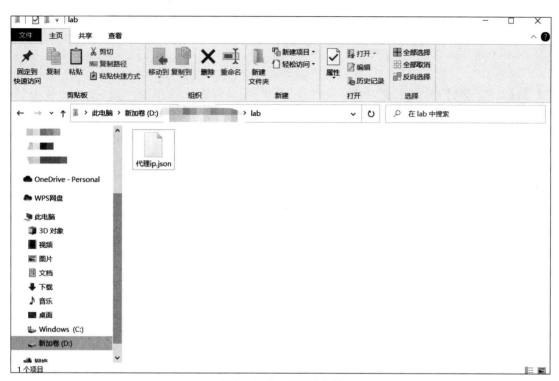

图 3 - 1 - 7 JSON 文件

检验数据是否存储到了代理 ip. json 文件中，打开此 JSON 文件，截取部分结果，如图 3 - 1 - 8 所示。

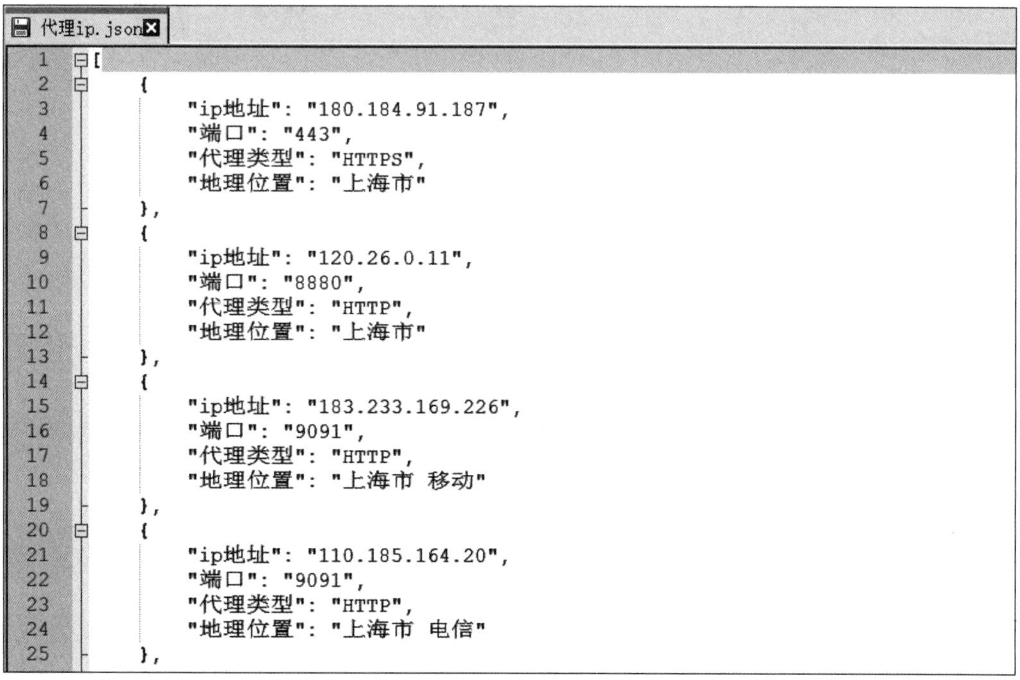

```
代理ip.json
 1  [
 2      {
 3          "ip地址": "180.184.91.187",
 4          "端口": "443",
 5          "代理类型": "HTTPS",
 6          "地理位置": "上海市"
 7      },
 8      {
 9          "ip地址": "120.26.0.11",
10          "端口": "8880",
11          "代理类型": "HTTP",
12          "地理位置": "上海市"
13      },
14      {
15          "ip地址": "183.233.169.226",
16          "端口": "9091",
17          "代理类型": "HTTP",
18          "地理位置": "上海市 移动"
19      },
20      {
21          "ip地址": "110.185.164.20",
22          "端口": "9091",
23          "代理类型": "HTTP",
24          "地理位置": "上海市 电信"
25      },
```

图 3 - 1 - 8 JSON 文件部分内容

任务 3.2　存储到数据库

3.2.1　存储到 MySQL 数据库

MySQL 是一个关系型数据库管理系统，是目前最流行的关系型数据库管理系统之一。由于其体积小、速度快、总体拥有成本低和开放源码等特点。吸引了众多中小型或大型网站的开发者选择 MySQL 作为网站数据库，用于存取数据。

存储到 MySQL
数据库

关系型数据库管理系统有很多种，比较常用的是 SQL Server、Oracle 和 MySQL。本任务主要通过 MySQL5.7 来存储网络爬取到的数据。

1. 任务准备

1）环境搭建

在将数据存储到 MySQL 之前，需要确保如下几点：

（1）MySQL 数据库已经安装完成，并能正常访问。通过 Navicat Premium（无版本要求）工具测试。Navicat Premium 相当于 MySQL 的操作面板。打开 Navicat Premium，如图 3-2-1 所示，然后单击"连接"按钮，选择"MySQL"。

图 3-2-1　新建 MySQL 连接界面

在图 3-2-2 中，开始编辑连接，连接名可以任意，用户名为 root，密码就是下载数据库时设置的密码。

图 3 - 2 - 2　数据库连接信息界面

编辑完成后，单击"确定"按钮，在图 3 - 2 - 3 中，右击新建的连接，单击"打开连接"。

图 3 - 2 - 3　打开连接

本次任务中需要用到 Spider 数据库，所以，在此新建名为 spider 的数据库。

第一步：右击"localhost"，单击"新建数据库"，如图 3 - 2 - 4 所示。

图 3 - 2 - 4　新建数据库

第二步：编辑新建数据库，数据库名输入"spider"，字符集选择"utf8"，排序规则选择"utf8_bin"，单击"确定"按钮，如图 3 - 2 - 5 所示。

图 3 - 2 - 5　数据库信息

第三步：右击"spider"，单击"打开数据库"，完成新建数据库操作，如图 3 - 2 - 6 和图 3 - 2 - 7 所示。

图 3 - 2 - 6　打开数据库

图 3 - 2 - 7　数据库打开状态

（2）PyMySQL 库安装。在 Windows cmd 命令行内输入 pip3 install pymysql，如图 3-2-8 所示，显示"Sucessfully install pymysql-1.0.2"，表示 PyMySQL 库安装成功。

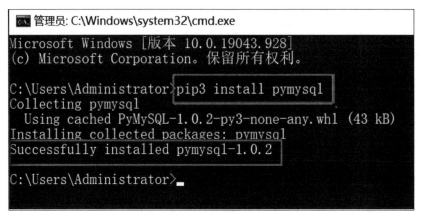

图 3-2-8　安装 PyMySQL 库

PyMySQL 常用的参数有 6 个，见表 3-2-1。

表 3-2-1　PyMySQL 常用参数

属性	说明
Host	数据库主机名。默认使用本地主机 IP 地址 127.0.0.1
User	数据库登录名。默认是当前用户
Password	数据库登录的密码。默认为空
Db	要使用的数据库名。没有默认值
Port	MySQL 服务使用的 TCP 端口。默认是 3306
charset	数据库编码

2）PyMySQL 测试数据库

本任务环境中，MySQL 在本地运行；MySQL 的用户名为 root；密码为 admin+123@；端口号为 3306；数据库名为 spider。测试代码如下：

```
import pymysql

connect = pymysql. connect(
    #MySQL 数据库的 IP 地址,默认为 127.0.0.1(代表本地)
    host = '127.0.0.1',
    #MySQL 数据库的用户名
    user = 'root',
    #MySQL 数据库的密码
    passwd = 'admin+123@ ',
    #MySQL 数据库服务的端口号,默认为 3306
```

```
    port = 3306,
    #数据库名称
    db = 'spider',
    #字符编码
    charset = 'utf8'
)
```

```
print(connect)
```

运行程序，如果在控制台输出如下信息，表明连接成功。

```
< pymysql. connections. Connection object at 0x0000025F3D8B1208 >
```

如果控制台输出异常，如图 3-2-9 所示，请检查 MySQL 的参数项是否正常。

```
 pymysql测试数据库 ×
     auth_packet = self._read_packet()
   File "C:\ProgramData\Anaconda3\envs\tensorflow2\lib\site-packages\pymysql\connections.py", line 725, in _read_packet
     packet.raise_for_error()
   File "C:\ProgramData\Anaconda3\envs\tensorflow2\lib\site-packages\pymysql\protocol.py", line 221, in raise_for_error
     err.raise_mysql_exception(self._data)
   File "C:\ProgramData\Anaconda3\envs\tensorflow2\lib\site-packages\pymysql\err.py", line 143, in raise_mysql_exception
     raise errorclass(errno, errval)
 pymysql.err.OperationalError: (1045, "Access denied for user 'root1'@'localhost' (using password: YES)")

 Process finished with exit code 1
```

图 3-2-9　连接异常

解决方法如下：

（1）首先检查自己的第三方库有没有安装好。

（2）在 Windows cmd 中输入 pip list，查看是否显示 PyMySQL 库，如图 3-2-10 所示。

```
C:\Users\zxc54>pip list
Package        Version
beautifulsoup4 4.12.0
lxml           4.9.2
pip            23.0.1
PyMySQL        1.0.3
setuptools     40.6.2
soupsieve      2.4
wheel          0.40.0
```

图 3-2-10　PyMySQL 版本信息

若没有安装，则在 Windows cmd 中输入 pip3 install pymysql，如图 3-2-11 所示。

```
C:\Users\zxc54>pip3 install pymysql
Looking in indexes: http://mirrors.aliyun.com/pypi/simple/
Collecting pymysql
  Downloading http://mirrors.aliyun.com/pypi/packages/5b/b1/bb485db528749f07d6f11aa123e5f931f2e465a9c27945d6122bae5f7df7
/PyMySQL-1.0.3-py3-none-any.whl (43 kB)
                                       ━━━━━━━━━━━━━━━━━━ 43.7/43.7 kB 531.8 kB/s eta 0:00:00
Installing collected packages: pymysql
Successfully installed pymysql-1.0.3
```

图 3-2-11　安装 PyMySQL 库

（3）在 PyCharm 中查看 External Libaries 下的 site-packages 内是否包含 pymysql，如图 3-2-12 所示。

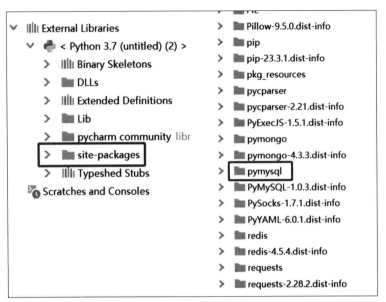

图 3 - 2 - 12 pymysql 路径

若 PyCharm 中 External Libaries 下的 site - packages 内没有包含 pymysql，则在菜单栏中选择"File"→"Settings"命令。在弹出的对话框中选择左侧的"Project Interprete"项，在窗口右上方确认 Python 环境。

单击" + "按钮添加第三方库，接着在"Available Packages"对话框中输入第三方库名 pymysql，单击"Install Package"，如图 3 - 2 - 13 所示。

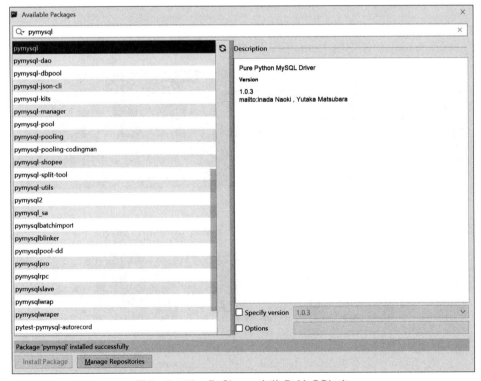

图 3 - 2 - 13 PyCharm 安装 PyMySQL 库

3）PyMySQL 创建 Products 表

数据库连接成功后，在 spider 的数据库内创建 Products 表，用于存放获取到的数据。Products 表的表结构见表 3 – 2 – 2。

表 3 – 2 – 2　Products 表的表结构

字段名称	类型	说明
id	bigint	自动递增，主键
top_class	varchar	大类
sec_class	varchar	小类
product_name	varchar	产品名称
low_price	float	最低价
avg_price	float	平均价
high_price	float	最高价
specs	varchar	规格
origin	varchar	来源
unit	Varchar	单位
update_time	datetime	更新时间

根据表结构，以下是创建 Products 表的代码：

```
import pymysql

#1. 建立数据库连接
connect = pymysql. connect(
    #MySQL 数据库的 IP 地址,默认为 127.0.0.1(代表本地)
    host = '127.0.0.1',
    #MySQL 数据库的用户名
    user = 'root',
    #MySQL 数据库的密码
    password = 'admin +123@ ',
    #MySQL 数据库服务的端口号,默认为 3306
    port = 3306,
    #数据库名称
    db = 'spider',
    #字符编码
    charset = 'utf8'
)
#2. 使用 cursor()方法获取操作游标
cursor = connect. cursor()
#3. 创建 Products 表
#如果 Products 表已经存在,使用 execute()方法删除表
```

```
cursor.execute("DROP TABLE IF EXISTS products")
#创建数据表 SQL 语句
productsSql = """CREATE TABLE products(
    id BIGINT(20)NOT NULL AUTO_INCREMENT,
    top_class VARCHAR(20),
    sec_class VARCHAR(20),
    product_name VARCHAR(50),
    low_price FLOAT,
    avg_price FLOAT,
    high_price FLOAT,
    specs VARCHAR(20),
    origin VARCHAR(20),
        unit VARCHAR(5),
    update_time DATETIME,
    PRIMARY KEY(`id`))
    """
#执行创建表
cursor.execute(productsSql)

#4. 关闭数据库连接
connect.close()
```

运行程序，如果在控制台没有输出，表明程序执行成功。通过 Navicat Premium 工具可以在 spider 数据库的表下面查看到已经创建了 Products 表。图 3 – 2 – 14 所示为 Products 表的数据表结构。

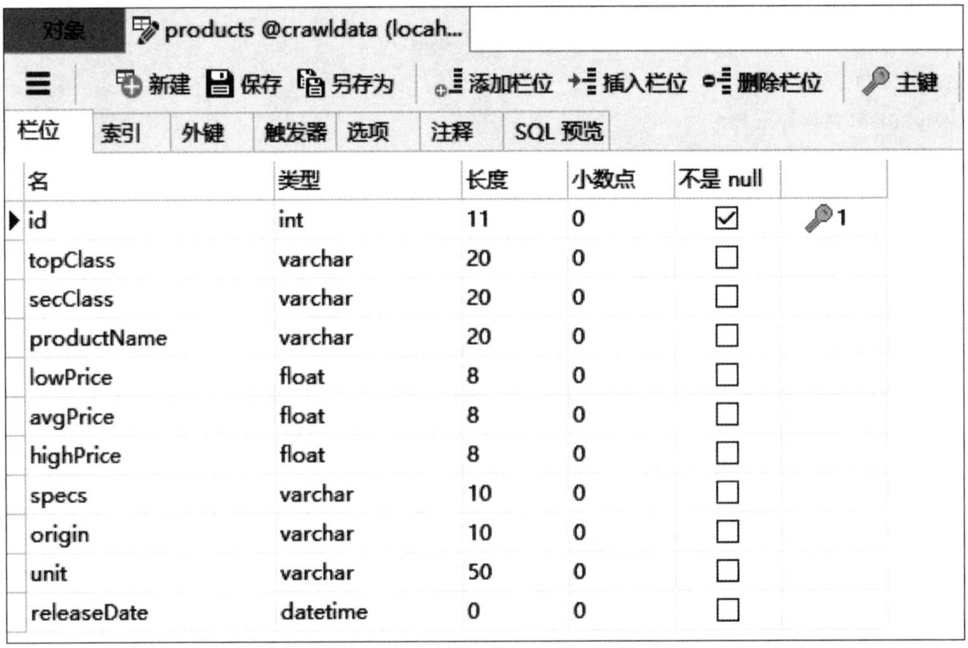

名	类型	长度	小数点	不是 null	
▶ id	int	11	0	☑	🔑 1
topClass	varchar	20	0	☐	
secClass	varchar	20	0	☐	
productName	varchar	20	0	☐	
lowPrice	float	8	0	☐	
avgPrice	float	8	0	☐	
highPrice	float	8	0	☐	
specs	varchar	10	0	☐	
origin	varchar	10	0	☐	
unit	varchar	50	0	☐	
releaseDate	datetime	0	0	☐	

图 3 – 2 – 14　Products 表的数据表结构

4）PyMySQL 操作 Products 表

Products 表创建完成后，先对 Products 表进行新增数据与查询数据的操作，为爬虫数据的存储做准备。

接下来，先存入一条数据到 Products 表内，代码如下：

```
import pymysql

#1. 建立数据库连接
connect = pymysql.connect(
    #MySQL 数据库的 IP 地址,默认为 127.0.0.1(代表本地)
    host = '127.0.0.1',
    #MySQL 数据库的用户名
    user = 'root',
    #MySQL 数据库的密码
    password = 'admin + 123@ ',
    #MySQL 数据库服务的端口号,默认为 3306
    port = 3306,
    #数据库名称
    db = 'spider',
    #字符编码
    charset = 'utf8'
)
#2. 使用 cursor()方法获取操作游标
cursor = connect.cursor()
#3. Products 表内新增一条数据
#新增数据 SQL 语句
insertSql = """INSERT INTO products(top_class,
    sec_class,product_name,low_price,avg_price,
    high_price,specs,origin,unit,update_time)
    VALUES('蔬菜','水菜','奶白菜',2.0,2.0,3.0,
    '大','冀','斤','2022 - 06 - 07')
    """
try:
    #执行 SQL 语句
    cursor.execute(insertSql)
    #提交到数据库执行
    connect.commit()
except:
    #发生异常,回滚
    connect.rollback()

#4. 关闭数据库连接
connect.close()
```

运行程序，如果在控制台没有输出，表明程序执行成功。通过 Navicat Premium 工具可以在 Products 表下面查看到新增了一条数据。图 3 - 2 - 15 所示为新增的数据。

图 3 - 2 - 15　新增数据

接下来，查询 Products 表内的数据，并打印到控制台，代码如下：

```python
import pymysql

#1. 建立数据库连接
connect = pymysql. connect(
    # MySQL 数据库的 IP 地址,默认 127.0.0.1(代表本地)
    host = '127.0.0.1',
    # MySQL 数据库的用户名
    user = 'root',
    # MySQL 数据库的密码
    password = '123456',
    # MySQL 数据库服务的端口号;默认为 3306
    port = 3306,
    # 数据库名称
    db = 'spider',
    # 字符编码
    charset = 'utf8'
)
#2. 使用 cursor()方法获取操作游标
cursor = connect. cursor()
#3. 查询 products 表
#查询数据 SQL 语句
selectSql = "SELECT* FROM products where avg_price >1"
try:
    # 执行 sql 语句
    cursor. execute( selectSql)
    # 获取所有记录列表
    results = cursor. fetchall()
    # 循环遍历
    for row in results:
        id = row[0]
        topClass = row[1]
        secClass = row[2]
```

```
            productName = row[3]
            lowPrice = row[4]
            avgPrice = row[5]
            highPrice = row[6]
            specs = row[7]
            origin = row[8]
            unti = row[9]
            updateTime = row[10]

            # 打印结果
            print("id = % s,大类 = % s,小类 = % s,产品名称 = % s,最低价 = % s,"
                "平均价 = % s,最高价 = % s,规格 = % s,来源 = % s,单位 = % s,更新日期 = % s"
                % (id,topClass,secClass,productName,lowPrice,
                    avgPrice,highPrice,specs,origin,unti,updateTime))

except:
        # 发生异常,控制台输出
        print("获取数据失败!")

#4. 关闭数据库连接
connect.close()
```

输出结果如图 3 – 2 – 16 所示。

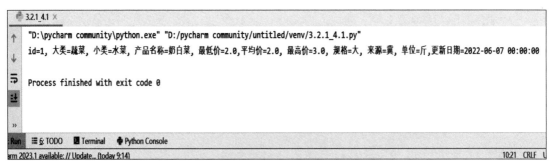

图 3 – 2 – 16 查询数据

2. 任务实施

通过 PyMySQL 操作 Products 表，测试并完成了 Python 操作 MySQL 数据库的基本操作。接下来，将实现把网络爬虫获取到的数据存入 MySQL 数据库中。代码如下：

```
import requests
from bs4 import BeautifulSoup
import pymysql


#前置:使用 Rquests 获取 URL 的 response
```

```
url = "http://www.techlabplt.com:8080/BD - PC/priceList"
resp = requests.get(url)
resp.encoding = 'UTF - 8'
'''
使用 BS4 解析数据,并输出
'''
#1. 把页面源代码交给 BeautifulSoup 进行处理,生成 BS 对象并指定 html 解析器
pageHtml = BeautifulSoup(resp.text,"html.parser")
#2. 获取 html 内的 div,div 的 class 为 tbl - body,里面包含着需要爬取的数据
tableDiv = pageHtml.find("div",attrs = {"class":"tbl - body"})
#3. 获取所有的 tr
dataDiv = tableDiv.findAll("tr")
#4. 删除第一个表头数据
del(dataDiv[0])
#5. 建立数据库连接,并使用 cursor()方法获取操作游标
connect = pymysql.connect(
    #MySQL 数据库的 IP 地址,默认为 127.0.0.1(代表本地)
    host = '127.0.0.1',
    #MySQL 数据库的用户名
    user = 'root',
    #MySQL 数据库的密码
    passwd = 'admin + 123@ ',
    #MySQL 数据库服务的端口号,默认为 3306
port = 3306,
    #数据库名称
    db = 'spider',
    #字符编码
charset = 'utf8')
cursor = connect.cursor()
#6. 循环遍历每一行的数据
for data in dataDiv:
#得到每一行中的每一列
oneData = data.findAll("td")
    insertSql = "INSERT INTO products(top_class,sec_class,product_name," \
        "low_price,avg_price,high_price,specs,origin,unit,update_time)" \
        "VALUES('%s','%s','%s',%d,%d,%d,'%s','%s','%s','%s')" \
        %(oneData[0].text,oneData[1].text,oneData[2].text,
            float(oneData[3].text),float(oneData[4].text),float(oneData[5].text),
            oneData[6].text,oneData[7].text,oneData[8].text,oneData[9].text)
try:
    #执行 SQL 语句
        cursor.execute(insertSql)
```

```
except:
    #发生异常,回滚
    print("发生异常")
    connect.rollback()
#7.提交到数据库执行并关闭数据库连接
connect.commit()
connect.close()
```

运行程序，如果在控制台没有输出，表明程序执行成功。通过 Navicat Premium 工具可以看到在 Products 表下面新增了 100 条数据。图 3－2－17 所示为获取到的数据。

id	top_class	sec_class	product_name	low_price	avg_price	high_price	specs	origin	unit	update_time
102	蔬菜		大白菜	0	0	0		冀	斤	2022-06-07 00:00:00
103	蔬菜		娃娃菜	0	0	0	大	豫冀	斤	2022-06-07 00:00:00
104	蔬菜		小白菜	0	0	0		冀	斤	2022-06-07 00:00:00
105	蔬菜		圆白菜	0	1	1		冀	斤	2022-06-07 00:00:00
106	蔬菜		紫甘蓝	0	0	0		冀	斤	2022-06-07 00:00:00
107	蔬菜		芹菜	0	0	1		冀京	斤	2022-06-07 00:00:00
108	蔬菜		西芹	2	2	2		豫辽	斤	2022-06-07 00:00:00
109	蔬菜		菠菜	1	1	2		冀蒙	斤	2022-06-07 00:00:00
110	蔬菜		莴笋	0	1	1		冀津	斤	2022-06-07 00:00:00
111	蔬菜		团生菜	0	1	1	白球净	京冀	斤	2022-06-07 00:00:00
112	蔬菜		散叶生菜	1	1	2	毛净	冀辽	斤	2022-06-07 00:00:00
113	蔬菜		罗马生菜	2	2	2		冀	斤	2022-06-07 00:00:00
114	蔬菜		油菜	0	1	1	大棵小棵	京	斤	2022-06-07 00:00:00
115	蔬菜		香菜	2	2	3		冀	斤	2022-06-07 00:00:00
116	蔬菜		茴香	0	0	0		冀	斤	2022-06-07 00:00:00
117	蔬菜		韭菜	1	1	2		冀	斤	2022-06-07 00:00:00
118	蔬菜		苦菊	2	2	3		冀辽	斤	2022-06-07 00:00:00
119	蔬菜		油麦菜	1	1	1		冀	斤	2022-06-07 00:00:00
120	蔬菜		散菜花	0	1	1	散装	冀	斤	2022-06-07 00:00:00
121	蔬菜		绿菜花	1	1	1		苏豫冀	斤	2022-06-07 00:00:00
122	蔬菜		绿豆芽	0	0	1			斤	2022-06-07 00:00:00
123	蔬菜		黄豆芽	0	0	0			斤	2022-06-07 00:00:00
124	蔬菜		番茄	1	1	1	黑框	冀鲁	斤	2022-06-07 00:00:00
125	蔬菜		番茄	1	1	1	纸箱	冀	斤	2022-06-07 00:00:00
126	蔬菜		番茄	1	1	2	白框	冀	斤	2022-06-07 00:00:00
127	蔬菜		黄瓜	0	0	1	袋精	鲁辽	斤	2022-06-07 00:00:00
128	蔬菜		黄瓜	0	1	1	鲜干花	冀	斤	2022-06-07 00:00:00
129	蔬菜		小黄瓜	2	2	3	旱荷兰	辽鲁	斤	2022-06-07 00:00:00

SELECT * FROM `products` LIMIT 0, 1000   第 1 条记录 (共 100 条) 于第 1 页

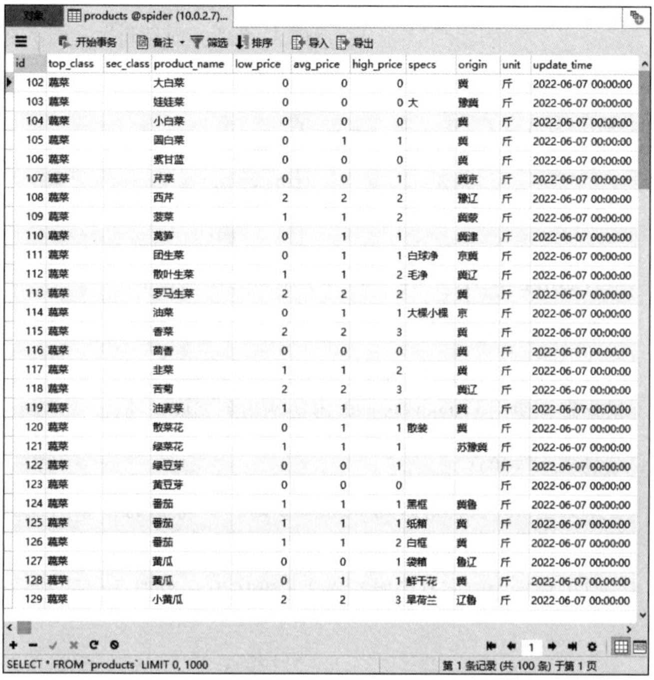

图 3－2－17　查询数据

3.2.2　存储到 MongoDB 数据库

MongoDB 是一个介于关系数据库和非关系数据库之间的产品，属于非关系型数据库（NoSQL）。它所支持的数据结构非常松散，其存储的内容形式有点像 JSON 的 BSON 格式，因此可以存储比较复杂的数据类型。MongoDB 最大的特点是它支持的查询语言功能非常强大，其语法有点类似于面向对象的查询语言。MongoDB 将数据存储在类似 JSON 的文档中，并且文档中每个 JSON 串结构可能有所不同。相关信息存储在一起，通过 MongoDB 查询语言进行快速查询访问。MongoDB 使用动态模式，这意味着可以在不定义结构的情况下创建记录，例如字段或其值的类型。可以通过添加新字段或删除现有记录来更改记录的结构（称之为文档）。该数据模型可以轻松地代表层次关系，可以存储数组以及其他更复杂的结构。集合中的文档不需要具有相同的一组字段，数据的非规范化是常见的。MongoDB 还设计了高可用性和可扩展性，并提供了即用型复制和自动分片功能。

MongoDB 数据库和 MySQL 数据库的区别见表 3 - 2 - 3。

表 3 - 2 - 3　MongoDB 数据库和 MySQL 数据库的区别

优缺点	MySQL 是关系型数据库	MongoDB 是非关系型数据库（NoSQL）
优点	在不同的引擎上有不同的存储方式 查询语句是使用传统的 SQL 语句，拥有较为成熟的体系，成熟度很高 开源数据库的份额在不断增加，MySQL 的份额也在持续增长	它是一个面向集合的，模式自由的文档型数据库 可以通过副本集与分片来实现高可用 新型数据库，成熟度较低，NoSQL 数据库中最为接近关系型数据库，比较完善的 DB 之一，适用人群在不断增长 将热数据存储在物理内存中，使它的读写响应非常快 存储的数据格式为 JSON 格式，扩展性高
缺点	在海量数据处理的时候效率会显著变慢	不支持事务，而且开发文档不是很完全、所示完善

MongoDB 常用参数见表 3 - 2 - 4 ~ 表 3 - 2 - 6。

表 3 - 2 - 4　SystemLog 模块

属性	说明
verbosity	日志信息级别，范围为 0 ~ 5。默认为 0
Quiet	在尝试限制输出量的安静模式下运行 MongoDB。不建议用于生产系统
Destination	定义日志记录方式（file 和 syslog）。如果未指定，日志将按默认方式输出；如果指定，使用 systemLog. path 方法输出到相应的路径
Path	日志文件路径
logAppend	如果为 true，重新启动 MongoDB 时，会将新的日志附加到现有日志文件的末尾；如果没有已有的日志文件，则会创建一个新文件
timeStampFormat	日志消息中时间戳的时间格式。默认为 iso8601 - local（本地时间戳）

表 3 - 2 - 5　Net 模块

属性	说明
fork	如果为 true，则以守护进程的方式运行
pidFilepath	指定 pid 文件

表 3 - 2 - 6　Storage 模块

端口	监听端口
bindIp	监听地址。多个用逗号分隔
maxIncomingConnections	最大并发连接数。默认值：65536
WireObjectCheck	如果为 true，则 MongoDB 会验证来自客户端的所有请求，以防止将格式错误或无效的数据存入数据库中。默认值：true
IPv6	如果为 true，启用 IPv6 支持。默认值：false

1. 任务准备

1）环境搭建

在将数据存储到 MongoDB 之前，需要确认如下几点：

● MongoDB 数据库已经安装完成，并能正常访问。再安装 MongoDB Compass（MongoDB 可视化工具，可以通过此工具管理 MongoDB），并通过 MongoDB Compass 工具测试，如图 3 - 2 - 18 所示。

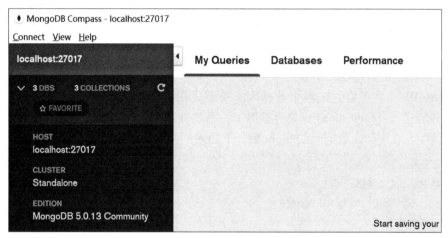

图 3 - 2 - 18 测试连通性

● 接下来安装 PyMongo 库。如图 3 - 2 - 19 所示，在 Windows cmd 命令行输入 pip3 install pymongo，安装 PyMongo 库。简而言之，PyMongo 库的作用是使 Python 能够操作 MongoDB 数据库。

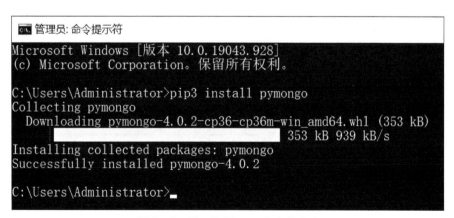

图 3 - 2 - 19 PyMongo 库安装成功

2）PyMongo 连接 MongoDB 数据库

本任务环境中，MongoDB 在本地运行，Python 中使用 PyMongo 库内的 MongoClient 方法进行连接，测试代码如下：

```
import pymongo
connect = pymongo.MongoClient(
```

```
#MongoDB 数据库的 IP 地址为 127.0.0.1(代表本地)
host = '127.0.0.1',
#MongoDB 数据库服务的端口号,默认端口号 27017
port = 27017
)
print(connect)
```

运行程序，如果在控制台输出如下信息，表明连接成功。

```
MongoClient(host = ['127.0.0.1:27017'],document_class = dict,tz_aware = False,con-
nect = True)
```

3）PyMongo 操作 MongoDB 数据库

在 MongoDB 中，可以创建多个数据库。需要先指定操作某一个数据库，在数据库下，可以创建多个集合（Collection）；集合类似于关系型数据库中的表，在集合下还可以插入数据。本示例中，在 spider 数据库的 users 集合下插入一条用户数据，代码如下：

```
import pymongo
#1. 创建 MongoDB 连接
connect = pymongo.MongoClient(
    #MongoDB 数据库的 IP 地址为 127.0.0.1(代表本地)
    host = '127.0.0.1',
    #MongoDB 数据库服务的端口号,默认端口号 27017
    port = 27017
)
#2. 指定 spider 数据库
spiderDB = connect['spider']
#3. 指定 spider 数据库下的 users 集合
userCollection = spiderDB['users']
#4. 插入 user 数据
user = {
    'username':'张三',
    'password':'123',
    'mobile':'13712341234',
    'gender':'男',
    'createTime':'2016 - 05 - 30'
}
result = userCollection.insert_one(user)
print(result)
print(result.inserted_id)
```

运行程序后，如果在控制台输出如图 3 - 2 - 20 所示的信息，表明插入成功。

集合的 insert_one 方法用于向集合插入数据；result 返回的是 InsertOneResult 对象；result 下的 inserted_id 返回的是插入数据的 id 属性值。当然，也可以通过集合下的 insert_many 方法插入多条数据。

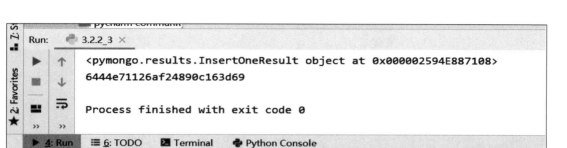

图 3 – 2 – 20 数据插入成功

插入数据后，通过查询获取到插入的数据，代码如下：

```python
import pymongo
#1. 创建 MongoDB 连接
connect = pymongo. MongoClient(
    #MongoDB 数据库的 IP 地址为 127.0.0.1(代表本地)
    host = '127.0.0.1',
    #MongoDB 数据库服务的端口号,默认端口号 27017
    port = 27017
)
#2. 指定 spider 数据库
spiderDB = connect['spider']
#3. 指定 spider 数据库下的 users 集合
userCollection = spiderDB['users']
#4. 查询 user 数据
results = userCollection. find({'gender':'男'})
#5. 循环遍历查询结果
for result in results:
    print(result)
```

运行程序后，在控制台能够看到遍历输出的 user 数据，如图 3 – 2 – 21 所示。

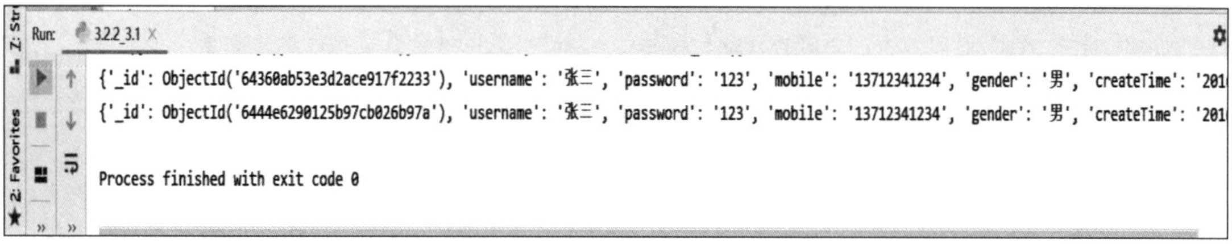

```
Run:  3.22.3.1 ×
{'_id': ObjectId('64360ab53e3d2ace917f2233'), 'username': '张三', 'password': '123', 'mobile': '13712341234', 'gender': '男', 'createTime': '201...
{'_id': ObjectId('6444e6290125b97cb026b97a'), 'username': '张三', 'password': '123', 'mobile': '13712341234', 'gender': '男', 'createTime': '201...

Process finished with exit code 0
```

图 3 – 2 – 21 MongoDB 查询数据

在集合下，有多种方法，本程序演示了查询操作（Find）。和关系型数据库类似，还有 Update（更新）和 Remove（删除）等操作；在 Find 方法下有 Count（计数）与 Sort（排序）等方法。在 Find 中，本次演示了某个属性（Gender）等于某个值（男）。这个和关系型数据库类似，还有表 3 – 2 – 7 所列的匹配符号的常见操作。

表 3 - 2 - 7 匹配符号的常见操作

符号	举例	说明
\$lt	{'price':{'\$lt':100}}	匹配 price 小于 100
\$lte	{'price':{'\$lte':100}}	匹配 price 小于等于 100
\$gt	{'price':{'\$gt':100}}	匹配 price 大于 100
\$gte	{'price':{'\$gte':100}}	匹配 price 大于等于 100
\$in	{'price':{'\$in':[100,200]}}	匹配 price 在 100 ~ 200 内
\$nin	{'price':{'\$nin':[100,200]}}	匹配 price 不在 100 ~ 200 内
\$regex	{'mobile':{'\$regex':'^137'}}	用正则表达式, 匹配 mobile 以 137 开头
\$regex	{'company':{'\$regex':'.*科技.*'}}	用正则表达式, 模糊匹配 company 中含科技的
\$exits	{'mobile':{'\$exits':True}}	匹配存在 mobile 属性

2. 任务实例

通过 PyMongo 操作 Users 表, 测试并完成了 Python 对 MongoDB 数据库的基本操作。接下来, 实现将网络爬虫获取到的数据存入 MongoDB 数据库中, 代码如下:

```
import requests
from bs4 import BeautifulSoup
import pymongo

#前置:使用 Requests 获取 URL 的 response
url = "http://www.techlabplt.com:8080/BD - PC/priceList"
resp = requests.get(url)
resp.encoding = 'UTF - 8'
'''
使用 BS4 解析数据,并输出
'''
#1. 把页面源代码交给 BeautifulSoup 进行处理,生成 BS 对象并指定 html 解析器
pageHtml = BeautifulSoup(resp.text,"html.parser")
#2. 获取 html 内的 div,div 的 class 为 tbl - body,里面包含着需要爬取的数据
tableDiv = pageHtml.find("div",attrs = {"class":"tbl - body"})
#3. 获取所有的 tr
dataDiv = tableDiv.findAll("tr")
#4. 删除第一个表头数据
del(dataDiv[0])
#5. 建立 MongoDB 数据库连接并指定 Spider 数据库下的 Products 集合
connect = pymongo.MongoClient(
#MongoDB 数据库的 IP 地址为 127.0.0.1(代表本地)
host = '127.0.0.1',
#MongoDB 数据库服务的端口号,默认端口号 27017
port = 27017
```

```
)
spiderDB = connect['spider']
productCollection = spiderDB['products']

#6. 定义插入数据集
productList = []
#7. 循环遍历每一行的数据
for data in dataDiv:
    #得到每一行中的每一列
    oneData = data.findAll("td")
    product = {
    'top_class':oneData[0].text,
    'sec_class':oneData[1].text,
    'product_name':oneData[2].text,
    'low_price':oneData[3].text,
    'avg_price':oneData[4].text,
    'high_price':oneData[5].text,
    'specs':oneData[6].text,
    'origin':oneData[7].text,
    'unit':oneData[8].text,
    'update_time':oneData[9].text,
    }
productList.append(product)

#8. 存入集合
result = productCollection.insert_many(productList)
print(result)
#9. 查询集合,循环遍历每一行数据
results = productCollection.find()
for result in results:
    print(result)
```

执行成功后，会循环遍历 Products 集合内的所有数据。此处截取部分结果，如图 3 – 2 – 22 所示。

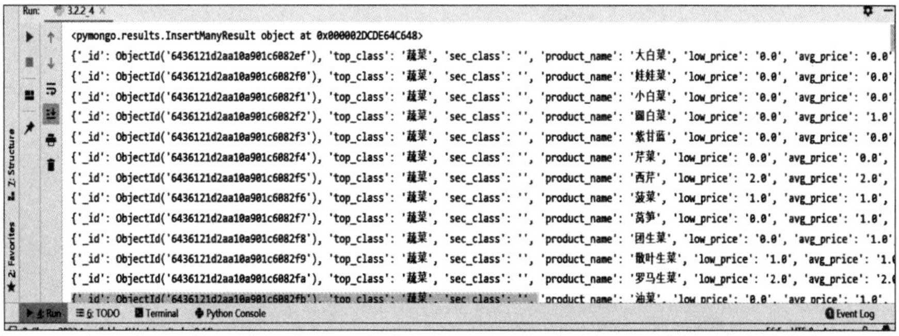

图 3 – 2 – 22　控制台输出结果

数据插入后，MongoDB Compass 工具查询到的 Products 集合下的数据如图 3 – 2 – 23 所示。

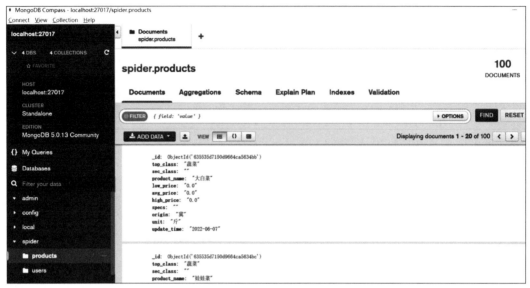

图 3 – 2 – 23　Products 数据

3.2.3　任务实施

1. 任务需求

通过 Requests 爬取网页（http://www.techlabplt.com:8080/BD – PC/proxy.html）的标题和内部数据，并将数据存入 MySQL 内。通过 Chrome 浏览器打开此网页，查找到相应的元素所处位置，此部分参照 3.1.4 节的任务实施。

2. 任务实施

创建 proxy 表，字段为 id、ip、port、type、position（其中，ip 为 IP 地址，port 为端口，type 为代理类型，position 为地理位置），以下为创建语句：

```
CREATE TABLE proxy(
    id INT NOT NULL AUTO_INCREMENT,
    ip VARCHAR(50),
    port VARCHAR(10),
    type VARCHAR(20),
    position VARCHAR(10),
    PRIMARY KEY(id)
);
```

根据网页内数据分析，代码如下：

```
import random
import pymysql
import requests
from bs4 import BeautifulSoup
#导入 lxml 的 etree 模块
```

```
from lxml import etree

headers = {
    "User - Agent":"Mozilla/5.0(Windows NT 10.0;Win64;x64)AppleWebKit/537.36(KHT-
ML,like Gecko)Chrome/112.0.0.0 Safari/537.36"
    }
url = 'http://www.techlabplt.com:8080/BD - PC/proxy.html'

response = requests.get(url = url,headers = headers)
response.encoding = 'utf - 8'
html = etree.HTML(response.text)

conn = pymysql.connect(host = '127.0.0.1',user = 'root',password = '123456',port
=3306,
    database = 'spider')

pageHtml = BeautifulSoup(response.text,"html.parser")
#获取 html 内的 div,div 的 class 为 proxy - title,里面包含着此网站的标题数据
title = pageHtml.find("div",attrs = {"class":"proxy - title"}).text.replace(" ",'').
replace("\n",'')
#输出标题
print(title)

#代理网站的 tr 列表
proxy_list = html.xpath('/html/body/div[3]/div[2]/div/div[2]/table/tbody/tr')
for proxy in proxy_list:
    #ip 地址
    ip = proxy[0].text
    #端口号
    port = proxy[1].text
    #代理类型
    type = proxy[3].text
    #地理位置
    position = proxy[5].text
    values = (
        ip,
        port,
        type,
        position
    )
    #定义插入语句
    result = "insert into proxy(ip,port,type,position)values('%s','%s','%s','%
s')"% values
```

```
try:
    cursor = conn.cursor()
    cursor.execute(result)
except:
    #发生异常,回滚
    print("发生异常")
    conn.rollback()

#提交操作
conn.commit()
#关闭连接
cursor.close()
conn.close()
```

运行此程序, 输出结果如图 3 - 2 - 24 所示。

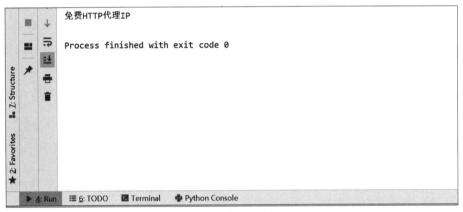

图 3 - 2 - 24　运行结果

proxy 表的数据查询结果如图 3 - 2 - 25 所示。

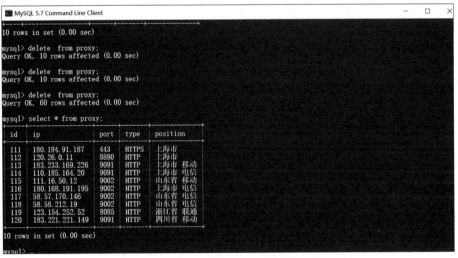

图 3 - 2 - 25　查询 proxy 表数据输出结果

任务 3.3 中间件使用

中间件（Middleware）是一类连接软件组件和应用的计算机软件，它包括一组服务，以便于运行在一台或多台机器上的多个软件通过网络进行交互。它处于操作系统、网络和数据库之上，应用软件的下层，是一种独立的系统软件或服务程序。该技术所提供的互操作性，推动了分布式体系架构的演变，该架构通常用于支持并简化那些复杂的分布式应用程序，它包括 Web 服务器、事务监控器和消息队列软件。

随着计算机技术的快速发展，更多的应用软件被要求在许多不同的网络协议、不同的硬件生产厂商以及不一样的网络平台和环境上运营。这导致了软件开发者需要面临数据离散、操作困难、系统匹配程度低，以及需要开发多种应用程序来达到运营的目的。所以，中间件技术的产生，在极大程度上减轻了开发者的负担，使得网络的运行效率更高。

3.3.1 Redis 的使用

Redis，即远程字典服务（Remote Dictionary Server），是一个开源的使用 ANSI C 语言编写、基于内存、高效的 Key – Value（键值）数据库，并对外可提供多种语言的 API。

- Redis 是什么？

通常而言，目前的数据库分类包括 SQL/NSQL、关系数据库、键值数据库等。Redis 本质上也是一种键值数据库，但它在保持键值数据库简单、快捷特点的同时，又吸收了部分关系数据库的优点，从而使它的位置处于关系数据库和键值数据库之间。Redis 不仅能保存 Strings 类型的数据，还能保存 Lists 类型（有序）和 Sets 类型（无序）的数据，而且能完成排序（SORT）等高级功能，在实现 INCR、SETNX 等功能的时候，保证了其操作的原则性。另外，还支持主从复制等功能。

- Redis 用来做什么？

从使用角度来说，Redis 也以消息队列的形式存在，作为内嵌的 List 存在，满足实时的高并发需求。在一个电商类型的数据处理过程中，有关商品、热销和推荐排序的队列一般存放在 Redis 中，期间也包括 Storm 对于 Redis 列表的读取和更新。

- Redis 的优点。

性能极高：Redis 能支持超过 100 kb/s 的读写频率，速度远超数据库。

丰富的数据类型：Redis 支持二进制案例的 Strings、Lists、Hashes、Sets 及 Ordered Sets 五种数据类型操作。

原子：Redis 的所有操作都是原子性的，同时，Redis 还支持对几个操作合并后的原子性执行。

丰富的特性：Redis 还支持 publish/subscribe、通知 key 过期等特性。

- Redis 的缺点。

数据库容量受物理内存的限制，不能用作海量数据的高性能读写，因此，Redis 适合的场景主要局限在较小数据量的高性能操作和运算上。

总的来说，Redis 受限于特定的场景，专注于特定的领域之下，速度非常快，目前还未找到能替代使用产品。

在使用缓存的时候，Redis 比 Memcached 具有更多的优势，并且支持更多的数据类型。

1. 环境搭建

在使用 Redis 之前，需要先确保如下几点：

- Redis 数据库已经安装完成，并能正常访问。
- 打开 cmd，进入已下载的 Redis 所在的路径下，如图 3 - 3 - 1 所示。

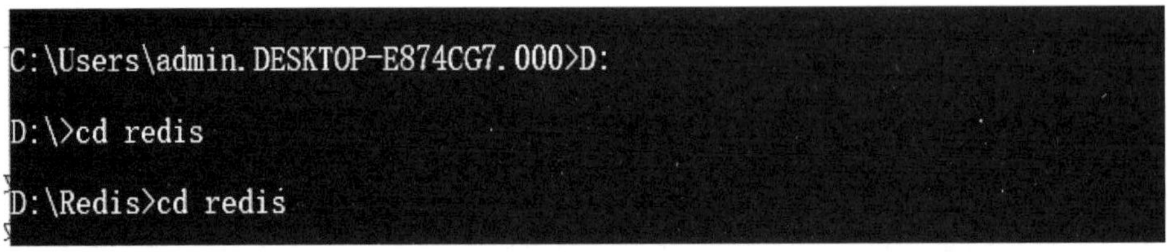

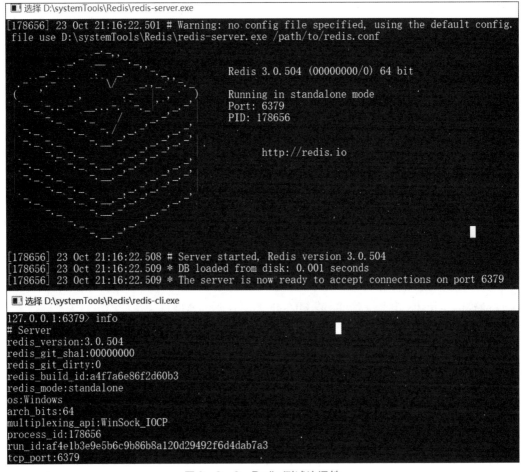

图 3 - 3 - 1　进入 Redis 安装目录

通过 redis - cli. exe 测试连通性，输入 redis - server. exe redis. windows. conf 命令，如图 3 - 3 - 2 所示，使用 Windows 版本的 Redis 数据库，并成功启用。

图 3 - 3 - 2　Redis 测试连通性

Redis 库已经安装完毕，在 Windows cmd 命令行内输入 pip3 install redis，如图 3 – 3 – 3 所示。

```
管理员: 命令提示符
(c) Microsoft Corporation。保留所有权利。
C:\Users\Administrator>pip3 install redis
Collecting redis
  Downloading redis-4.3.4-py3-none-any.whl (246 kB)
                                                246 kB 726 kB/s
Collecting packaging>=20.4
  Downloading packaging-21.3-py3-none-any.whl (40 kB)
                                                40 kB 2.5 MB/s
Collecting async-timeout>=4.0.2
  Downloading async_timeout-4.0.2-py3-none-any.whl (5.8 kB)
Requirement already satisfied: typing-extensions in c:\users\admin
te-packages (from redis) (4.0.1)
Collecting deprecated>=1.2.3
  Downloading Deprecated-1.2.13-py2.py3-none-any.whl (9.6 kB)
Collecting importlib-metadata>=1.0
  Downloading importlib_metadata-4.8.3-py3-none-any.whl (17 kB)
Collecting wrapt<2,>=1.10
  Downloading wrapt-1.14.1-cp36-cp36m-win_amd64.whl (36 kB)
Collecting zipp>=0.5
  Downloading zipp-3.6.0-py3-none-any.whl (5.3 kB)
Collecting pyparsing!=3.0.5,>=2.0.2
  Downloading pyparsing-3.0.7-py3-none-any.whl (98 kB)
                                                98 kB 1.6 MB/s
Installing collected packages: zipp, wrapt, pyparsing, packaging,
Successfully installed async-timeout-4.0.2 deprecated-1.2.13 impor
is-4.3.4 wrapt-1.14.1 zipp-3.6.0
```

图 3 – 3 – 3　Redis 库安装

2. 连接 Redis 数据库

本任务环境中，Redis 在本地运行，Python 中使用 Redis 库内的 StrictRedis 方法进行连接。测试代码如下：

```
import redis
r = redis. StrictRedis(
    #Redis 数据库的 IP 地址为 127.0.0.1(代表本地)
    host = '127.0.0.1',
    #Redis 数据库服务的端口号,默认端口号为 6379
    port = 6379,
    #选择 0 号数据库;Redis 服务器启动时有 16 个数据库,它们被标记为 0 ~ 15。
    db = 0,
    #字符串输出
    decode_responses = True
)
#获取连接信息
print(r)
```

输出结果如图 3 – 3 – 4 所示。

图 3 – 3 – 4　连接 Redis 成功

3. Redis 键值操作

通过连接 Redis 数据库后，可以通过多种方法来操作 Redis 内的数据，以下代码展示了键值对的存取等操作：

```python
import redis
r = redis.StrictRedis(
    #Redis 数据库的 IP 地址为 127.0.0.1(代表本地)
    host = '127.0.0.1',
    #Redis 数据库服务的端口号,默认端口号 27017
    port = 6379,
    #选择 0 数据库
    db = 0,
    #字符串输出
    decode_responses = True
)
#1. 设置 username 对应的值张三
r.set('username','张三')
#获取 username 对应的值
print(r.get('username'))
#2. 修改 username 对应的值为李四
r.getset('username','李四')
#获取 username 对应的值
print(r.get('username'))
#3. 设置多个值
r.mset({'username1':'张三','username2':'李四'})
print(r.get('username1'),r.get('username2'))
#4. 查看类型
print(type(r.get('username')))
```

输出结果如图 3 – 3 – 5 所示。

表 3 – 3 – 1 所列是 Redis 常见的操作方法。

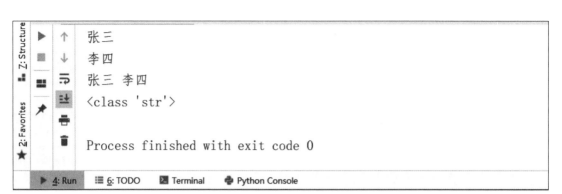

图 3 - 3 - 5　Redis 键值对操作

表 3 - 3 - 1　Redis 常用的操作方法

方法	举例	说明
set(key, value)	redis. set('username','张三')	将 username 这个键赋为张三
get(key)	redis. get('username')	获取 username 这个键的值
delete(key)	redis. delete('username')	删除 username 这个键
rename(srckey, dstkey)	redis. rename('username','username1')	将 username 键的名称改为 username1
move(key, db)	redis. move('username',1)	将 username 键值移动到 db1
expire(key, time)	redis. expire('username',10)	将 username 键的过期时间设置为 10 s
type(key)	redis. type('username')	输出 username 键的类型
flushdb( )	flushdb( )	删除当前数据库内的数据
flushall( )	flushall( )	删除所有数据库内的数据
getset(key, value)	redis. getset('username','李四')	将 username 这个键修改为李四
mget(keys)	redis. mget（['username1','username2']）	批量获取 username1 和 username2 的值
mset(mapping)	redis. mset（{'username1':'张三','username2':'李四'}）	批量设置 username1 和 username2 的键值对

　　从上述实例可以看出，Redis 与关系型数据库相较而言，可以更加方便地存取数据。基于 Redis 的便捷性与高性能，对于小批量的数据存储，特别是配置类信息的存储，使用 Redis 是非常合适的。对于网络爬虫，后续使用配置类的信息，比如代理 IP、账号名单等都可以使用 Redis 来存取。

3.3.2　Kafka 的使用

　　在网络爬虫过程中，有时需要多个程序共同协作来完成爬虫的任务。比如，一个程序负责网络爬虫的请求处理，一个程序负责请求后的数据处理，一个程序负责数据处理后的存储与使用，那么这三个程序之间怎么相互沟通，怎么让一个程序处理完后，让另一个程序去执行呢？

Kafka 与 RabbitMQ 作为消息队列的中间件，就可以起到这个桥梁的作用，它们可以降低各个程序之间的耦合度，并可以在各个程序之间存储和转发信息，实现各个程序之间的通信与协作，大致的流程如下：

- 一个程序获取到需要爬取的任务后，将信息传递到消息队列。
- 爬取程序通过消息队列获取到爬取任务后，开启爬取进程。在爬取完毕后，将信息传递给消息队列。
- 数据处理程序通过消息队列获取到数据处理任务后，开启数据处理进程。在处理完毕后，将信息传递给消息队列。

这与工厂中的流水线类似，每个程序执行各自的功能部分，然后交由其他程序执行。各个程序之间都有标准的接口与其他程序通信。那么这个标准的通信接口（消息队列）怎么实现呢？目前比较流行的有 Kafka、RabbitMQ、ActiveMQ 等。接下来介绍如何使用 Kafka 来实现这个功能。

Kafka 是由 Apache 开发的一个开源流处理平台。它使用 Java 和 Scala 语言编写。它具有高吞吐量、低延迟、可扩展性、持久性、可靠性、容错性、高并发性等特点。可以处理消费者在各个程序之间的所有动作流数据。适用于日志收集、消息系统、用户活动跟踪、运营指标、流式处理、事件源等场景。

1. 任务准备

1）环境搭建

在使用 Kafka 之前，先要确认如下几点：

- Kafka 所依赖的 Java 已经安装完毕。通过 Windows cmd 工具测试，如图 3 - 3 - 6 所示，Java 运行正常，其版本号为 1.8.0_341。

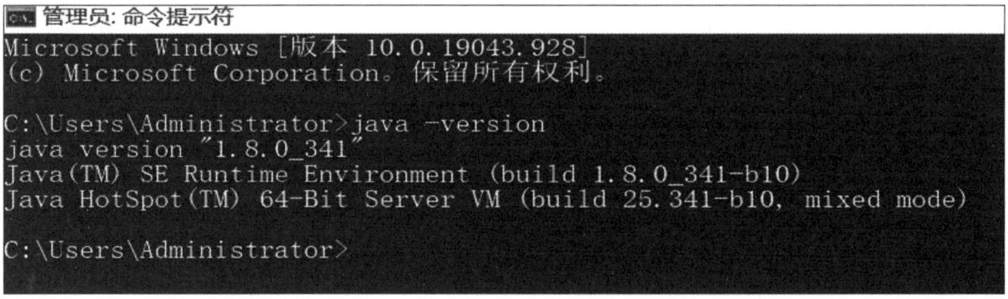

```
管理员：命令提示符
Microsoft Windows [版本 10.0.19043.928]
(c) Microsoft Corporation。保留所有权利。

C:\Users\Administrator>java -version
java version "1.8.0_341"
Java(TM) SE Runtime Environment (build 1.8.0_341-b10)
Java HotSpot(TM) 64-Bit Server VM (build 25.341-b10, mixed mode)

C:\Users\Administrator>
```

图 3 - 3 - 6　Java 版本信息

- Kafka 所依赖的 ZooKeeper 能正常使用，Kafka 已经安装完毕并能运行，如图 3 - 3 - 7 所示。
- kafka - python 库已经安装完成，如图 3 - 3 - 8 所示，此库用于 Python 调用 Kafka。

2）Kafka 基本操作

在操作 Kafka 之前，有几个概念需要介绍一下：

- Producer：生产者（即发送消息的一方），生产者负责生成消息，并将其发送到 Kafka。
- Consumer：消费者（即接收消息的一方），消费者连接到 Kafka 上并接收消息，然后

图 3 - 3 - 7 Kafka 安装完毕正常运行的输出结果

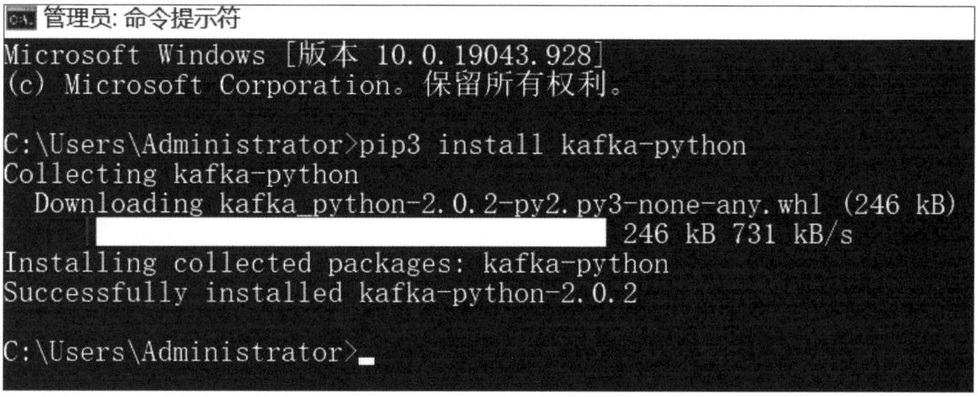

图 3 - 3 - 8 kafka - python 库安装

进行相应的业务逻辑处理。

● Topic：主题，Kafka 中的消息以 Topic 为单位进行划分；生产者将消息发送到特定的 Topic，而消费者负责订阅 Topic 的消息并进行消费。

● Broker：服务代理节点。Broker 是 Kafka 的服务节点，即 Kafka 的服务器。

以下为实现 Kafka 生产者 - 消费者的基本代码实例，生产者侧产生一个新用户的信息，消费者侧获取该用户的信息。

生产者侧代码如下：

```
from kafka import KafkaProducer
import json
#1. 创建 KafkaProducer 连接实例
producer = KafkaProducer(
    #本地 Kafka 服务器的 9092 默认端口
  bootstrap_servers = ['127.0.0.1:9092']
)
#2. 定义发送的数据,JSON 格式
```

```
userInfo = {
    'username':'张三',
    'password':'112233',
    'mobile':'13712344321',
    'gender':'男',
    'createTime':'2016 - 05 - 30'
}
data = json. dumps( userInfo,ensure_ascii = True). encode( "utf - 8")
#3. 定义 topic,并向此发送数据
topic = 'newUser'
producer. send( topic,data)
#4. 关闭连接
producer. close( )


#消费者侧代码:
from Kafka import KafkaConsumer
import json
#1. 创建 KafkaConsumer 连接实例,topic 为 newUser
consumer = KafkaConsumer(
    "newUser",
    #本地 Kafka 服务器的 9092 默认端口
    bootstrap_servers = [ '127. 0. 0. 1:9092' ]
)
#2. 获取到消费数据,并输出
for data in consumer:
    user = json. loads( data. value)
    print('用户名:',user[ 'username' ])
    print('密码:',user[ 'password' ])
    print('手机号码:',user[ 'mobile' ])
    print('性别:',user[ 'gender' ])
    print('创建时间:',user[ 'createTime' ])
```

生产者侧的程序每执行一次,消费者程序就会收到此用户的信息。消费者的控制台输出如图 3 - 3 - 9 所示,表明实验成功。

图 3 - 3 - 9　消费者侧控制台输出

2. 任务实施

上面的案例展现了从生产者发送数据到消费者接收数据的基本实现。那么，在网络爬虫中，怎么去使用 Kafka 来实现爬虫程序各个组件之间的协同工作呢？以下实例实现了一个程序负责获取数据，一个程序负责处理数据。

生产者侧负责网络爬取数据，并发送数据至 topic 为 scrapy 内。代码如下：

```
from kafka import KafkaProducer
import requests
import pickle
#1. 创建 KafkaProducer 连接实例
producer = KafkaProducer(
  #本地 Kafka 服务器的 9092 默认端口
  bootstrap_servers = ['127.0.0.1:9092']
)
#2. 发送数据
total = 10
for i in range(1,total + 1):
  url = f'http://www.techlabplt.com:8080/BD - PC/priceList? pageId = {i}'
  response = requests.get(url)
  #把对象序列化后以 bytes 对象返回
  data = pickle.dumps(response)
  #3. 定义 topic 为 scrapy,并向此发送数据
  topic = 'scrapy'
  producer.send(topic,data)
#3. 关闭连接
producer.close()
```

消费者侧负责从 topic 为 scrapy 内接收数据，并进行数据处理。代码如下：

```
from kafka import KafkaConsumer
import pickle
from bs4 import BeautifulSoup

#1. 创建 KafkaConsumer 连接实例,topic 为 scrapy
consumer = KafkaConsumer(
  "scrapy",
  #本地 Kafka 服务器的 9092 默认端口
  bootstrap_servers = ['127.0.0.1:9092']
)
#2. 进行数据处理
def scrapy(response):
  print(f'进行数据处理')
  #把页面源代码交给 BeautifulSoup 进行处理,生成 BS 对象并指定 html 解析器
  pageHtml = BeautifulSoup(response.text,"html.parser")
```

```
#获取 html 内的 div,div 的 class 为 tbl - body,里面包含着需要爬取的数据
tableDiv = pageHtml. find("div",attrs = {"class":"tbl - body"})
#获取所有的 tr
dataDiv = tableDiv. findAll("tr")
#删除第一个表头数据
del(dataDiv[0])
#数据信息
for data in dataDiv:
    #得到每一行中的每一列
    oneData = data. findAll("td")
    #输出数据
    #print(oneData)


#3. 从 topic 为 scrapy 处获取到的数据,并处理
for data in consumer:
    resp = pickle. loads(data. value)
    print(f'从{resp. url}获取数据')
    #数据处理
    scrapy(resp)
```

消费者程序先启动，等待生产者程序发送网络爬取到的数据至 topic；消费者从 topic 内获取到生产者侧发送的消息后，进行数据处理。图 3 - 3 - 10 所示为消费者侧控制台输出。生产者一共发送了从网站爬取到的 10 页数据到消费者侧。

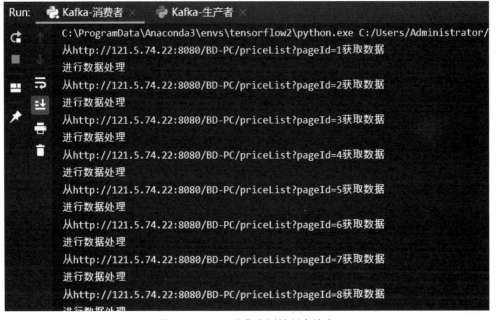

图 3 - 3 - 10   消费者侧控制台输出

3.3.3　RabbitMQ 的使用

RabbitMQ 是 Rabbit 科技有限公司开发的一个开源实现，面向消息的中间件。它使用 Erlang 语言编写；基于 AMQP（Advanced Message Queue Protocol，高级消息队列协议）协议实现；具有灵活的路由、高可靠性、高扩展性的一款消息中间件。

1. 任务准备

1）环境搭建

在使用 Rabbit 之前，需要先确保如下几点：

● Rabbit 所依赖的 Erlang 已经安装完毕。通过 Windows cmd 工具测试，如图 3 – 3 – 11 所示。

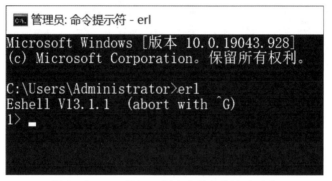

图 3 – 3 – 11　Erlang 版本安装完毕通过测试

● RabbitMQ 已安装完毕。通过 Web 浏览器可以打开，如图 3 – 3 – 12 所示。默认账号与密码都为 guest。

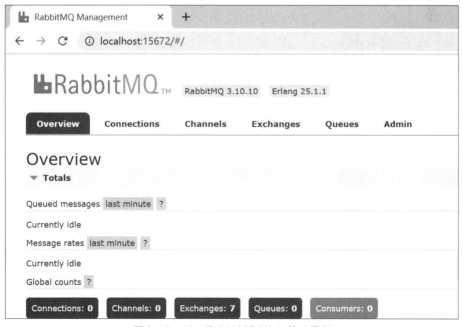

图 3 – 3 – 12　RabbitMQ Web 管理界面

• Pika 库已经安装完成，如图 3 - 3 - 13 所示。此库用于 Python 调用 RabbitMQ。

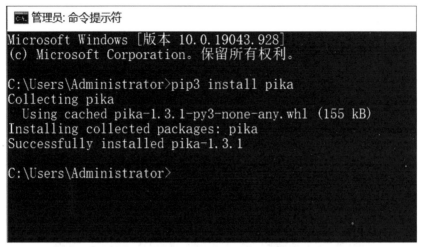

图 3 - 3 - 13　Pika 库安装

2）RabbitMQ 基本操作

RabbitMQ 完成程序之间的消息通信，从本质上来讲，一个是数据的生产者：往消息队列内存放数据；一个是数据的消费者：监听并处理消息队列内的数据。即生产者 - 消费者模型。所以，在编写代码的时候需要关注以下几点：

• 声明队列：通过一些参数的指定创建队列。
• 生产数据：生产者将数据存放入消息队列。
• 消费数据：消费者从消息队列中获取数据。

以下为实现 RabbitMQ 生产者 - 消费者模型的基本代码实例，消费者侧代码如下：

```python
import pika
#1. 建立 RabbitMQ 连接
connection = pika.BlockingConnection(
    pika.ConnectionParameters('127.0.0.1')
)
#2. 声明频道对象
channel = connection.channel()
#3. 声明 Hello World 的队列
queueName = 'Hello World'
channel.queue_declare(queue = queueName)
#4. 回调函数,输出接收到的消息
def callback(ch,method,properties,body):
    print(" 接收到:% r" % body.decode())
#5. 接收消息队列数据
channel.basic_consume(
    #消息队列名称
    queue = queueName,
```

```
#消费者获取到数据后,自动发送确认信息给消息队列
auto_ack = True,
#调用回调函数 callback
on_message_callback = callback
)
print('等待获取数据,按 Ctrl + C 退出')
#启用
channel.start_consuming()
#生产者侧代码:
import pika
#1. 建立 RabbitMQ 连接
connection = pika.BlockingConnection(
    pika.ConnectionParameters('127.0.0.1')
)
#2. 声明频道对象
channel = connection.channel()
#3. 声明 Hello World 的队列
queueName = 'Hello World'
channel.queue_declare(queue = queueName)
#4. 调用 Channel 的 basic_publish 方法,往 Hello World 队列内放入了"您好,世界!"的消息
channel.basic_publish(
    exchange = '',
    routing_key = queueName,
    body = '您好,世界! '
)
print("发送:您好,世界!")
```

运行生产者侧与消费者侧代码，每运行一次生产者侧代码，消费者就能收到生产者发送的数据，生产者侧一共运行了三次程序。图 3 - 3 - 14 所示为生产者控制台输出；图 3 - 3 - 15 所示为消费者控制台输出。

图 3 - 3 - 14　生产者控制台输出

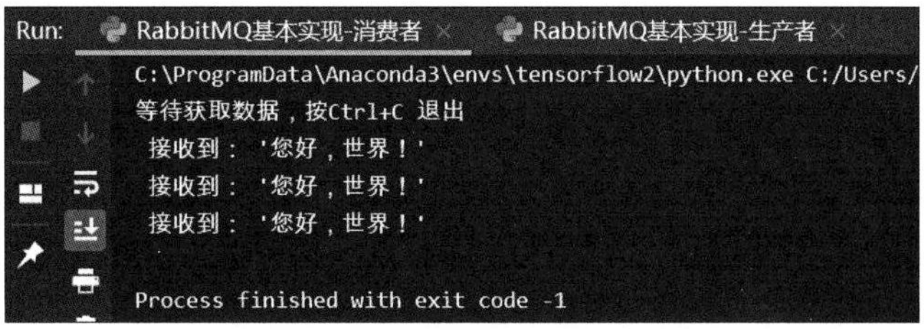

图 3 - 3 - 15　消费者控制台输出

2. 任务实现

上面的案例展现了从生产者发送数据到消费者接收数据的最基础的生产者－消费者模型。那么，在网络爬虫中，怎么去使用 RabbitMQ 来实现爬虫程序各个组件之间的协同工作呢？以下实例实现了一个程序负责获取数据，一个程序负责处理数据。

生产者负责网络爬取数据，向消息队列发送数据。代码如下：

```python
import pika
import requests
import pickle

#1. 建立 RabbitMQ 连接
connection = pika.BlockingConnection(
    pika.ConnectionParameters(host = '127.0.0.1')
)
#2. 声明频道对象
channel = connection.channel()
#3. 声明 scrapy 的队列
queueName = 'scrapy'
channel.queue_declare(queue = queueName, durable = True)
#4. 调用 Channel 的 basic_publish 方法，往 scrapy 队列内发送网络爬取到的 Response 信息
total = 10
for i in range(1, total + 1):
    url = f'http://www.techlabplt.com:8080/BD - PC/priceList? pageId = {i}'
    response = requests.get(url)
    channel.basic_publish(
        exchange = '',
        routing_key = queueName,
        #队列持久化存储
        properties = pika.BasicProperties(
            delivery_mode = 2
        ),
        #把对象序列化后以 bytes 对象返回
        body = pickle.dumps(response)
    )
print(f'发送从{response.url}得到的数据至消息队列')

#消费者从消息队列获取数据后，进行数据处理。以下是代码实现：
import pika
import pickle
from bs4 import BeautifulSoup
import time

#1. 建立 RabbitMQ 连接
```

```
connection = pika. BlockingConnection(
    pika. ConnectionParameters(host = '127. 0. 0. 1')
)
#2. 声明频道对象
channel = connection. channel()
#3. 声明 scrapy 的队列
queueName = 'scrapy'
channel. queue_declare(queue = queueName, durable = True)


#4. 进行数据处理
def scrapy(response):
    print(f'进行数据处理')
    #把页面源代码交给 BeautifulSoup 进行处理, 生成 BS 对象并指定 html 解析器
    pageHtml = BeautifulSoup(response. text, "html. parser")
    #获取 html 内的 div, div 的 class 为 tbl - body, 里面包含着需要爬取的数据
    tableDiv = pageHtml. find("div", attrs = {"class":"tbl - body"})
    #获取所有的 tr
    dataDiv = tableDiv. findAll("tr")
    #删除第一个表头数据
    del(dataDiv[0])
    #数据信息
    for data in dataDiv:
        #得到每一行中的每一列
        oneData = data. findAll("td")
        #输出数据
        #print(oneData)


while True:
    method_frame, header_frame, body = channel. basic_get(
        queue = queueName, auto_ack = True
    )
    if body:
        #从 bytes 对象中读取一个反序列化对象, 并返回其重组后的对象
        resp = pickle. loads(body)
        print(f'从{resp. url}获取数据')
        #进行数据分析
        scrapy(resp)
    time. sleep(1)
```

生产者侧的运行结果如图 3 – 3 – 16 所示。

消费者侧的运行结果如图 3 – 3 – 17 所示。

在此实例中, 有几个知识点需要说明一下:

- 队列持久化: 开启队列持久化后, 即使 RabbitMQ 重启, 队列内的数据也不会丢失。

图 3 - 3 - 16　生产者侧的运行结果

图 3 - 3 - 17　消费者侧的运行结果

● 序列化：在生产者发送数据的时候，通过 Pickle. dumps 把对象数据序列化后以 Bytes 形式发送；消费者接收到数据后，通过 Pickle. loads 从 bytes 对象中读取一个反序列化对象，恢复原始的数据。

● basic_get：通过 channel. basic_get 方法可以主动获取队列中的消息。

3.3.4　任务实施

1. 任务需求

通过 Requests 爬取网页（http://www. techlabplt. com:8080/BD - PC/proxy. html）的标题和内部数据，并将数据存入 Redis 内。

2. 任务实施

使用 Chrome 浏览器打开此网页，查找到相应的元素所处位置，此部分参照 3.1.4 节的任务实施。经分析网页数据后，代码如下：

```
import redis
import requests
from bs4 import BeautifulSoup
#导入 lxml 的 etree 模块
from lxml import etree
```

```python
headers = {
    "User - Agent":"Mozilla/5.0(Windows NT 10.0;Win64;x64)AppleWebKit/537.36(KHT-
ML,like Gecko)Chrome/112.0.0.0 Safari/537.36"
    }
url = 'http://www.techlabplt.com:8080/BD - PC/proxy.html'

response = requests.get(url = url,headers = headers)
response.encoding = 'utf - 8'
html = etree.HTML(response.text)

r = redis.StrictRedis(
    #Redis 数据库的 IP 地址为 127.0.0.1(代表本地)
    host = '127.0.0.1',
    #Redis 数据库服务的端口号
    port = 6379,
    #选择 0 数据库
    db = 0,
    #字符串输出
    decode_responses = True
    )

pageHtml = BeautifulSoup(response.text,"html.parser")
#获取 html 内的 div,div 的 class 为 proxy - title,里面包含着此网站的标题数据
title = pageHtml.find("div",attrs = {"class":"proxy - title"}).text.replace(" ",'').
replace("\n",'')
#输出标题
print(title)

#代理网站的 tr 列表
dataDiv = html.xpath('/html/body/div[3]/div[2]/div/div[2]/table/tbody/tr')
dataList = []
for data in dataDiv:
    #得到每一行中的每一列
    oneData = data.findall('td')

    r.set('ip 地址',oneData[0].text)
    r.set('端口',oneData[1].text)
    r.set('匿名等级',oneData[2].text)
    r.set('代理类型',oneData[3].text)
    r.set('响应时间',oneData[4].text)
    r.set('地理位置',oneData[5].text)
    r.set('最近验证时间',oneData[6].text)
    print(r.get('ip 地址'))
```

```
    print(r.get('端口'))
    print(r.get('匿名等级'))
    print(r.get('代理类型'))
    print(r.get('响应时间'))
    print(r.get('地理位置'))
    print(r.get('最近验证时间'))

#4. 查看类型
print(r.flushdb())
```

程序运行成功，此处截取部分运行结果，如图3-3-18所示。

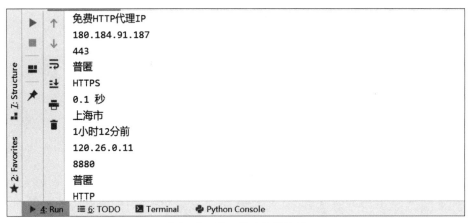

图3-3-18　部分运行结果

练一练

1. 以下（　　）文件格式不适合存储大量数据。

A. CSV　　　　　　　B. JSON　　　　　　　C. TXT　　　　　　　D. XML

2. 以下（　　）数据库是关系型数据库。

A. MongoDB　　　　B. CSV　　　　　　　C. JSON　　　　　　　D. MySQL

3. 在Python爬虫中，以下（　　）中间件可以用于分布式消息队列。

A. Redis　　　　　　B. Kafka　　　　　　C. RabbitMQ　　　　D. All of the above

4. 以下（　　）不是Python爬虫中常见的数据存储方式。

A. 文件存储　　　　B. 数据库存储　　　　C. 内存存储　　　　D. 分布式存储

5. JSON数据的本质是什么？如何使用？

6. 编写一个函数，将以下数据存储到MySQL数据库中。

```
data = [
    ('Alice', 30, 'New York'),
    ('Bob', 25, 'San Francisco')
]
```

7. 以下代码片段使用了____中间件。

· · 140 · ·

```
import pika
# 连接到 RabbitMQ 服务器
connection = pika. BlockingConnection(pika. ConnectionParameters('localhost'()
channel = connection. channel()
# 声明交换机
channel. exchange_declare(exchange = 'hello', exchange_type = 'direct')
# 发送消息到 RabbitMQ
channel. basic_publish(exchange = 'hello',
routing_key = 'world',
                  body = 'Hello World! ')
# 接收消息 from RabbitMQ
channel. basic_consume(queue = 'world',
auto_ack = True,
on_message_callback = lambda msg: print(msg. body))
# 开始消费消息
channel. start_consuming()
```

8. 以下代码片段使用了____中间件。

```
importredis
import pika
# 连接到 Redis 服务器
r = redis. StrictRedis(host = 'localhost', port = 6379, db = 0)
# 连接到 RabbitMQ 服务器
connection = pika. BlockingConnection(pika. ConnectionParameters('localhost'()
channel = connection. channel()
# 发送消息到 RabbitMQ
channel. basic_publish(exchange = '',
routing_key = 'hello',
                  body = 'Hello World! ')
# 接收消息 from RabbitMQ
channel. basic_consume(queue = 'hello',
auto_ack = True,
on_message_callback = lambda msg: print(msg. body))
# 开始消费消息
channel. start_consuming()
# 获取键的值
value = r. get('key')
# 删除键
r. delete('key')
```

9. 抓取静态网页 http://www. techlabplt. com:8080/BD – PC/priceListDE 第 1～5 页内容信息，并存储到 MongoDB 数据库中。

考核评价单

项目	考核任务	评分细则	配分	自评	互评	师评
数据存储	1. 存储到文件	1. 对文本文件进行数据的读写，5 分 2. 对 CSV 文件进行数据的读写，5 分 3. 能存储到 JSON 文件，5 分。	15 分			
	2. 存储到数据库	1. 能安装 MySQL 数据库，并用 Navicat Premium 工具测试，4 分； 2. 能使用 PyMySQL 库连接数据库，5 分； 3. 能创建数据表，对数据表实现查询、插入、删除等操作，8 分； 4. 能存储数据到 MySQL 数据库，8 分。 5. 能完成 MongoDB Compass 工具的安装，4 分； 6. 能使用 Python 方法将数据存储至 MongoDB 数据库，8 分； 7. 概述 MySQL 与 MongoDB 数据库的使用场景，4 分； 8. 说出 MySQL 与 MongoDB 数据库的区别与优劣势，4 分。	45 分			
	3. 使用中间件	1. 能完成 Redis、Kakfa 与 RabbitMQ 中间件的安装，2 分； 2. 能使用 Python 方法完成 Redis 键值对的存取等操作，5 分； 3. 概述 Redis 的作用与优劣势，5 分； 4. 概述 Kafka 和 RabbitMQ 的作用与工作流程，3 分。	15 分			
	4. 学习态度和素养目标	1. 考勤（10 分，缺勤、迟到、早退，1 次扣 5 分）； 2. 按时提交作业，5 分； 3. 诚信、守信，5 分； 4. 信息素养，具有数据的保护意识，5 分。	25 分			

项目 4
动态网页爬取

本项目在项目 2 的静态网页爬取基础之上，将进一步探究如何去获取动态网页内的有效数据。

有时通过 Requests 去获取的网页结构与通过浏览器查看的网页结构并不一样。通过浏览器能查看到的信息，在 Requests 返回内并没有。这时通过 Requests 方式去获取网页信息显然是有问题的。接下来介绍如何通过技术手段去爬取动态网页内的数据。

知识目标

- 概述动态网站的分析过程；
- 概述逆向分析爬虫的过程；
- 概述 JavaScript Hook 分析加密的过程；
- 概述 Ajax 的工作原理；
- 设计与撰写爬取动态网站数据的流程。

技能目标

- 能使用浏览器工具分析动态网站；
- 能使用 JavaScript Hook 来分析加密；
- 能安装与使用 PyExecJS 库；
- 能使用 PyExecJS 库调用 JavaScript 完成爬虫任务；
- 能使用 Selenium 中的 find_element 定位网站内容；
- 能使用 Selenium 库来爬取动态网站；
- 能使用逆向分析完成既定爬取任务。

素养目标

- 通过不断地引导学生去分析动态网站，增强学生的分析能力与建立动态技术的知识体系；
- 通过一些深入浅出的实例，增强学生对于理论知识的理解，建立理论结合实际的学习方法；

- 在动态网站的分析与内容获取的学习过程中，不断开拓学生的思维，培养学生一丝不苟、严谨求实的学习态度；
- 培养学生较强的掌握新技术、新系统的能力。

任务4.1 逆向分析爬取

Python 常规动态网页爬取有两种方法：逆向分析法和使用 Selenium 库爬取动态网页，本任务主要介绍逆向分析法。

AJAX 与数据爬取

4.1.1 Ajax 与数据爬取

Ajax（Asynchronous JavaScript And XML），即异步的 JavaScript 和 XML，其实就是浏览器与服务器之间的一种异步通信方式。

异步的 JavaScript 可以异步地向服务器发送请求，在等待响应的过程中，不会阻塞当前页面，在这种情况下，浏览器可以做自己的事情。直到成功获取响应后，浏览器才开始处理响应数据。

XML 是前后端数据通信时传输数据的一种格式，现在几乎已经被淘汰，现今较常用的是 JSON 通过 Chrome 浏览器的"开发者工具"。先来看一个网站（http://www.techlab-plt.com/）所返回的数据内容，在大数据基础数据下选择招聘数据，打开"Network"选项卡，再刷新网站页面，可以看到此访问请求所返回的数据，其中，zhaopin.html 是所要访问的内容；但返回的数据内，有用于网站修饰的 CSS 文件、用于网站动态显示的 JS（JavaScript）文件，还有一个用于获取动态数据的异步请求（selectByPageAndConduction?currentPage=1&pageSize=20），如图 4-1-1 所示。

Name	Status	Type	Initiator	Size	Time	Waterfall
head.css	200	stylesheet	zhaopin.html	(disk cache)	5 ms	
index.css	200	stylesheet	zhaopin.html	(disk cache)	4 ms	
index.css	200	stylesheet	zhaopin.html	(disk cache)	1 ms	
index.js	200	script	zhaopin.html	(memory cache)	0 ms	
index.js	200	script	zhaopin.html	(memory cac...)	0 ms	
index2016.css	200	stylesheet	zhaopin.html	(disk cache)	5 ms	
integrate.png	200	png	zhaopin.html	(memory cache)	0 ms	
jquery-3.6.0.min.js	200	script	zhaopin.html	(memory cac...)	0 ms	
logo.png	200	png	zhaopin.html	(memory cac...)	0 ms	
mode-ecb.js	200	script	zhaopin.html	(memory cac...)	0 ms	
selectByPageAndConduction?currentPage=1&pageSize=20	200	xhr	axios-0.18.0.js:8	54.1 kB	180 ms	
tripledes.js	200	script	zhaopin.html	(memory cac...)	0 ms	
vue.js	200	script	zhaopin.html	(memory cac...)	0 ms	
zhaopin.css	200	stylesheet	zhaopin.html	(disk cache)	4 ms	
zhaopin.html	304	document	Other	133 B	98 ms	
zp.js	200	script	zhaopin.html	(memory cac...)	0 ms	

27 requests | 54.2 kB transferred | 1.7 MB resources | Finish: 396 ms | DOMContentLoaded: 233 ms | Load: 232 ms

图 4-1-1 网页请求详情

如果通过 Requests 方式去爬取此网站数据，得到的 zhaopin. html 内是没有相应的职位相关数据的，从而导致爬虫程序无法获取需要的业务数据。如图 4 – 1 – 2 所示，无论是在 Chrome 还是程序内，都没有获取到相应的数据。

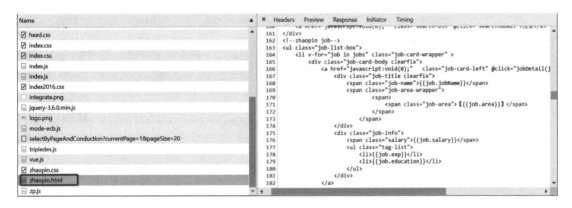

图 4 – 1 – 2　zhaopin. html 内的数据

那么网站内的数据通过什么方式去获取呢？这里使用到的技术是 Ajax。使用 Ajax 技术的网页能够快速地将增量更新呈现在用户界面上，而不需要重新加载整个页面，这使得用户的体验感更好。比如，在图 4 – 1 – 3 和图 4 – 1 – 4 所示网页中进行网页搜索时，整个页面并不会整体刷新（浏览器内的 URL 地址也没有变化），而只是显示的内容改变了。

接下来探究一下 Ajax 是怎么实现数据的加载与显示的。打开 Chrome 浏览器的开发者工具，来一探其中的奥秘。

在搜索栏中输入想要了解的岗位后，单击"搜索"按钮，会发起一个 Ajax 异步请求，如图 4 – 1 – 5 所示，可以单击"Fetch/XHR"菜单来过滤其他的请求。

图 4-1-3　网页搜索前

图 4-1-4　网页搜索刷新后

单击这个异步请求，可以显示详细的信息。这里详细记录了这个请求的地址、方法等信息。其中，Request URL 内的参数值为 http://www.techlabplt.com:8080/BD-PC/zhaopin.html，Request Method 内的参数值为 Post，如图 4-1-6 所示。

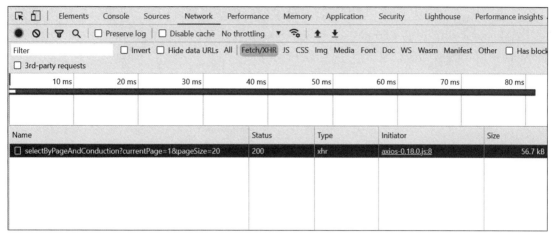

图 4 - 1 - 5　异步请求

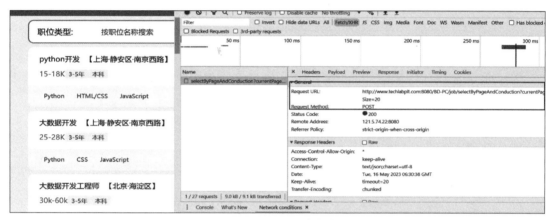

图 4 - 1 - 6　Post 请求方法

单击"Preview"选项卡，可以看到这个请求所返回的数据，如图 4 - 1 - 7 所示，再对比一下网页所显示的内容，查看需要的数据是不是在这里。那么有没有什么办法可以直接抓取这个返回的内容呢？此时可以通过 Python 内的 Aiohttp 库来实现捕获异步请求数据。

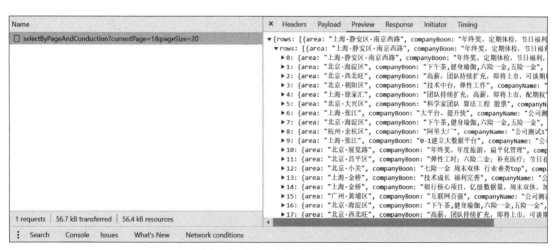

图 4 - 1 - 7　异步请求获取的数据

单击"Payload"选项卡，可以看到在请求的时候所携带的数据，如图 4 - 1 - 8 所示。除了在 Request URL 内的 CurrentPage 和 PageSize 参数外，还有在 Request Payload 内携带了 jobName:""的 JSON 数据。

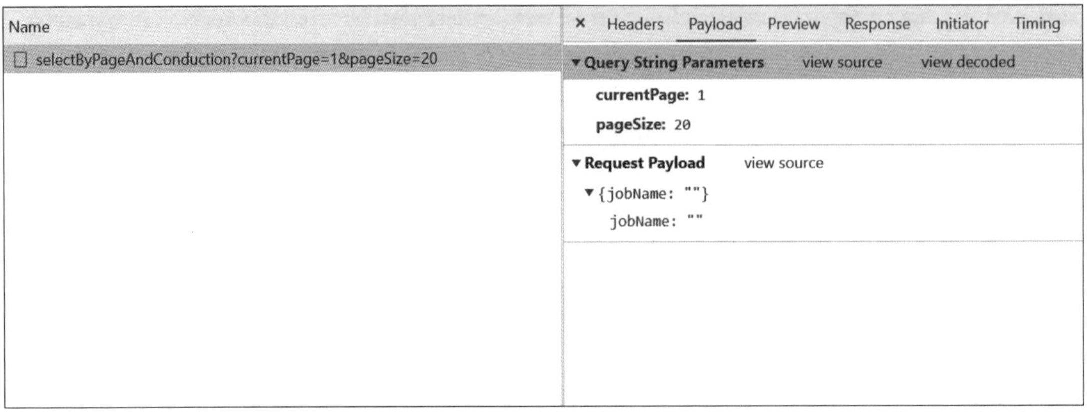

Name		× Headers Payload Preview Response Initiator Timing
☐ selectByPageAndConduction?currentPage=1&pageSize=20		▼ Query String Parameters　　view source　　view decoded

```
currentPage: 1
pageSize: 20
▼ Request Payload        view source
▼ {jobName: ""}
    jobName: ""
```

图 4 - 1 - 8　请求所携带的参数

基于此分析，可以去构造 Requests 请求，通过 Post 直接取这些数据。以下是实现这个请求的代码：

```
import requests
import json

#1. 定义 Ajax 的 URL
ajaxUrl = 'http://www.techlabplt.com:8080/BD - PC/job/selectByPageAndConduction?
currentPage = 1&pageSize = 20'
#2. 定义 header 信息,携带 origin 起源网站信息
header = {
    "accept":"application/json;charset = utf - 8",
      #www.techlabplt.com 所对应的 IP 地址
    "host":"121.5.74.22:8080",
    "Origin":"http://www.techlabplt.com:8080"
}
#3. 定义 request 所携带的 JSON 数据
jsonData = {'jobName':''}
#4. 发起 request post 请求。一定要写到 JSON 数据
response = requests.post(ajaxUrl,headers = header,json = jsonData)
#5. 如果正常返回,遍历输出数据到控制台。
if response.status_code == 200:
    #通过返回的数据转换为 JSON 格式,或者直接获取 response.json
    jsonData = json.loads(response.text)
    #控制台输出获取到的 JSON 数据
    print(jsonData)
    #控制台输出获取到的数据条目数
```

```
    print(len(jsonData['rows']))
    #循环遍历输出每个数据内的职位名称
for key in range(len(jsonData['rows'])):
    #控制台输出每条数据的职位名称
    print(jsonData['rows'][key]['jobName'])
```

截取部分输出结果，如图4－1－9所示。

图4－1－9 Ajax 请求数据成功

4.1.2 网站加密与 JavaScript Hook

当浏览某一个网站时，其 HTML、CSS 与 JavaScript 代码都会被下载到本地电脑，然后在浏览器中执行。借助浏览器的"开发者工具"，可以看到网页在加载过程中所有网络请求及其详细信息，也能清楚地看到网站运行的 HTML 代码和 JavaScript 代码。这些代码中就包含了网站加载的全部逻辑，如加载哪些资源，需要哪些数据，怎么处理这些数据，请求接口是如何构造的，页面是如何渲染的，等等。以上这些都可以获取得到，所以，如果能够把其中的执行逻辑分析出来，就可以使用工具执行模拟程序，发起网络请求，执行数据爬取。

然而，事情远没有想象的那么简单。随着前端技术的不断发展，前端代码的打包技术、混淆技术、加密技术也层出不穷。在构建网站的时候，可以使用这些技术，在前端对 JavaScript 代码采取一定的保护，比如 URL 参数混淆与加密、执行逻辑混淆、核心逻辑加密等。这些保护手段使得网络爬取程序没法非常轻易地去找出真实的执行逻辑。

在本项目中，将介绍如何借助浏览器工具与 Hook 技术来分析 JavaScript 的加密与混淆。

1. 浏览器工具常用技巧

● 打开 Chrome 浏览器，进入开发者工具（F12），如图4－1－10所示。

在右侧"开发者工具"栏内，可以看到 Elements、Network、Sources、Application 和 Console 等选项卡，下面先来介绍一下比较重要的选项卡。

Elements：元素面板，用于查看和修改网页 HTML 节点的属性、CSS 样式等；通过它可以即时修改 HTML 和 CSS，并可即时查看修改后的显示效果。通过 Elements 左侧的"inspect it"小工具，当鼠标移动到网页上的任意一处时，Elements 内的 HTML 也会移动到相应的代码处，如图4－1－11所示。

图 4 - 1 - 10　开发者工具

图 4 - 1 - 11　打开实时检查

Network：网络面板，用于查看页面的加载过程中的各种请求信息，包含请求、响应等。通过 Network 内的过滤项，可以选择加载所有（All）、异步请求（Fetch/XHR）、JS 请求（JS）与 CSS 请求（CSS）等。单击其中的一个请求，在右侧框内有这个请求相关的数据。Headers 内有请求头和响应头的数据、Payload 内有这个请求所携带的数据、Preview 以浏览器方式预览返回的数据、Response 为返回的数据，如图 4 - 1 - 12 所示。

Sources：源代码面板，用于查看 HTML 页面、JavaScript、CSS 等源代码，并可以在此对 JavaScript 代码进行调试。

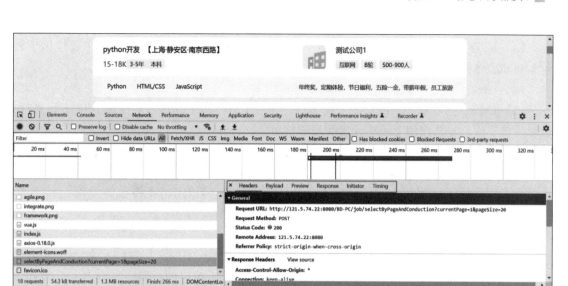

图 4 -1 -12 　"Network" 选项卡

Application：应用面板，用于记录网站加载的资源信息，比如缓存（Cookie、Token）、字体、图片等信息。

Console：控制台面板，用于查看调试日志；另外，可以通过 Console 输入 JavaScript 代码进行测试。

● 事件监听与代码美化。

在"Elements"选项卡单击一个 <a> 标签，在右侧"Styles"选项卡内会显示这个标签对应的 CSS 样式，如图 4 -1 -13 所示。可以单击修改相应的样式，此时浏览器内会实时显示修改后的效果。这个功能对于网页开发来说非常有用。

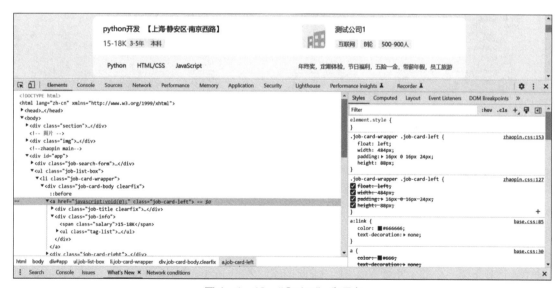

图 4 -1 -13 　"Styles" 选项卡

切换到"Event Listeners"选项卡，如图 4 -1 -14 所示，这里显示了标签所绑定的事件，有 blur、focus、click、change 等，下面介绍一下常用的几个事件：

（1）blur：当失去焦点时会触发的事件。它与 focus 事件类型是对应的。主要作用于表单元素和超链接对象。

（2）click：当用户单击 html 元素时会触发的事件。

（3）focus：当获取焦点时会触发的事件。当单击或使用 Tab 键切换到某个 html 元素时，会触发该事件。主要作用于表单元素和超链接对象。

（4）keydown：当键盘按键按下时会触发的事件。

（5）load：当浏览器完成页面加载时会触发的事件。

（6）mouseover：当用户的鼠标移动到该 html 元素时会触发的事件。

（7）mouseout：当用户的鼠标移开该 html 元素时会触发的事件。

（8）change：当 html 元素改变时会触发的事件。

当用户单击这个 HTML 元素的时候，会触发 Click 事件。图 4 - 1 - 14 所示为 Click 事件所绑定的 JavaScript 代码，当用户单击的时候，触发执行所对应的代码。其中有一个内容为 index. js：1，表明 index. js 这个 JavaScript 文件的 1 行。

图 4 - 1 - 14 "Event Listeners" 选项卡

单击此 index. js：1，如图 4 - 1 - 15 所示，跳转到 "Sources" 选项卡；显示的内容为 index. js，整个代码在一行上显示，似乎被压缩过，可读性较差。

此时可以单击 Chrome 浏览器的 "Pretty Print" 按钮（在 "Sources" 标签的 index. js 标签下的左下角， ¦¦ 就是 "Pretty Print" 按钮），来美化 JavaScript 代码，如图 4 - 1 - 16 所示。

● 断点调试。

接下来介绍一个非常重要的工具：断点调试。在分析 JavaScript 的时候，可以在有疑问或者需要了解执行逻辑的地方打上断点，当对应代码触发时，浏览器会停留在此事件，此时可以一步步地跟踪执行情况，以便更好地了解执行逻辑，从而得到有价值的线索来获取数据。

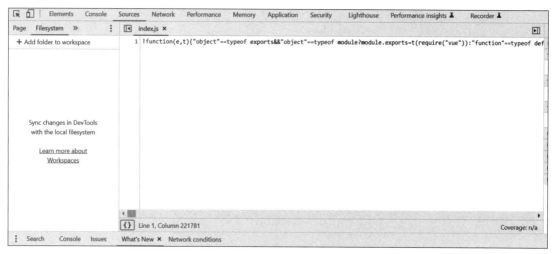

图 4 - 1 - 15　index. js 代码

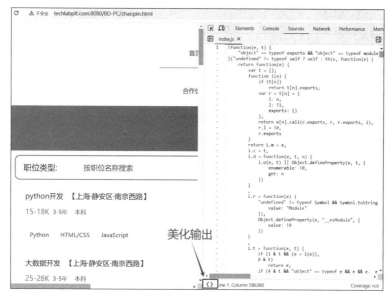

图 4 - 1 - 16　index. js 美化代码

通过代码美化后的 index. js 文件，单击如图 4 - 1 - 17 所示的代码行，在行 4 870 上增加断点。在右侧框 Breakpoints 下可以看到已经被添加的断点。

在对这个数据单击的时候，会触发断点，如图 4 - 1 - 18 所示。在页面上会有一个 "Paused in debugger" 的小窗口，并且 index. js 执行到增加断点的代码处，说明断点添加成功。

在这里，可以看到 JavaScript 执行过程中参数内的值，如图 4 - 1 - 19 所示。

在右侧栏有 3 个按钮，如图 4 - 1 - 20 所示，分别是 "Step over next function call"（执行到下一步的函数调用）、"Step into next function call"（进入当前函数）和 "Step out of current function"（跳出当前执行函数）。

图 4 - 1 - 17　增加断点

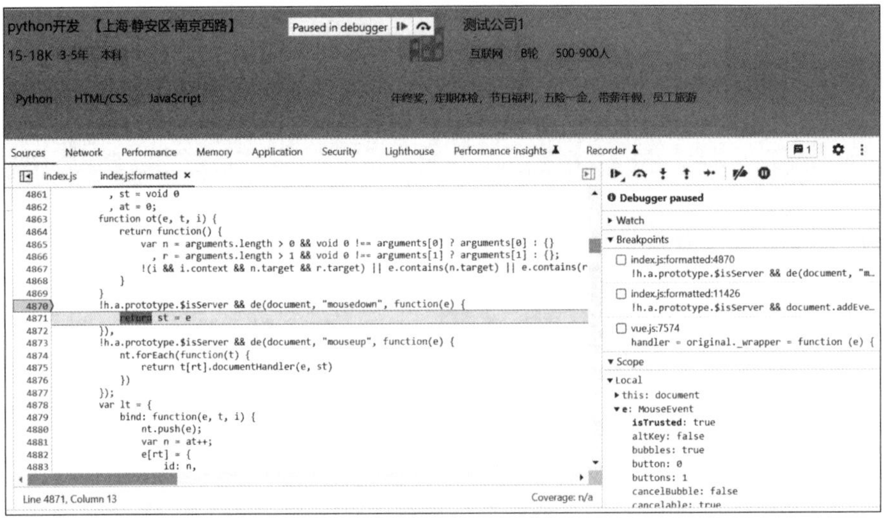

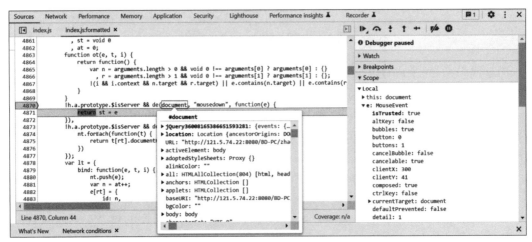

图 4 - 1 - 18　执行到断点

图 4 - 1 - 19　查看参数内容

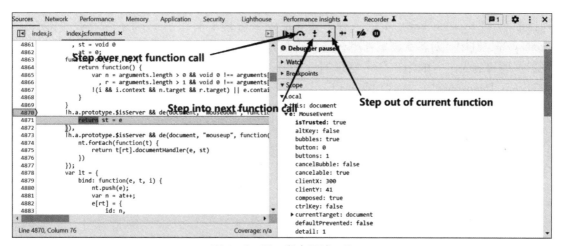

图 4 - 1 - 20　断点调试工具

当然，也可以对异步请求进行断点调试，如图 4 - 1 - 21 所示。添加 XHR/fetch Break-points，在获取职位信息请求的路径上增加断点。当单击"搜索"按钮触发这个异步请求的时候，就会进入此断点。通过这个断点来获取 JavaScript 的执行信息。

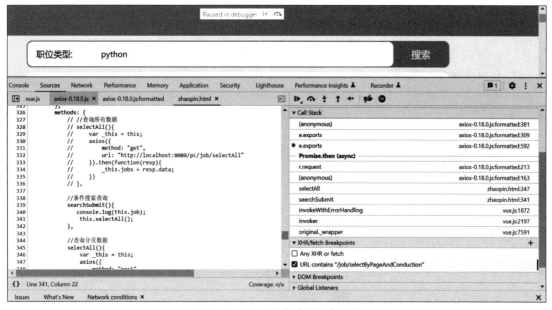

图 4 - 1 - 21　异步请求断点调试

2. JavaScript Hook 技术的使用

Hook 技术又称为钩子技术，它是一种特殊的消息处理机制，可以监视进程中的各种事件消息并进行处理。Windows 操作系统建立在事件驱动机制之上，通过消息传递来实现各种功能。Hook 在其消息传递过程中截获消息，从而获取消息和改变行为。例如，程序在执行过程中，在系统还没有调用函数执行前，Hook 先捕获该消息，获取程序的控制权，在原函数前后加入自定义方法，对实现方法进行重写，从而改变函数的执行。

在浏览器中，Hook 操作可以通过 Tampermonkey 插件来实现，Tampermonkey 是脚本管理器油猴（Greasemonkey）中的一种，知名的油猴管理器有很多：Tampermonkey、Greasemonkey 等，其中，对各大浏览器平台适配得最好的就是 Tampermonkey，它是一款免费的浏览器扩展和最为流行的用户脚本管理器，适用于 Chrome、Firefox、Microsoft Edge 等。接下来看一下 Tampermonkey 插件如何使用。

- Tampermonkey 安装。

将获取到的 Tampermonkey. crx 文件直接拖入 Chrome 扩展程序页面（"更多"→"设置"→"扩展程序"）即可。如图 4 - 1 - 22 所示（前提：开启开发者模式），单击"添加扩展程序"按钮完成 Tampermonkey 插件安装。

图 4 - 1 - 22　Chrome 添加 Tampermonkey 插件

- Tampermonkey 管理。

如图 4 - 1 - 23 所示，开启 Tampermonkey 插件的"启动"按钮，并将它在扩展程序内固定至浏览器界面。

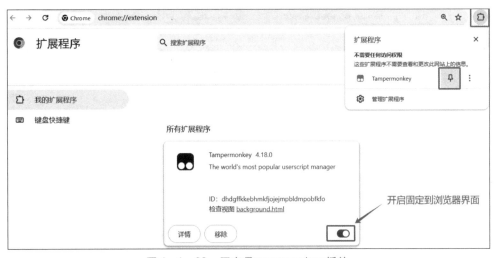

图 4 - 1 - 23　固定 Tampermonkey 插件

固定好后，如图 4 - 1 - 24 所示。单击固定的 Tampermonkey，即可进入管理面板进行 Tampermonkey 插件的管理，如图 4 - 1 - 25 所示。

图 4 – 1 – 24　开启 Tampermonkey 管理面板

图 4 – 1 – 25　Tampermonkey 管理

- Tampermonkey 参数解析。

已完成 Tampermonkey 插件的安装，下面介绍一下脚本中注释的作用：

@ name 油猴脚本的名称；

@ namespace 脚本的命名空间，用于确定脚本的唯一性；

@ version 脚本的版本号；

@ description 脚本的详细描述信息；

@ author 作者；

@ require 定义脚本运行之前需要引入的外部 JS，比如，jQuery；

@ match 使用通配符执行需要匹配运行的网站地址；只有匹配的网站地址，才能执行此脚本；

@ grant 指定脚本运行所属的权限；

@ connect 用于跨域访问时指定的目标网站域名；

@ run – at 指定脚本的运行时机。

- Tampermonkey 脚本使用。

以下脚本实现（http://121. 5. 74. 22:8080/BD – PC/zhaopin. html）网站每隔 10 s 自动单击下一页的操作。脚本的执行逻辑：通过@ match 匹配到网站；通过 localhost. hostname 获取网站的主机名；如果是相应的主机，获取到网页中命名为. btn – next 的下一页元素；发起单击操作。脚本代码如下：

```
// == UserScript ==
//@ name    自动单击下一页
//@ namespace  http://tampermonkey.net/
//@ version  0.1
//@ description auto click
//@ author   Jason Yao
//@ match   http://121.5.74.22:8080/BD-PC/zhaopin.html
//@ grant   GM_log
// == /UserScript ==

(function(){
  'use strict';
  console.log("location.hostname:",location.hostname)
#121.5.74.22 是 www.techlabplt.com 所对应的 IP 地址,此处需要使用 IP 地址
  if(location.hostname == "121.5.74.22"){
    setInterval(() = >{
      const next_element = document.querySelector(".btn-next")
      if(next_element){
        GM_log("元素存在,单击下一页…")
      next_element.click();
    }
  },10000);
}
})()
```

通过以上代码，可以完成自动单击下一页功能，如图 4 - 1 - 26 所示；控制台输出如图 4 - 1 - 27 所示，代表插件程序执行成功。

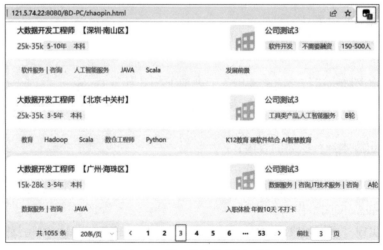

图 4 - 1 - 26　自动单击下一页

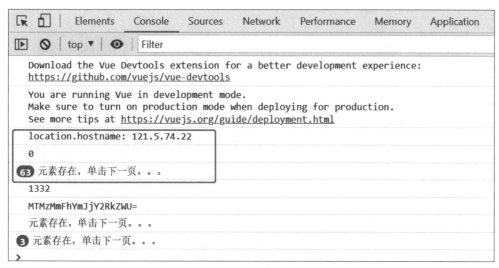

图 4 - 1 - 27 控制台输出

4.1.3 PyExecJS 库的使用

现在大部分网页中，请求的数据都经过 JavaScript 加密，特别是比较重要的数据，并且目前绝大部网页中的前端 JavaScript 代码都是经过混淆的，可读性极低。直接去理解代码逻辑需要花费大量时间，此时可以尝试使用一些第三方库，来直接执行前端 JS 代码，得到处理过后的结果。

PyExecJS 库主要作用就是将前端 JavaScript 代码运行在本地的 JavaScript 环境中，所以需要有 JavaScript 代码的运行环境。PyExecJS 库有多种 JavaScript 环境的选择，官方推荐了 PyV8、Node.js、PhantomJS、Nashorn 4 种。本项目中，使用 Node.js 作为 PyExecJS 库的运行环境。

1. 任务准备

1）环境搭建

在使用 PyExecJS 库之前，首先要确保如下几点：

● Node.js 环境已安装完毕。通过 Windows cmd 工具测试，输入命令 node - v，如图 4 - 1 - 28 所示。

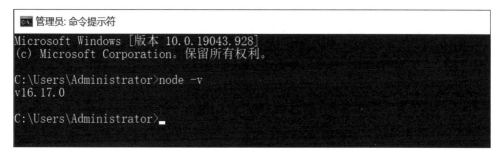

图 4 - 1 - 28 Node.js 安装通过测试

- PyCharm 专业版（社区版不支持）已安装 Node. js 插件，如图 4 – 1 – 29 所示。

图 4 – 1 – 29　安装 Node. js 插件

- 测试 PyCharm 是否能运行 JavaScript 脚本。新建一个命名为 testScript. js 的 JavaScript 文件，实现简单的减法功能。代码如下：

```
function minus(a,b){
  return a - b
}
console. log(minus(10,5))
```

运行结果如图 4 – 1 – 30 所示。

图 4 – 1 – 30　运行结果

- 安装 PyExecJS 库，如图 4 – 1 – 31 所示，在 Windows cmd 命令行输入 pip3 install pyexecjs。

2）PyExecJS 库使用

本例通过 PyExecJS 库编译，加载 testScript. js 文件并执行 testScript. js 内的 minus 方法。新建一个 . py 文件，输入以下代码：

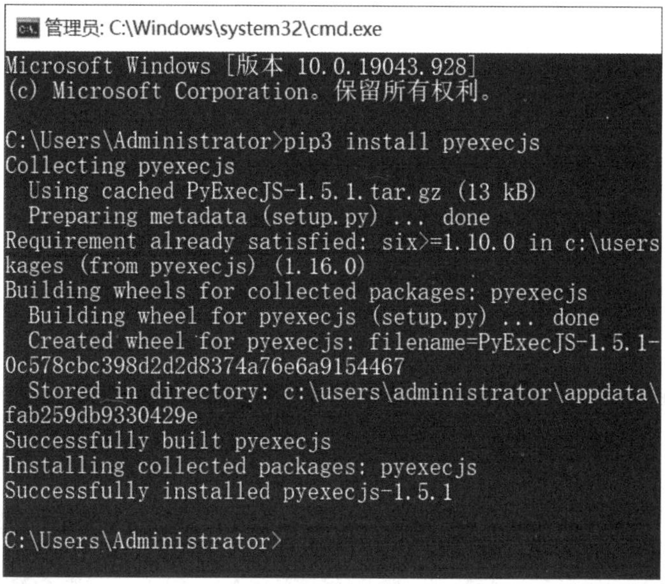

图 4 - 1 - 31　安装 PyExecJS 库

```
import execjs

#1. 定义一个获取 JavaScript 文件内容的方法
def get_js(jsFile):
  with open(jsFile,'r')as f:
    data = f.read()
    return data

#2. 通过 execjs.compile() 编译并加载 JavaScript 文件内容
execObj = execjs.compile(get_js('testScript.js'))

#3. 使用 call 调用 JavaScript 内的 minus 方法
print(execObj.call("minus",10,5))
```

运行结果如图 4 - 1 - 32 所示。

图 4 - 1 - 32　PyExecJS 库测试运行结果

2. 任务实施

本任务实例需要获取网页（www. techlabplt. com）中的音乐数据。通过分析可知，网站中的链接有加密保护，需要借助 PyExecJS 库来解析 Python 代码中的 JavaScript 程序，从而实现批量下载音乐。

- 使用 Chrome 浏览器打开 www. techlabplt. com，如图 4 – 1 – 33 所示，选择"大数据基础数据"菜单下的音乐数据。

图 4 – 1 – 33　选取音乐数据

- 打开"开发者工具"，选择"Network"选项卡。经分析，音乐数据都是由 selectMusicByType 的异步请求获取得到的。通过单击此请求，分析请求体头部的内容。如图 4 – 1 – 34 所示，Request URL 为 http：//www. techlabplt. com:8080/BD – PC/music/selectMusicByType；Method 为 POST。

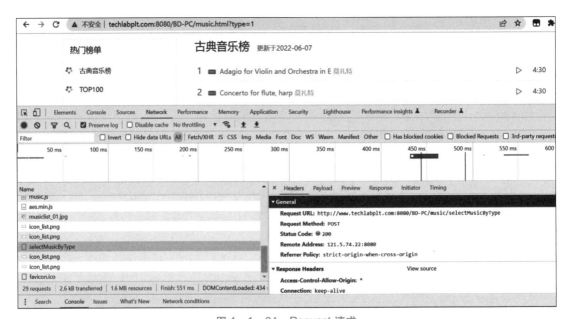

图 4 – 1 – 34　Request 请求

● 单击切换到"Payload"选项卡，查看 POST 请求所携带的参数。Request Payload 内只有 type 字段，如图 4 – 1 – 35 所示。

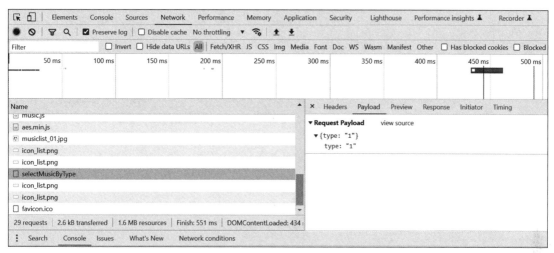

图 4 – 1 – 35　"Payload"信息

● 单击切换到"Preview"选项卡，查看 POST 请求获取到的数据。页面中所有的音乐信息在返回的 JSON 数据内都能查看到，如图 4 – 1 – 36 所示。

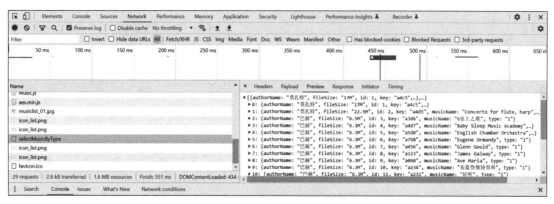

图 4 – 1 – 36　"Preview"信息

● 单击任意一条音乐数据，进入播放界面。通过分析，得到如下结论：音乐文件是通过异步请求的方式获取得到的。如图 4 – 1 – 37 所示，在 Preview 内的 JSON 数据内有音乐播放的具体地址。

● 单击切换到"Headers"，获取得到 Request URL 为 http://www.techlabplt.com:8080/BD – PC/player. html? Hash = 959IQBj9Dbj3Mu21tyWvgA% 3D% 3D，Request Method 为 GET，如图 4 – 1 – 38 所示。页面跳转的 URL 内也有一样的 Hash 参数，并且值是一致的。

● 通过 Hash 参数值的一致性，可以推测如下：在跳转的过程中，可能有 Hash 加密的 JavaScript 的方法改变了播放路径。通过检查音乐数据，发现在 li 标签的 click 里有 vue. js 去绑定单击事件，如图 4 – 1 – 39 所示。

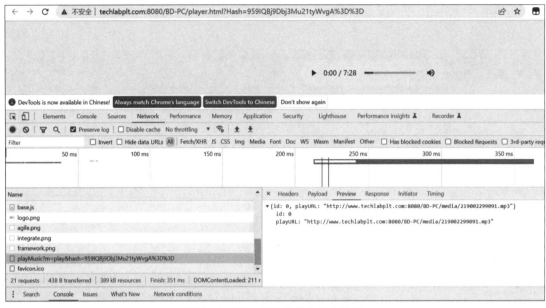

图 4 - 1 - 37　音乐播放的具体地址

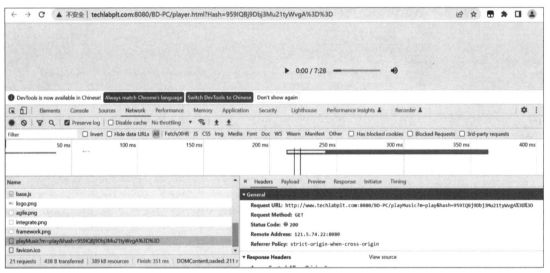

图 4 - 1 - 38　"Headers" 选项卡

- 此时可以通过 debug 或者查看原始的 HTML 文件，检查到如下信息：每个 li 标签上都绑定了 musicSelect 的 JavaScript 方法，如图 4 - 1 - 40 所示，它又去调用了 musicplay 的 JavaScript 方法。

- 通过 Search 查询 musicplay 方法，发现在 music. js 内有此方法。单击进入 music. js，并格式化，得到此 JavaScript 的源文件，如图 4 - 1 - 41 所示。

- 通过分析 music. js 源文件，得到如下结论：Hash 的变量值是通过 function d(param) 传递音乐数据内的 Type 变量加密而成。经如上分析，接下来，可以通过 PyExecJS 库调用此 JavaScript 方法来获取 Hash 值，从而批量获取音乐数据。

图 4 – 1 – 39　Click 事件

图 4 – 1 – 40　musicplay 的 JavaScript 方法

通过以上分析，批量爬取音乐文件的大致设计思路如下：

（1）定义一个方法用来异步获取语音数据；

（2）从获取得到的数据内循环遍历取出 key 字段；

（3）通过 PyExecJS 库编译并加载 JavaScript 文件内容；

（4）定义一个方法，传入 key 值，使用 PyExecJS 库来加密数据，得到 Hash 值；

（5）通过 Hash 值发起请求，获取得到音乐下载的地址；

图 4 -1 -41   music. js 文件内容

（6）定义一个方法，将获取得到的音乐文件下载地址传入，保存音乐文件到本地。

程序代码共分为两部分：一部分为 JavaScript 代码，另一部分为 Python 代码。因为 JavaScript 依赖 Crypto. js，所以需要通过 Windows cmd 命令行安装，命令如图 4 -1 -42 所示。

图 4 -1 -42   安装 Crypto. js

JavaScript 代码如下：

```
//引用 AES 源码 js -------定义 crypto. js 库
const CryptoJS = require('crypto. js');
function d(param){
  var param = CryptoJS. enc. Utf8. parse(param),
    param_key = CryptoJS. enc. Utf8. parse("jasonyaoTodo_Key"),
    param_iv = CryptoJS. enc. Utf8. parse("jasonyao1Todo_Iv");
  var encrypted = CryptoJS. AES. encrypt(param,param_key,{
    iv:param_iv,
    mode:CryptoJS. mode. CBC,
    padding:CryptoJS. pad. Pkcs7
  });
  return encodeURIComponent(encrypted. toString());
}
```

Python 程序代码如下：

```
import execjs
import requests
import json
import time

'''
传入 URL 地址,能过 Request post 请求获取返回的 JSON 数据
url:网站地址
method:方法,post 或 get
param:传递的参数
'''
def get_data(url,method,param):
  #定义 header 信息
  header = {
    "user-agent":"Mozilla/5.0(Windows NT 10.0;Win64;x64)AppleWebKit/537.36(KHT-
ML,like Gecko)Chrome/102.0.5005.63 Safari/537.36",
    "accept":"application/json;charset=utf-8",
    "host":"www.techlabplt.com:8080",
    "Origin":"http://www.techlabplt.com:8080"
  }
  if method == 'post':
    #发起 request post 请求
    response = requests.post(url,headers=header,json=param)
  if method == 'get':
    #发起 request post 请求
    response = requests.get(url,headers=header)

  #如果正常返回,遍历输出数据到控制台
  if response.status_code == 200:
    #通过将返回的数据转换为 JSON 格式,或者直接获取 response.json
    jsonData = json.loads(response.text)
    #返回获取得到的数据
    return jsonData

'''
根据传递过来的网址,获取 response 数据返回
url:网站地址
'''
def get_response(url):
  #发送请求
  headers = {
    "user-agent":"Mozilla/5.0(Windows NT 10.0;Win64;x64)AppleWebKit/537.36(KHT-
ML,like Gecko)Chrome/102.0.5005.63 Safari/537.36"
```

```
    }
    response = requests. get(url = url,headers = headers)
    return response


'''
传入 JavaScript 路径,获取 JavaScript 文件内容
jsFile:JavaScript 文件路径和名称
'''
def get_js(jsFile):
    with open(jsFile,'r',encoding = 'utf - 8')as f:
        data = f. read()
        return data
'''
根据传递过来的 title,play_url 来保存数据
title:文件名
play_url:音乐文件所在的 URL
'''
def save(title,play_url):
    #获取音乐文件
    music_content = get_response(play_url). content
    #保存文件
    with open('D:\\musicDir \\' + title + '. mp3',mode = 'wb')as f:
        f. write(music_content)
        print(title,'保存成功')


'''
执行主程序
'''
def main(html_url):
    #1. 获取音乐数据
    param = {'type':'1'}
    musicData = get_data(html_url,"post",param)
    #2. 循环遍历音乐数据获取 key 值
    for i in range(len(musicData)):
        strKey = musicData[i]['key']
        strMusicName = musicData[i]['musicName']
        print(strKey)
        #3. 通过 execjs. compile()编译并加载 JavaScript 文件内容
        execObj = execjs. compile(get_js('music.js'))
        #4. 使用 call 调用 JavaScript 内的 minus 方法,获取得到 Hash 值
        strHash = execObj. call("d",strKey)
        print(strHash)
        #5. 获取音乐下载的地址
```

```
        param = { }
        url = 'http://www.techlabplt.com: 8080/BD - PC/playMusic? m = play&hash = ' +
strHash
        musicUrl = get_ data (url, 'get', param) ['playURL']
        print (musicUrl)
        #6. 保存音乐文件
        save (strMusicName, musicUrl)
        #7. 等待 1 s
        time. sleep (1)
    if _ _ name_ _ == '_ _ main_ _ ':
        url = " http://www.techlabplt.com:8080/BD - PC/music/selectMusicByType"
        main(url)
```

截取部分运行结果, 如图 4 – 1 – 43 所示。

图 4 – 1 – 43 运行结果

在 Python 代码所定义的保存目录下, 有批量下载的音乐文件生成, 说明程序执行成功, 如图 4 – 1 – 44 所示。

图 4-1-44 音乐文件

4.1.4 任务实施

1. 任务需求

本次通过逆向分析爬取招聘网站（http://www.techlabplt.com:8080/BD-PC/zhaopin.html）中，职位名含有"大数据"与"python"的前 10 页数据，并把数据存入 JSON 文件中。

2. 任务实施

在 4.1.1 节中，已实现单页的爬取，现在需要在此基础之上获取"大数据"与"python"的前 10 页数据，所以首先需要分析得到分页的参数与搜索的参数，如图 4-1-45 所示。

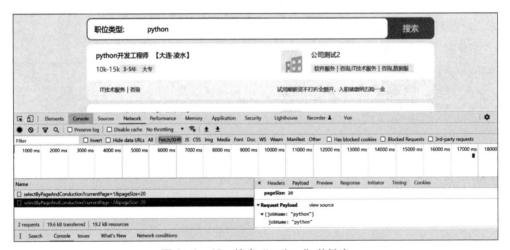

图 4-1-45 搜索"python"关键字

通过搜索与单击"下一页"按钮，得到如下结论：CurrentPage 为分页携带参数，Request Payload 内的 JobName 为搜索参数。

通过以上分析，在实现中，携带 JobName 与循环遍历 10 次 CurrentPage 即可实现此任务。以下是代码：

```python
# - * - coding = utf - 8 - * -

import requests
import json
import time

#定义 job 的两个搜索条件
search_job = ["python",
    "大数据"]
#定义 Ajax 的初始 URL
ajax_url = "http://www.techlabplt.com:8080/BD - PC/job/selectByPageAndConduction?pageSize = 20&currentPage = "
#定义 header 信息
header = {
  "accept":"application/json;charset = utf - 8",
  #www.techlabplt.com 所对应的 IP 地址
  "host":"121.5.74.22:8080",
  "Origin":"http://www.techlabplt.com:8080"
}
#JSON 文件的存储路径
json_file = open("D:/job.json",'w')

#循环遍历搜索条件
for job_name in search_job:
  for page_num in range(1,11):
    #定义 request 所携带的 JSON 数据
    search_data = {'jobName':job_name}
    #发起 request post 请求。一定要包含 JSON 数据
    response = requests.post(ajax_url + str(page_num), headers = header, json = search_data)
    #如果正常返回,遍历输出数据到控制台
    if response.status_code == 200:
      #通过将返回的数据转换为 JSON 格式,或者直接获取 response.json
      json_data = json.loads(response.text)
  #控制台输出获取到的 JSON 数据
  print("搜索词:" + job_name + ",第一页数据:" + str(json_data))
  #循环遍历输出每个数据内的职位名称
  for key in range(len(json_data['rows'])):
```

```
#控制台输出每条数据的职位名称
#print(json_data['rows'][key]['jobName'])
#存入 JSON 文件中
price_json = json.dumps(json_data['rows'][key],ensure_ascii = False) + '\n'
json_file.write(price_json)

#每次请求之间,睡 1 s
time.sleep(1)

#关闭 JSON 文件
json_file.close()
```

运行程序后,此处截取部分输出结果,如图 4 - 1 - 46 所示。

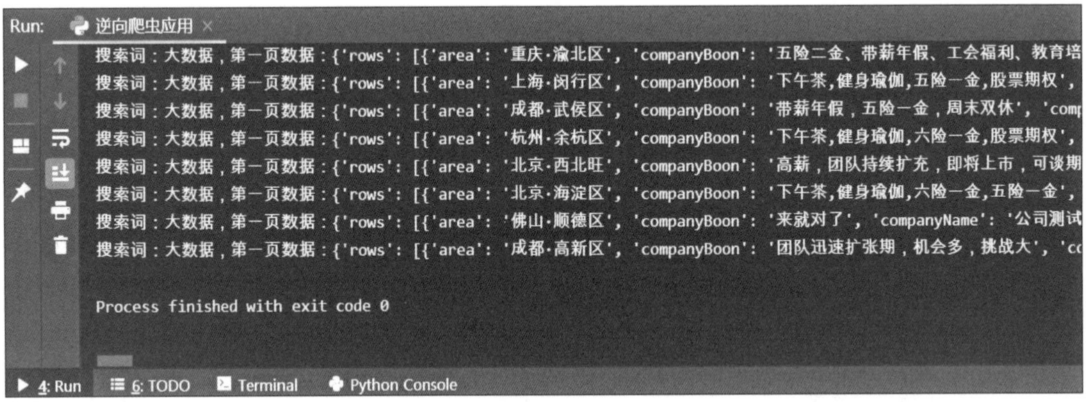

图 4 - 1 - 46　运行结果

在相应的文件夹下建立了 job. json,如图 4 - 1 - 47 所示。

图 4 - 1 - 47　JSON 文件信息

任务 4.2　使用 Selenium 模拟浏览器

在前面小节中，通过分析 Ajax 请求与 JavaScript 代码，学习和掌握了动态网站的爬取技术。但随着 JavaScript 加密与混淆技术越来越广泛地使用，直接通过 Debug 分析 JavaScript 的代码逻辑变得越来越难，所花费的时间也越来越长。

使用 Selenium 模拟浏览器

为了解决这个问题，是否有这么一种工具，不用去分析数据是否是异步获取或者网页内部的 JavaScript 是怎么执行加密与混淆的，可以直接把浏览器上所看到的数据获取得到呢？这种工具就是接下来要介绍的模拟浏览器插件。在 Python 中提供了许多模拟浏览器的插件，如 Selenium、Splash、Pyppeter 等。使用这些库，就可以协助实现类似的功能。本任务将介绍在 Chrome 环境下，用 Selenium 模拟浏览器去执行网络爬虫。

Selenium 原本是一个用于 Web 应用程序测试的工具。通过 Selenium 在浏览器中模拟真实用户操作。这个工具的主要功能是：通过加载浏览器驱动程序，执行特定的动作，如单击、输入、下拉等操作，来测试编写的 Web 网站服务是否能够在不同浏览器和操作系统上很好地工作。这里借助 Selenium 的这个功能特性，同时，利用其可以获取浏览器当前呈现页面的源代码的功能，来获取网页数据，做到所见即所得。对于一些 Ajax 异步请求与 JavaScript 动态渲染的页面来说，此种方式特别有效。接下来，一起感受一下它的强大之处吧。

1. 环境搭建

在使用 Selenium 之前，首先确认如下几点：

- 已安装 Selenium 插件。

在 Windows cmd 命令行内输入指令：pip install selenium – i https://pypi. tuna. tsinghua. edu. cn/simple（https://pypi. tuna. tsinghua. edu. cn/simple，国内镜像源，此处使用的是清华源，加快 Selenium 的安装速度），如图 4 – 2 – 1 所示。

```
管理员: 命令提示符
Microsoft Windows [版本 10.0.19043.928]
(c) Microsoft Corporation。保留所有权利。

C:\Users\Administrator>pip install selenium -i https://pypi.tuna.tsinghua.edu.cn/simple
Looking in indexes: https://pypi.tuna.tsinghua.edu.cn/simple
Collecting selenium
  Downloading https://pypi.tuna.tsinghua.edu.cn/packages/80/d6/4294f0b4bce4de0abf13e171902
853/selenium-3.141.0-py2.py3-none-any.whl (904 kB)
                                           904 kB 1.1 MB/s
Requirement already satisfied: urllib3 in c:\users\administrator\appdata\local\programs\py
s (from selenium) (1.26.6)
Installing collected packages: selenium
Successfully installed selenium-3.141.0

C:\Users\Administrator>
```

图 4 – 2 – 1　安装 Selenium 插件

● 已下载 Chrome 浏览器版本所对应的 chromedriver. exe 插件。

首先简略介绍 Driver。当通过 Selenium 驱动浏览器的对象时，Driver 的属性就是浏览器的属性。Driver 里面有一些重要的属性操作，见表 4 − 2 − 1。

表 4 − 2 − 1 Driver 的重要属性

属性	说明
driver. get(url)	浏览器加载 URL
driver. back( )	浏览器向后（单击向后按钮）
driver. forward( )	浏览器向前（单击向前按钮）
driver. maximize_window( )	最大化浏览器窗口
driver. get_window_size( )	获取当前窗口的长和宽
driver. get_window_position( )	获取当前窗口的坐标
driver. get_screenshot_as_file(filename)	截取当前窗口
driver. implicitly_wait(s)	隐式等待；通过一定时长的等待，让页面上某一元素加载完成。若提前定位到元素，则继续执行。若超过时间未加载出，则抛出 NoSuchElementException 异常
driver. switch_to_frame(element)	切换到新表单（同一窗口）；若无 id 或属性值，可先通过 XPath 定位到 iframe，再将值传给 switch_to_frame( )
driver. switch_to. parent_content( )	跳出当前一级表单；该方法默认对应于离它最近的 switch_to. frame( ) 方法
driver. switch_to. default_content( )	跳出最外层页面
driver. switch_to. window （窗口句柄）	切换到新窗口
driver. switch_to_alert( )	警告框处理；处理 JavaScript 所生成的 alert、confirm、prompt
driver. execute_script(js)	调用 js
driver. get_cookies( )	获取当前会话的所有 cookie 信息
driver. get_cookie(cookie_name)	返回字典的 key 为 "cookie_name" 的 cookie 信息
driver. add_cookie(cookie_dict)	添加 cookie；"cookie_dict" 指字典对象，必须有 name 和 value 值
driver. delete_cookie(name, optionsString)	删除 cookie 信息
driver. delete_all_cookies( )	删除所有 cookie 信息
driver. close( )	关闭当前窗口或最后打开的窗口
driver. quit( )	关闭所有关联窗口，并且安全关闭 Session

接下来通过实例来介绍 Driver 属性。以下代码通过使用 Selenium 来模拟浏览器的操作。

（1）使用 Driver 的 driver. get(url) 与 driver. maximize_window( ) 属性打开一个链接并最大化窗口。

步骤如下：

➢ 导入所需的库：

− selenium：用于网页自动化操作。

– selenium. webdriver. common. by：用于定位网页元素。

– time：用于等待。

➢ 创建一个 Chrome 浏览器实例并最大化窗口。

➢ 使用 get( ) 方法打开指定的网页。

根据上述分析，运行如下代码：

```
from selenium import webdriver
from selenium. webdriver. common. by import By
import time

#创建一个 webdriver. Chrome 实例
driver = webdriver. Chrome( )
driver. maximize_window( )

#访问指定网址
driver. get('http://www. techlabplt. com:8080/BD - PC/zhaopin. html')
time. sleep(2)
```

运行结果如图 4 – 2 – 2 所示。

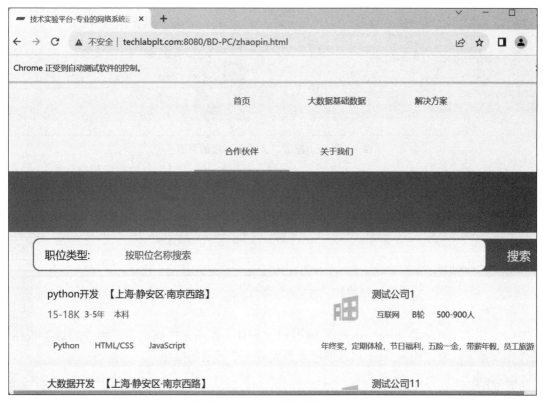

图 4 – 2 – 2　Get 请求后的页面

（2）定位页面上的搜索框，输入关键词"大数据"。

基于上述运行结果，使用 XPath 查找属性，自动完成输入关键字并单击搜索，即可完成此功能。添加如下代码：

```
driver.find_element(By.XPath,value = '//* [@ id = "app"]/div[1]/div/div/form/in-
put').send_keys(u'大数据')
driver.find_element(By.XPath,value = '//* [@ id = "app"]/div[1]/a').click()
```

运行结果如图 4 – 2 – 3 所示。

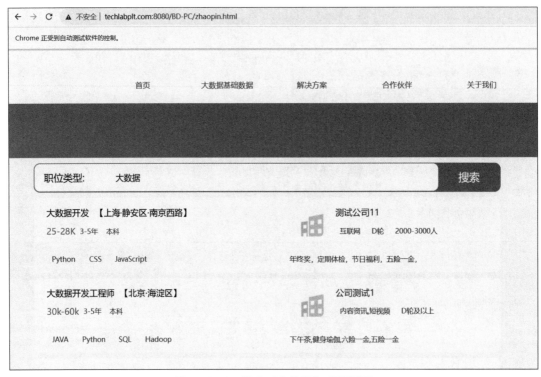

图 4 – 2 – 3　搜索"大数据"后的页面

（3）使用 Driver 的 driver.get_screenshot_as_file(filename) 属性获取当前页面的截图并保存，添加如下代码：

```
driver.get_screenshot_as_file('./second.png')

time.sleep(2)
print('after search: ', driver.current_url)
```

运行结果如图 4 – 2 – 4 所示。

（4）使用 Driver 的 driver.back() 回退到上一页，相当于按浏览器上的"后退"按钮，具体添加如下代码，加入 Back 属性即可查看到有一个回退的操作。

```
#单击首页
driver.find_element(By.XPath,value = '//* [@ id = "menu0"]/a').click()
time.sleep(5)
#回退一步,回退到上一页
```

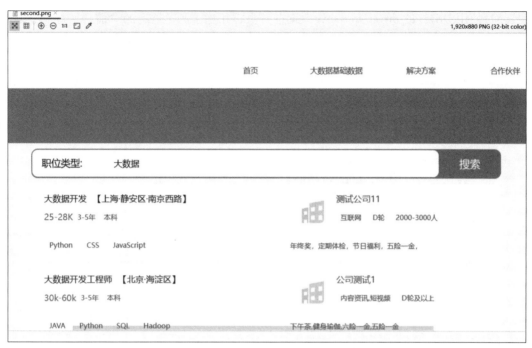

图4-2-4 get_screenshot_as_file方法

```
driver.back()
print('back to:',driver.current_url)
```

运行结果如图4-2-5所示，回到了招聘页面。

图4-2-5 执行回退操作后的页面

（5）使用 Driver 的 driver. forward（）向前一页，相当于浏览器上的"前进"按钮，具体加如下代码，加入 Forward 属性即可查看到有一个向前滚动了一页的操作。

```
#向前一页
driver. forward()
print('forward to: ', driver. current_url)
time. sleep(2)

driver. refresh()   #refresh
print('refresh:',driver. current_url)
```

运行结果如图 4 – 2 – 6 所示，向前到了首页。

图 4 – 2 – 6　向前滚动一页后的页面

（6）使用 Driver 的 driver. get_window_size（）获取窗口大小，driver. get_window_position（）获取当前窗口坐标，driver. close（）关闭当前窗口，driver. quit（）退出程序，添加如下代码：

```
#获取窗口大小
window_size = driver. get_window_size()
print(window_size)
#获取当前窗口坐标
coordinate = driver. get_window_position()
```

```
print(coordinate)
time.sleep(2)

#关闭当前窗口
driver.close()

#退出整个应用程序
driver.quit()
```

控制台的运行结果如图 4-2-7 所示。

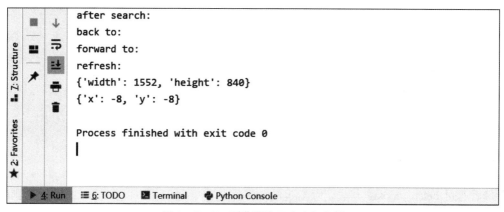

图 4-2-7　浏览器窗口大小与位置

以上就是通过 Driver 属性对模拟浏览器进行一些常规的操作。在表 4-2-1 中，还有关于 cookies 的属性操作方法，这些操作具体应该怎么去使用呢？接下来，继续通过实例来详细说明。

首先通过代码完成如下三步：

（1）导入 Selenium 库的 WebDriver 模块，用于创建和操作浏览器实例。

（2）创建一个 Chrome 浏览器实例。

（3）使用 get( ) 方法打开网址。

具体代码如下：

```
#导入 Selenium 库的 WebDriver 模块
from selenium import webdriver

#创建 Chrome 浏览器实例
driver = webdriver.Chrome()

#使用 get 方法打开网址
driver.get("http://www.xinhuanet.com/")
#隐式等待 3 s
driver.implicitly_wait(3)
```

另外，在代码中使用 implicitly_wait 方法实现了隐式等待。其作用是：如果某些元素不是立即可用，那么隐式等待会告诉 WebDriver 去等待一定的时间后，再去查找元素。

基于上述代码，接下来使用 driver 内 cookies 相关的属性，将它的信息获取并打印至控制台，代码如下：

```
#获取所有cookies
all_cookies = driver.get_cookies()

#循环遍历所有cookies,并打印输出到控制台
for cookie in all_cookies:
    print(cookie["name"],cookie["value"])

#获取指定名称的cookie
name = "uid"
cookie_value = driver.get_cookie(name)
print(f"{name}:{cookie_value}")

#添加cookie
cookie_dict = {"name":"AABBBB","value":"532467ahsidhsfhis34"}
driver.add_cookie(cookie_dict)
driver.implicitly_wait(3)
```

最后通过 delete_cookie 方法删除指定的 cookie 信息，通过 delete_all_cookies 方法删除所有 cookies，并关闭浏览器实例，代码如下：

```
#删除指定名称的cookie
driver.delete_cookie(name)

#删除所有cookies
driver.delete_all_cookies()

#关闭浏览器
driver.quit()
```

运行结果如图 4 - 2 - 8 所示。

图 4 - 2 - 8 cookies 操作信息

在 Selenium 库中，find_element 是一种用于定位网页内元素的方法。它可以根据不同的定位规则获取到具体的元素对象。比如 XPATH、ID、Class Name、Tag Name 等。

find_element 方法的语法如下：

```
find_element(by = ,value = '')
```

其中，by 的可选值如下：

by. XPATH：通过元素的 XPATH 属性值定位。

by. ID：通过元素的 id 属性值定位。

by. NAME：通过元素的 name 属性值定位。

by. CLASS_NAME：通过元素的 class_name 属性值定位。

by. TAG_NAME：通过元素的 tag_name 属性值定位。

by. CSS_SELECTOR：通过元素的 CSS 选择器定位。

value 参数表示定位值，具体取决于定位方式。例如：

```
find_element(by = By. XPATH,value = '//* [@ id = "app"]/div[5]/span')
```

此时 find_element 查找的内容为：div id 为 app 内的第五个 div 下的 span 标签。

find_element 方法是 Selenium 库中非常重要的方法之一，它可以更加便捷地获取网页中的内容。

本实例所使用的 Chrome 版本为 107. 0. 5304. 88，chromedriver. exe 插件版本为 107. 0. 5304. 62。将获取得到的 chromedriver. exe 放至 Python 解析器所在的文件夹下（根据个人电脑的 Python 安装路径），如图 4 - 2 - 9 所示。

此电脑 › 本地磁盘 (C:) › ProgramData › Anaconda3 › envs › tensorflow2			
名称	修改日期	类型	大小
api-ms-win-crt-time-l1-1-0.dll	2018/4/20 星期五 13:37	应用程序扩展	21 KB
api-ms-win-crt-utility-l1-1-0.dll	2018/4/20 星期五 13:37	应用程序扩展	19 KB
chromedriver.exe	2022/10/20 星期四 2:46	应用程序	11,903 KB
concrt140.dll	2020/9/8 星期二 18:10	应用程序扩展	310 KB
LICENSE_PYTHON.txt	2021/6/29 星期二 0:51	文本文档	13 KB
msvcp140.dll	2020/9/8 星期二 18:10	应用程序扩展	577 KB
msvcp140_1.dll	2020/9/8 星期二 18:10	应用程序扩展	31 KB
msvcp140_2.dll	2020/9/8 星期二 18:10	应用程序扩展	190 KB
msvcp140_codecvt_ids.dll	2020/9/8 星期二 18:10	应用程序扩展	28 KB
python.exe	2021/7/27 星期二 22:43	应用程序	93 KB
python.pdb	2021/7/27 星期二 22:43	Program Debug Da...	436 KB
python3.dll	2021/7/27 星期二 22:43	应用程序扩展	51 KB
python37.dll	2021/7/27 星期二 22:42	应用程序扩展	3,665 KB
python37.pdb	2021/7/27 星期二 22:42	Program Debug Da...	9,324 KB

图 4 - 2 - 9 chromedriver. exe 存放路径

2. Selenium 访问网页

通过 Selenium 初始化浏览器对象，访问音乐网站。代码如下：

```
from selenium. webdriver import Chrome


#1. 通过 selenium. webdriver 创建 Chrome 浏览器对象
webBrowser = Chrome()
```

```
#2. 访问音乐网站
webBrowser.get('http://www.techlabplt.com:8080/BD - PC/music.html? type =1')
#3. 获取音乐网站的源代码
pageSource = webBrowser.page_source
#4. 输出到控制台
print(pageSource)
```

执行 Python 程序，会自动打开 Chrome 浏览器，如图 4 - 2 - 10 所示，并把网站的源码输出到控制台，如图 4 - 2 - 11 所示。

图 4 - 2 - 10 音乐网站

图 4 - 2 - 11 访问音乐网站运行结果

3. Selenium 获取网站数据

通过 Selenium 获取如图 4 - 2 - 12 所示的网页信息中的标题数据。

在古典音乐榜上，有 id、class 修饰方式，那么可以通过如下代码来获取此数据：

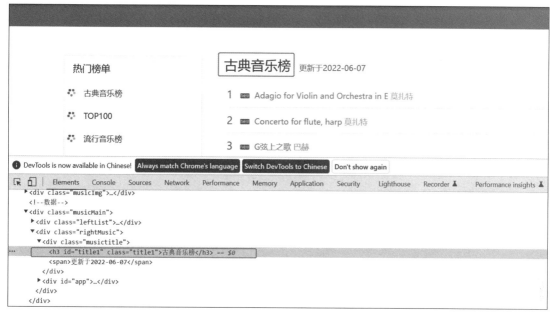

图 4 - 2 - 12　分析标题元素

```python
from selenium.webdriver import Chrome
from selenium.webdriver.common.by import By

#1. 通过 selenium.webdriver 创建 Chrome 浏览器对象
webBrowser = Chrome()
#2. 访问音乐网站
webBrowser.get('http://www.techlabplt.com:8080/BD - PC/music.html? type =1')
#3. 通过多种方式获取音乐网站的数据
data1 = webBrowser.find_element(by = By.ID,value = 'title1')
data2 = webBrowser.find_element(by = By.XPATH,
value = '/html/body/div[3]/div[2]/div[1]/h3')
data3 = webBrowser.find_element(by = By.CLASS_NAME,value = 'title1')
#4. 输出到控制台
print(data1.text,data2.text,data3.text)
```

运行结果如图 4 - 2 - 13 所示。

图 4 - 2 - 13　运行结果

以上程序分别通过 id 属性、class 属性和 XPATH 来获取元素，三者最终爬取得到的结果是一致的。其中，获取元素的方法有多种，上面是比较常用的三种方式。除了这三种以外，还能通过 name、tag_name 与 css_selector 等方式。

4. Selenium 后台执行

在实际的生产环境下，使用图形界面的浏览器会额外占用服务器资源，并且执行效率较低。一般来说，在调试好程序之后，不需要在执行程序的时候显示浏览器界面，此时可以使用无头浏览器的功能，以达到后台执行程序的效果。

只要对上面代码进行改造，加入无头浏览器的参数，即可实现此功能，代码如下：

```
#用于打开浏览器
from selenium.webdriver import Chrome
#按照什么方式查找元素
from selenium.webdriver.common.by import By
#Chrome 浏览器的 options 参数,可以设置浏览器的可选属性,比如可以设置浏览器是否显示
from selenium.webdriver.chrome.options import Options


#创建一个参数对象,用来控制 Chrome 以无界面模式打开
chromeOption = Options()
chromeOption.add_argument('--headless')
chromeOption.add_argument('--disable-gpu')


#1. 通过 selenium.webdriver 创建 Chrome 浏览器对象,加入无界面参数
webBrowser = Chrome(options = chromeOption)
#2. 访问音乐网站
webBrowser.get('http://www.techlabplt.com:8080/BD-PC/music.html?type=1')
#3. 通过多种方式获取音乐网站的数据
data1 = webBrowser.find_element(by = By.ID,value = 'title1')
data2 = webBrowser.find_element(by = By.XPATH,
value = '/html/body/div[3]/div[2]/div[1]/h3')
data3 = webBrowser.find_element(by = By.CLASS_NAME,value = 'title1')
#4. 输出到控制台
print(data1.text,data2.text,data3.text)
```

执行程序，在控制台输出如图 4-2-13 所示的结果，并且在程序运行过程中，没有触发打开 Chrome 浏览器，说明无头浏览器的功能改造成功。

4.2.1　Selenium 爬虫应用

原先通过 PyExecJS 库批量获取音乐网站数据，现在改用 Selenium 的方式来获取。

大致的思路如下：

（1）通过 Selenium 加载 Chrome 浏览器。

（2）找到所有音乐数据的 li 标签，如图 4-2-14 所示。

（3）循环遍历每个 li，单击进入播放页面。

（4）Selenium 切换 Chrome 浏览器到播放页面。

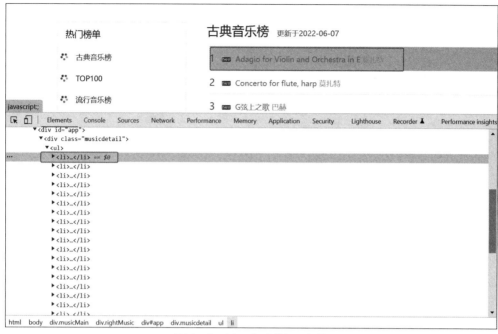

图 4 - 2 - 14　音乐数据 li 标签

（5）获取播放地址。

（6）下载音乐文件，关闭播放页面。

程序代码如下：

```python
from selenium.webdriver import Chrome,ActionChains
from selenium.webdriver.common.by import By
from selenium.webdriver.chrome.options import Options
import time
import requests


'''
根据传递过来的网址,获取 response 数据返回
url:网站地址
'''
def get_response(url):
    #发送请求
    headers = {
        "user - agent":"Mozilla/5.0(Windows NT 10.0;Win64;x64)AppleWebKit/537.36(KHT-ML,like Gecko)Chrome/102.0.5005.63 Safari/537.36"
    }
    response = requests.get(url = url,headers = headers)
    return response


'''
```

根据传递过来的 title,play_url 来保存数据

title:文件名

play_url:音乐文件所在的 URL

'''

```python
def save(title,play_url):
    #获取音乐文件
    music_content = get_response(play_url). content
    #保存文件
    with open('D:\\musicDir \\' + title + '. mp3', mode = 'wb') as f:
        f. write(music_content)
        print(title,'保存成功')


#创建一个参数对象,用来控制 Chrome 以无界面模式打开
chromeOption = Options()
chromeOption. add_argument(' -- headless')
chromeOption. add_argument(' -- disable - gpu')
#1. 通过 selenium. webdriver 创建 Chrome 浏览器对象,加入无界面参数
webBrowser = Chrome(options = chromeOption)
#webBrowser. implicitly_wait(5)
#webBrowser = Chrome()
#2. 访问音乐网站
webBrowser. get('http://www. techlabplt. com:8080/BD - PC/music. html? type = 1')
#3. 睡几秒,让前端异步数据获取得到(有可能异步数据的加载稍慢)
time. sleep(5)
#4. 通过 XPath 方式获取音乐网站的数据
musicList = webBrowser. find_elements(by = By. XPATH, value = '//* [@ id = "app"]/div/ul/li')
print(len(musicList))
#5. 循环遍历 musicList 数据
for music in musicList:
    #6. 切换到 Chrome 浏览器第一个选项卡页面
    windows = webBrowser. window_handles
    webBrowser. switch_to. window(windows[0])
    time. sleep(2)
    #7. 获取音乐名称
    musicName = str(music. find_element(by = By. XPATH, value = '. /a'). text)
    print(musicName)
    #8. 单击此音乐的链接
    musicClick = ActionChains(webBrowser)
    musicClick. move_to_element(music). click(music). perform()
    #music. click()
    #9. 切换到 Chrome 浏览器最后一个选项卡页面
    windows = webBrowser. window_handles
```

```
webBrowser. switch_to. window(windows[-1])
    #10. 获取页面中的 audio 的 src
    time. sleep(2)
musicUrl = webBrowser. find_element(by = By. XPATH,
value = '//* [@ id = "mp3audio"]'). get_attribute('src')
print(musicUrl)
#11. 保存音乐文件到本地
save(musicName,musicUrl)
#12. 关闭音乐播放窗口
webBrowser. close()
```

输出结果如图 4 - 2 - 15 所示，可以看到在自定义的目录下有音乐文件，如图 4 - 2 - 16 所示。

图 4 - 2 - 15　运行结果

图 4 - 2 - 16　音乐文件

在使用 Selenium 实现批量获取音乐数据的过程中，有以下几点需要注意：

（1）每一个请求与获取之间，需要使进程暂停几秒。具体的数值在测试的过程中去适配，以达到异步请求数据加载完毕。

（2）当单击"播放"按钮的时候，Chrome 浏览器有两个页面，需要做页面切换。当单击获取音乐下载地址的时候，通过 webBrowser. switch_to. window（windows［－1］）切换到第一个页面窗口；当获取到音乐下载地址的时候，通过 webBrowser. close（）关闭页面窗口；当开始循环遍历的时候，通过 webBrowser. switch_to. window（windows［0］）再次切回到第一个窗口页面。

（3）在单击音乐链接时，没有使用 Click 方法，而是通过 ActionChains 来使用 music-Click. move_to_element（music）. click（music）. perform（），原因是 Click 方法窗口很容易被遮挡而报错，但 ActionChains 的多次 Click 可以避免此问题。

（4）在调试程序时，不要使用 Selenium 无头浏览器。等程序调试完毕后，再加上此功能。

Selenium 无头浏览器只是不显示 Chrome 浏览器，程序还是在后台运行的。故而当音乐播放界面设置为自动播放时，即便不显示 Chrome 浏览器，也可以听到播放音乐的声音。

4.2.2 任务实施

1. 任务需求

本任务的需求与 4.1.4 节的一致，爬取招聘网站（http://www.techlabplt.com：8080/BD －PC/zhaopin. html）中，职位名含有大数据与 python 的前 10 页数据，数据包含职位名称、薪资、工作经验、学历与公司名。获取数据后，需要把它存入 JSON 文件中。不同的是，此次需要使用 Selenium 来实现。

2. 任务实施

参照 4.1.4 节的分析，对于大数据与 python 的搜索的实现，Selenium 需要查找到 input框与"搜索"按钮，去完成搜索的动作，如图 4 － 2 － 17 与图 4 － 2 － 18 所示。

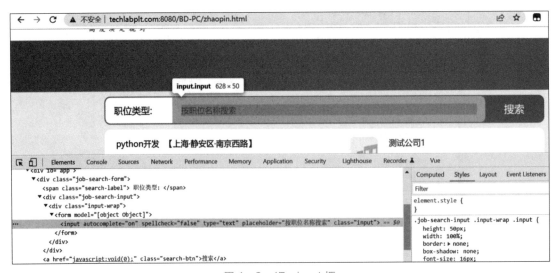

图 4 － 2 － 17 input 框

图 4 – 2 – 18 　"搜索"按钮

参照 4.1.4 节的分析，对于翻页的实现，Selenium 需要查找到"下一页"按钮，去完成单击的动作，如图 4 – 2 – 19 所示。

图 4 – 2 – 19 　"下一页"按钮

基于上述分析，通过 Selenium 实现查询和翻页的前置条件已经具备，以下是代码实现：

```
# - * - coding = utf - 8 - * -
from selenium. webdriver import Chrome
from selenium. webdriver. common. by import By
from selenium. webdriver. chrome. options import Options
import time
```

```
import json

#创建一个参数对象,用来控制 Chrome 以无界面模式打开
chromeOption = Options()
chromeOption. add_argument('--headless')
chromeOption. add_argument('--disable-gpu')
#通过 selenium. webdriver 创建 Chrome 浏览器对象,加入无界面参数
web_browser = Chrome(options = chromeOption)
#访问招聘网站
web_browser. get('http://www. techlabplt. com:8080/BD-PC/zhaopin. html')
#睡 2 s,让前端异步数据获取得到
time. sleep(2)

#定义职位的两个搜索条件
search_job = ["python",
       "大数据"]

#JSON 文件的存储路径
json_file = open("D:/job. json",'w')

for search_name in search_job:
    #找到职位输入框,并输入想要查询的内容,再单击搜索按钮
    web_browser. find_element(by = By. XPATH,value = '//* [@ class = "input"]'). send_
keys(search_name)
    #找到搜索元素按钮,单击
    el = web_browser. find_element(by = By. XPATH,value = '//* [@ id = "app"]/div[1]/a')
    el. click()
    #睡 2 s,让前端异步数据获取得到
    time. sleep(2)
    #循环遍历 10 页数据
for i in range(10):
    print("爬取职位名称为:" + search_name + ",第" + str(i +1) + "页执行中!")
    #找到存放数据的位置,进行数据提取
    #找到页面中存放数据的所有 li
    li_list = web_browser. find_elements(By. XPATH,'//* [@ id = "app"]/ul/li')
    for li in li_list:
        #职位名称
        name = li. find_element(By. XPATH,'. /div[1]/a/div[1]/span[1]'). text
        #薪资
        salary = li. find_element(By. XPATH,'. /div[1]/a/div[2]/span'). text
        #工作经验
        experience = li. find_element(By. XPATH,'. /div[1]/a/div[2]/ul/li[1]'). text
        #学历
```

```
    education = li. find_element( By. XPATH,'. /div[1]/a/div[2]/ul/li[2]'). text
    #公司名
    company_name = li. find_element( By. XPATH,'. /div[1]/div/div[2]/h3'). text
    #保存至 JSON 文件
    #存储到 jsonData 对象中
    json_data = {
        "职位名称":name,
        "薪资":salary,
        "工作经验":experience,
        "学历":education,
        "公司名":company_name
    }
    #把数据写入 JSON 文件
    job_json = json. dumps( json_data,ensure_ascii = False) + '\n'
    json_file. write( job_json)
    #单击下一页按钮
    next_page = web_browser. find_element( By. XPATH,'//* [@ id = "app"]/div[2]/div/
button[2]/i')
    next_page. click()
    #每页之间,睡 2 s
    time. sleep( 2)


#关闭 web_browser,关闭 JSON 文件
print( " ----------------整个爬虫程序结束 -------------------")
web_browser. close()
web_browser. quit()
json_file. close()
```

运行程序，此处截取部分运行结果，如图 4 - 2 - 20 所示。

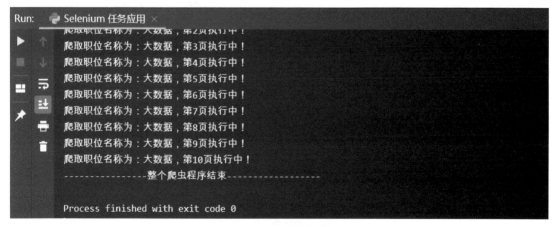

图 4 - 2 - 20　运行结果

在相应的文件夹下建立了 job. json，如图 4 - 2 - 21 所示。

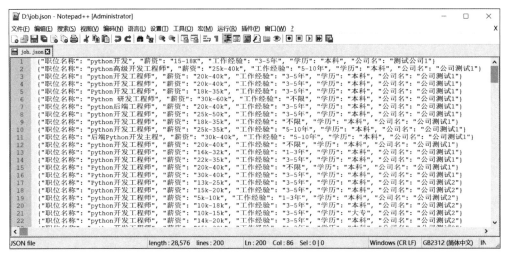

图 4 - 2 - 21　JSON 文件信息

任务 4.3　动态网站分析与爬虫案例实战

1. 任务需求

通过使用本任务学习得到的动态网站爬虫技术，将招聘网站（http://www. techlabplt. com:8080/BD - PC/zhaopin. html）中的第一页数据爬取到，并把它存入 MySQL 数据库中。

2. 任务分析

（1）通过 Chrome 打开模拟招聘网站（http://www. techlabplt. com:8080/BD - PC/zhaopin. html），打开开发者模式。通过测试发现，招聘信息可以通过异步请求获取得到。Request URL 为 < http://www. techlabplt. com:8080/BD-PC/job/selectByPageAndConduction?currentPage = 1&pageSize = 20 >，Request Method 为 POST，如图 4 - 3 - 1 所示。

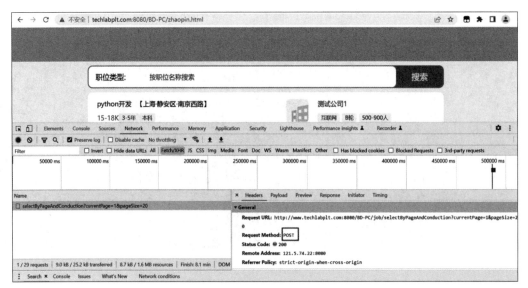

图 4 - 3 - 1　POST 请求方法

（2）切换到"Payload"选项卡，携带的参数有 currentPage：1、pageSize：20；Request Payload 内有 jobName，为空，如图 4 - 3 - 2 所示。

图 4 - 3 - 2　"Payload"选项卡信息

（3）切换到"Preview"选项卡，通过 Request 请求，获取到了 JSON 数据，如图 4 - 3 - 3 所示。

图 4 - 3 - 3　"Preview"选项卡信息

（4）职位描述等详细信息，需要单击相应岗位才能获取到，如图 4 - 3 - 4 所示。

（5）通过查看跳转的 URL 信息可知，链接信息做了加密处理，此时需要判断这个链接信息与职位描述信息的获取有无直接关系。接下来打开开发者模式，切换到"Fetch/XHR"选项卡，如图 4 - 3 - 5 所示，可以在"Preview"选项卡内看到职位的详细信息。

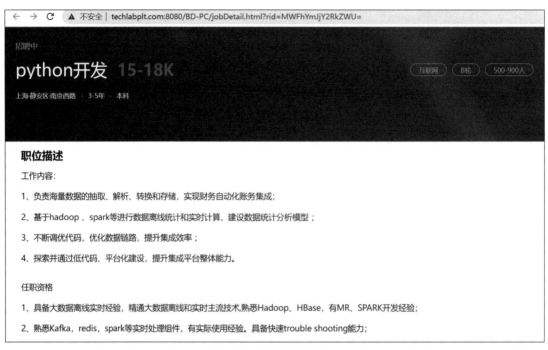

图 4 - 3 - 4 职位详情信息

图 4 - 3 - 5 "Preview" 内的职位详细信息

（6）切换到"Headers"选项卡，Request URL 为 http://121.5.74.22:8080/BD - PC/job/selectById?rid = MWFhYmJjY2RkZWU Request Method 为 GET，如图 4 - 3 - 6 所示。

（7）如图 4 - 3 - 6 所示，请求体内的 Rid 与跳转的 URL 内的 Rid 一致，此时需要分析一下整个跳转的过程。通过测试发现，职位中通过 vue. js 绑定了 Click 事件，如图 4 - 3 - 7 所示。

（8）查看 HTML 源代码，发现通过 vue. js 绑定了 jobDetail 的 JavaScript 方法，传输了参数 job. id 的值，如图 4 - 3 - 8 所示。

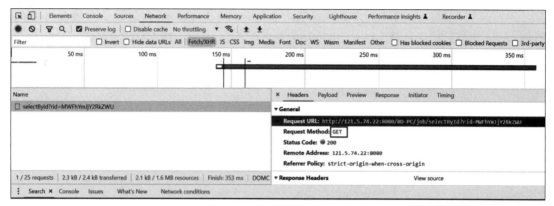

图 4 – 3 – 6 　 GET 请求方法

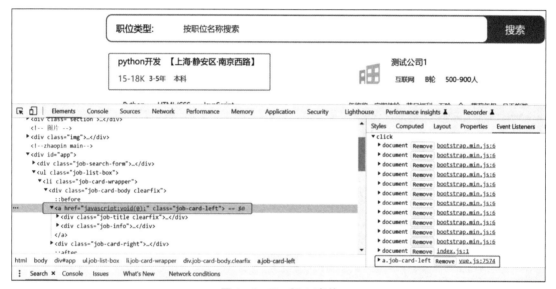

图 4 – 3 – 7 　 Click 事件

```
← → C ▲ 不安全 | view-source:www.techlabplt.com:8080/BD-PC/zhaopin.html
148  <!--zhaopin search-->
149  <div class="job-search-form">
150      <span class="search-label">
151          职位类型：
152      </span>
153      <div class="job-search-input">
154          <div class="input-wrap">
155              <form :model="job">
156                  <input v-model="job.jobName" autocomplete="on" spellcheck="false" type="text" placeholder="按职位名称搜索" class="input">
157              </form>
158          </div>
159      </div>
160      <a href="javascript:void(0);" class="search-btn" @click="searchSubmit">搜索</a>
161  </div>
162  <!--zhaopin job-->
163  <ul class="job-list-box">
164      <li v-for="job in jobs" class="job-card-wrapper" >
165          <div class="job-card-body clearfix">
166              <a href="javascript:void(0);" class="job-card-left" @click="jobDetail(job.id)" >
167                  <div class="job-title clearfix">
168                      <span class="job-name">{{job.jobName}}</span>
169                      <span class="job-area-wrapper">
170                          <span>
171                              <span class="job-area">【{{job.area}}】</span>
172                          </span>
173                      </span>
174                  </div>
175                  <div class="job-info">
176                      <span class="salary">{{job.salary}}</span>
177                      <ul class="tag-list">
```

图 4 – 3 – 8 　 网页内的 Click 事件信息

（9）jobDetail 的 JavaScript 方法跳转到了 JobDetailRedirect（id），传入的参数没有变化，还是 job. id 的值，搜索发现 jobDetailRedirect 方法在 zp. js 内，如图 4 - 3 - 9 所示。

图 4 - 3 - 9　搜索 jobDetailRedirect 方法

（10）单击打开 zp. js 文件，分析发现 Rid 的值，然后通过加密获取得到。如图 4 - 3 - 10 所示，通过 PyExecJS 库来解决加密的问题，从而可以获取得到职位描述的详细信息。

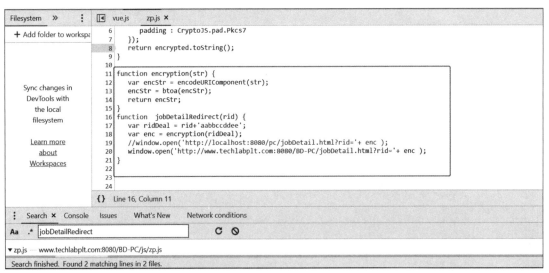

图 4 - 3 - 10　jobDetailRedirect 方法

3. 任务实施

通过以上分析，批量获取职位信息的大致设计思路如下：

（1）定义一个方法用来异步获取职位信息。

（2）从获取得到的职位信息数据内循环遍历取出职位的 id 字段。

（3）通过 PyExecJS 库编译并加载 JavaScript 文件内容。

（4）定义一个方法，传入 id 值，使用 PyExecJS 库来加密数据，得到 rid 值。

（5）通过 rid 值，发起请求，获取得到职位描述的详细信息。

（6）定义一个方法，将获取得到的职位信息数据存入 MySQL 数据库内。

程序代码共分为两部分：一部分为 JavaScript 代码，一部分为 Python 代码。由于 JavaScript 依赖 Crypto.js、数据库操作依赖 PyMySQL，这些须提前准备完毕。

JavaScript 代码如下：

```javascript
//加载 Crypto.js 库
const CryptoJS = require('crypto-js');
function jobDetailRedirect(rid){
  var ridDeal = rid + 'aabbccddee';
  var encStr = encodeURIComponent(ridDeal);
  encStr = btoa(encStr);
  return encodeURIComponent(encStr)
}
```

Python 代码如下：

```python
import execjs
import requests
import json
import time
import pymysql


'''
传入 URL 地址,能过 Request post 请求获取返回的 JSON 数据
url:网站地址
method:方法,post 或 get
param:传递的参数
'''
def get_data(url,method,param):
  #定义 header 信息
  header = {
    "user-agent":"Mozilla/5.0(Windows NT 10.0;Win64;x64)AppleWebKit/537.36(KHTML,like Gecko)Chrome/102.0.5005.63 Safari/537.36",
    "accept":"application/json;charset=utf-8",
    "host":"www.techlabplt.com:8080",
    "Origin":"http://www.techlabplt.com:8080"
  }
  if method == 'post':
    #发起 request post 请求
```

```python
        response = requests.post(url,headers = header,json = param)
    if method == 'get':
        #发起request post请求
        response = requests.get(url,headers = header)


    #如果正常返回,遍历输出数据到控制台
    if response.status_code ==200:
        #通过将返回的数据转换为JSON格式,或者直接获取response.json
        jsonData = json.loads(response.text)
        #返回获取得到的数据
        return jsonData


'''
根据传递过来的网址,获取response数据返回
url:网站地址
'''
def get_response(url):
    #发送请求
    headers = {
        "user - agent":"Mozilla/5.0(Windows NT 10.0;Win64;x64)AppleWebKit/537.36(KHT-
ML,like Gecko)Chrome/102.0.5005.63 Safari/537.36"
    }
    response = requests.get(url = url,headers = headers)
    return response


'''
传入JavaScript路径,获取JavaScript文件内容
jsFile:JavaScript文件路径和名称
'''
def get_js(jsFile):
    with open(jsFile,'r',encoding = 'utf - 8')as f:
        data = f.read()
        return data


'''
传入insert语句,保存进MySQL数据库
'''
def save_mysql(insertSql):
    #建立数据库连接
    connect = pymysql.connect(
        #MySQL数据库的IP地址,默认为127.0.0.1(代表本地)
        host = '127.0.0.1',
```

```
    #MySQL 数据库的用户名
    user = 'root',
    #MySQL 数据库的密码
    passwd = 'admin +123@ ',
    #MySQL 数据库服务的端口号,默认为 3306
    port = 3306,
    #数据库名称
    db = 'spider',
    #字符编码
    charset = 'utf8'
 )
 #使用 cursor()方法获取操作游标
 cursor = connect. cursor()
 #jobs 表内新增一条数据
 try:
    #执行 sql 语句
    cursor. execute(insertSql)
    #提交到数据库执行
    connect. commit()
except:
  #发生异常,回滚
  print('发生异常')
  connect. rollback()

#关闭数据库连接
connect. close()

'''
执行主程序
'''
def main(html_url):
  #1. 获取音乐数据
  param = {'jobName':''}
  jsonData = get_data(html_url,"post",param)
  jobData = jsonData['rows']
  #2. 循环遍历获取职位信息
  for i in range(len(jobData)):
    #职位信息
    strId = jobData[i]['id']
    strJobName = jobData[i]['jobName']
    strJobArea = jobData[i]['area']
    strCompanyBoon = jobData[i]['companyBoon']
```

```
        strCompanyName = jobData[i]['companyName']
        strCompanyType = jobData[i]['companyType']
        strEducation = jobData[i]['education']
        strExp = jobData[i]['exp']
        strSalary = jobData[i]['salary']
        strSkillTags = jobData[i]['skillTags']
        #list 转换成 str
        strTypeList = " |".join(jobData[i]['typeList'])
        #3. 通过 execjs. compile()编译并加载 JavaScript 文件内容
        execObj = execjs. compile(get_js('zp. js'))
        #4. 使用 call 调用 JavaScript 内的 minus 方法,获取得到 Hash 值
        strRid = execObj. call("jobDetailRedirect",strId)
        #5. 获取音乐下载的地址
        param = {}
        url = 'http://121.5.74.22:8080/BD - PC/job/selectById? rid = ' + strRid
        jobDesc = get_data(url,'get',param)['requirement']
        #6. 保存职位数据至 MySQL
        insertSql = """INSERT INTO jobs(job_name,
job_area,company_name,company_boon,company_type,education,
        exp,salary,skill_tags,type_list,job_description)
        VALUES('""" + strJobName + """','""" \
        + strJobArea + """','""" + strCompanyName + """','""" \
        + strCompanyBoon + """','""" + strCompanyType + """','""" \
        + strEducation + """','""" + strExp + """','""" \
        + strSalary + """','""" + strSkillTags + """','""" \
        + strTypeList + """','""" + jobDesc + """')"""
    save_mysql(insertSql)
    print("获取得到第" + str(i +1) + "条数据,并保存成功!")
    #7. 等待 2 秒
    time. sleep(2)


if __name__ == '__main__':
    url = "http://www. techlabplt. com:8080/BD - PC/job/selectByPageAndConduction?"
currentPage = "1&pageSize = 20"
    main(url)
```

Python 控制台执行结果如图 4 - 3 - 11 所示。数据库内有爬取得到的 20 条数据,如图 4 - 3 - 12 所示。

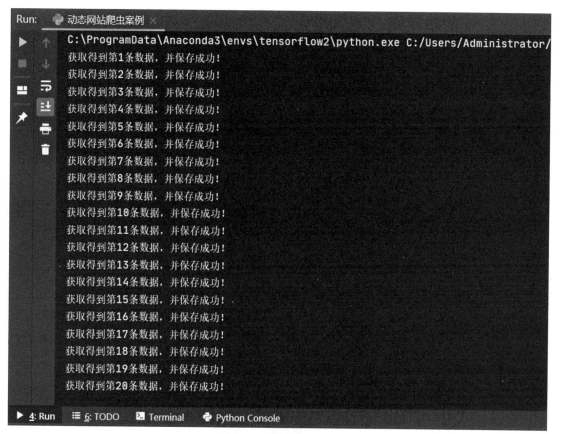

图 4 - 3 - 11　运行结果

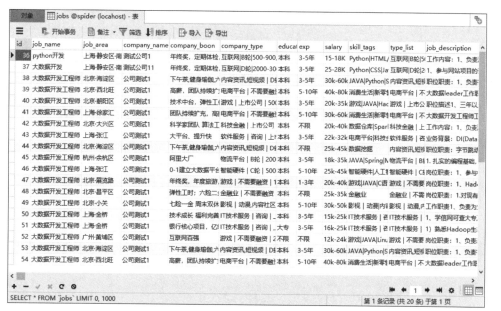

图 4 - 3 - 12　数据库内信息

练一练

1. 以下（　　）技术常用于实现网页数据的动态加载。

A. HTML　　　　　　B. CSS　　　　　　C. JavaScript　　　　　D. Ajax

2. 在 Selenium 爬虫中，要等待网页加载完成，以下（　　）方法是正确的。

A. time. sleep(10)　　　　　　　　　　B. driver. implicitly_wait(10)

C. driver. sleep(10)　　　　　　　　　D. driver. wait_until_page_loaded( )

3. 在数据爬取过程中，如果需要破解网站加密，通常需要使用＿＿＿技术。

4. 在 Selenium 爬虫中，要获取某个元素的属性值，可以使用＿＿＿方法。

5. Selenium 库依赖于＿＿＿库来实现浏览器的操作。

6. 使用 PyExecJS 库编写一个 Python 爬虫，爬取 http://www.techlabplt.com/网站上的所有文章标题。

考核评价单

项目	考核任务	评分细则	配分	自评	互评	师评
动态网页爬取	1. 辨析动态网页	1. 给网站辨析静态网页和动态网页，5分； 2. 能使用浏览器工具分析动态网站，5分。	10分			
	2. 使用逆向分析爬取	1. 概述逆向分析爬虫的过程，5分； 2. 能捕获异步请求数据，5分； 3. 能读写 JSON 数据，5分； 4. 能使用 JavaScript Hook 来分析加密，5分； 5. 能安装与使用 PyExecJS 库，5分； 6. 能使用 PyExecJS 库调用 JavaScript 完成爬虫任务，5分。	30分			
	3. 使用 Selenium 模拟浏览器	1. 能安装 Selenium、ChromeDriver 插件，实现环境搭建，5分； 2. 能运用 Driver 常用属性对浏览器进行操作，10分； 3. 能使用 Selenium 中的 find_element 定位网站内容，10分； 4. 能使用 Selenium 库来爬取动态网站，10分。	35分			
	4. 学习态度和素养目标	1. 考勤（10分，缺勤、迟到、早退，1次扣5分）； 2. 按时提交作业，5分； 3. 诚信、守信，5分； 4. 编码一丝不苟，体现严谨求实的学习态度，并且鼓励保持掌握新技术、新系统的能力，5分。	25分			

项目 5

反爬限制技术

目前绝大部分对外提供 Web 服务的网站，在部署的时候都加入了设备或策略来限制网络爬虫。它们会时刻密切监视用户的行为，比如 IP 地址、实时访问频次、浏览器参数等。如果网站发现有任何可疑的非人为访问行为，就会对用户进行行为控制、验证或访问阻止。

接下来介绍如何通过技术手段去获取具有限制技术的网站。

知识目标

- 说出 Robots 君子协议的作用；
- 概述验证码解析的几种方式；
- 概述账号限制的原因与解决方法；
- 概述 IP 限制的原因与解决方法；
- 设计与撰写反爬限制的处理流程。

技能目标

- 能使用各类方法去解析验证码；
- 能使用 OCR 技术来解决验证码问题；
- 能使用 QPython 工具获取手机验证码；
- 能使用代理 IP 的方法解决 IP 限制；
- 能设计代理 IP 池及使用代理 IP 池来解决网站并发爬取问题；
- 能灵活运用技术手段来分析网站的反爬技术及应对方案。

素养目标

- 通过不断地引导学生理解反爬技术与解决这些反爬限制，提高学生遇到问题时解决问题的能力，并不断增强学生的排错能力，培养面对问题的排错思路；
- 在学习过程中，不断培养学生的自主学习与解决问题的能力，做到能力学习，终身学习；
- 培养学生树立法律意识；
- 培养学生具有良好的职业道德和较强的责任感。

在使用网络爬虫抓取网站数据的时候，必须遵守一些规定和限制，以下是比较常见的限制技术。

（1）robots.txt 文件：robots.txt 是一种标准，它用于网站与爬虫间的协议，用最简单直接的 txt 文本文件方式告知网络爬虫程序，哪些资源被允许访问。一般情况下，当一个网络爬虫程序访问一个网络站点时，它应该首先检查该站点根目录下是否存在 robots.txt，如果存在，程序就会按照该文件中的内容来确定访问的范围；如果该文件不存在，程序将能够访问网站上所有没有被口令保护的页面。网络爬虫程序须遵循这些规则，否则，被视为非法爬取。图 5-0-1 所示是百度网站上的 robots.txt 文件。

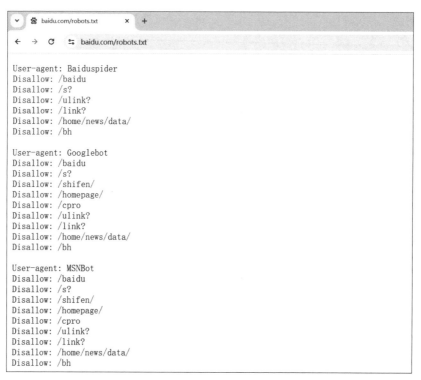

图 5-0-1　robots.txt 文件

图 5-0-1 中相关名称说明：

User-agent：Spider 的名称。

Disallow：不允许访问的地址或路径。

Allow：允许访问的地址或路径。

Disallow 和 Allow 后面的参数为资源的路径。这个路径可以是完整的，也可以是部分的。路径的描述格式一般按正则表达式（regex）的规则。需要特别注意的是，Disallow 与 Allow 的匹配规则是从上至下的顺序进行，所以需要自上而下地去遍历相应的访问是否允许。

（2）用户代理限制：一些网站会限制用户代理字符串，只允许特定的浏览器或网络爬虫进行访问。如果网络爬虫使用了不被允许的用户代理字符串，则可能被禁止访问。

（3）登录限制：一些网站要求用户登录才能访问某些页面，这就需要网络爬虫提供有效的登录凭据才能访问这些页面。

（4）访问频率限制：一些网站会限制每个 IP 地址的访问频率，以防止流量过载或非法爬取。如果网络爬虫过于频繁地访问网站，就可能被视为非法爬取。

（5）IP 封禁：网站管理员可以根据 IP 地址禁止特定的网络爬虫或用户访问网站。这通常是为了防止大量流量或非法访问而采取的措施。

那么，针对这些限制，可以通过哪些方式去获取有效的信息呢？以下是一些常见的方法。

（1）遵守规则：网络爬虫程序须遵守 robots.txt 规则，不要去访问那些被禁止的页面。

（2）使用代理 IP：通过使用代理 IP，可以绕过网站管理员对特定 IP 的封禁。

（3）修改用户代理的身份标识（User-Agent）字符串：修改网络爬虫程序的用户代理字符串，使其看起来像合法的浏览器访问行为，从而绕过网站对于用户代理的限制。

（4）提供有效的登录凭证：如果需要登录才能访问某些页面，网络爬虫程序须提供有效的登录凭证。

（5）控制访问频率：网络爬虫程序需要控制访问频率，避免过于频繁地访问网站，否则可能会被视为非法爬取。可以通过设置每次访问网站的时间间隔或使用爬虫框架中的限速等功能来实现。

任务 5.1　图片校验码

先了解一下验证码存在的意义。

验证码的目的是区分是人为在操作电脑还是程序在操作电脑，所以验证码通常都不是很容易辨认，这是为了防止有人恶意通过程序破解密码、刷信息、刷票一类的东西而设立的，因为计算机本身是很难识别出验证码。验证码（CAPTCHA）全称是"Completely Automated Public Turing test to tell Computers and Humans Apart"（全自动区分计算机和人类的图灵测试）的缩写，现在比较常见的验证方式有：计算数学算术、滑动图片验证、手机号码验证和在一堆形状各异的几何图形中找出指定的图形进行验证。

当浏览网站时，发现很多网站想要获取数据，需要先进行用户登录。在登录时，不仅需要用户名与密码，还需要填写验证码，如图 5-1-1～图 5-1-3 所示。

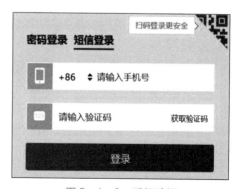

图 5-1-1　图片校验码　　　　图 5-1-2　手机验证

图 5-1-3　滑动验证

对于这些验证方式，在编写网络爬虫程序的时候，不仅需要输入用户名和密码，还需要进行特殊的处理。比如对于图片验证码，需要网络爬虫程序可以识别图片的内容；对于手机验证码，需要收取短信并解析此验证码。对于这两种不同的场景，可以通过不同的技术手段来解决。

5.1.1　OCR 技术的使用

先需要明白 OCR 技术是什么。

OCR（Optical Character Recognition，光学字符识别）是一种将印刷体字符转换成可编辑文本的技术。OCR 技术通常包括以下三个主要步骤：

OCR 技术的使用

（1）扫描：使用扫描仪或相机等设备将纸质文档或图片转换成数字化的图像。

（2）预处理：对图像进行预处理，包括图像增强、去噪、二值化等操作，以便于后续的字符识别算法处理。

（3）字符识别：使用字符识别算法对预处理后的图像进行分析和处理，识别出其中的字符，并将其转换成可编辑的文本。

OCR 技术的应用非常广泛，包括文字识别、身份证识别、车牌识别、票据识别、手写体识别等。

本小节主要分析如何通过 OCR 技术手段来解决图片校验码的识别。通常有以下两种方式：

- 通过编写程序截取图片后，发送至外部服务平台（打码平台）来解析图片校验码。
- 通过编写程序来解析图片校验码。通常使用 OCR 技术实现。

目前有较多提供解析图片校验码的平台，通过搜索关键字"打码平台"进行查询，就可以找到相应的平台。一般打码平台支持多种类型的图片解析，可以支持数英类型、计算类型、滑块类型和点选类型等各种图片校验码分类的解析，如图 5-1-4 所示。

通过打码平台指定的程序 API 接口，就能完成对接与解析工作。开发语言通常支持 Python、Java 和 Go 等主流开发语言。

上述内容是通过打码平台完成图片校验码的解析，本任务着重介绍如何通过 OCR 技术

图 5 - 1 - 4 验证类型

来实现图片校验码的解析。

OCR 是一种可以对图像文件进行分析与识别处理，从而获取其文本内容的技术。Python 中有多种 OCR 开源库，以下几种是最常见的。

（1）EasyOCR：是一个使用 Java 语言实现的 OCR 识别引擎（基于 Tesseract）。其借助几个简单的 API，既能使用 Java 语言完成图片内容识别工作，又集成了图片清理、识别 CAPTCHA 验证码图片及票据等内容的一体化工作。EasyOCR 不仅可以为消费者提供服务，更主要的是，其面向开发，能够提供本地化的开发 SDK 集成，与 C/S、B/S 及 Android 移动端项目进行原生集成。

（2）PaddleOCR：是一个与 OCR 相关的开源项目，不仅支持超轻量级中文 OCR 预测模型，总模型仅 8.6 MB（单模型支持中英文数字组合识别、竖排文本识别、长文本识别，其中，检测模型 DB(4.1 MB) + 识别模型 CRNN(4.5 MB)），而且提供多种文本检测训练算法（EAST、DB）和多种文本识别训练算法（Rosetta、CRNN、STAR - Net、RARE）。

（3）Pytesseract：Tesseract 是一个 OCR 库，目前由 Google 赞助（Google 也是一家以 OCR 和机器学习技术闻名于世的公司）。Tesseract 是目前公认的优秀、精确的开源 OCR 系统。除了极高的精确度外，Tesseract 也具有很高的灵活性。它可以通过训练识别出任何字体（只要这些字体的风格保持不变就可以），也可以识别出任何 Unicode 字符。

本任务通过 Pytesseract 识别图片校验码，安装步骤如下：

● 在 Windows cmd 命令行输入 pip install pillow，如图 5 - 1 - 5 所示。

图 5 - 1 - 5 安装 Pillow 库

● 在 Windows cmd 命令行输入 pip install pytesseract，安装结果如图 5 - 1 - 6 所示。
● Tesseract - OCR 程序安装过程如图 5 - 1 - 7 ~ 图 5 - 1 - 12 所示。

单击"OK"按钮进入下一个界面，如图 5 - 1 - 7 所示。

```
管理员: 命令提示符
Collecting pytesseract
  Downloading pytesseract-0.3.9-py2.py3-none-any.whl (14 kB)
Requirement already satisfied: packaging>=21.3 in c:\users\administrator\appd
-packages (from pytesseract) (21.3)
Collecting Pillow>=8.0.0
  Downloading Pillow-8.4.0-cp36-cp36m-win_amd64.whl (3.2 MB)
                                        3.2 MB 56 kB/s
Collecting pytesseract
  Downloading pytesseract-0.3.8.tar.gz (14 kB)
  Preparing metadata (setup.py) ... done
  WARNING: Generating metadata for package pytesseract produced metadata for
ract fragments.
WARNING: Discarding https://files.pythonhosted.org/packages/a3/c9/d6e8903482b
252671/pytesseract-0.3.8.tar.gz#sha256=6148a01e4375760862e8f56ea718e22b5d13b2
pi.org/simple/pytesseract/). Requested unknown from https://files.pythonhoste
22831d15842dd8b614f94ad9ca735807252671/pytesseract-0.3.8.tar.gz#sha256=6148a0
8dac9807793fc5a has inconsistent name: filename has 'pytesseract', but metada
  Downloading pytesseract-0.3.7.tar.gz (13 kB)
  Preparing metadata (setup.py) ... done
Building wheels for collected packages: pytesseract
  Building wheel for pytesseract (setup.py) ... done
  Created wheel for pytesseract: filename=pytesseract-0.3.7-py2.py3-none-any.
15a0d32a495ff82f6bce96412d45e94692753481138
  Stored in directory: c:\users\administrator\appdata\local\pip\cache\wheels\
4196fcb8798e3bf8
Successfully built pytesseract
Installing collected packages: Pillow, pytesseract
Successfully installed Pillow-8.4.0 pytesseract-0.3.7
```

图 5 - 1 - 6　安装 Pytesseract 成功

图 5 - 1 - 7　选择语言

如图 5 - 1 - 8 所示，单击"Next"按钮。

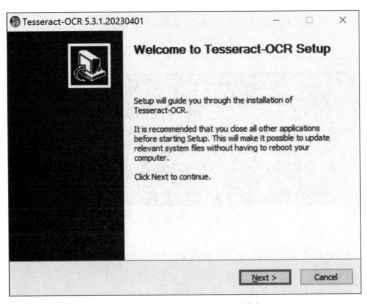

图 5 - 1 - 8　单击"Next"按钮

如图 5 - 1 - 9 所示，单击 "I Agree" 按钮。

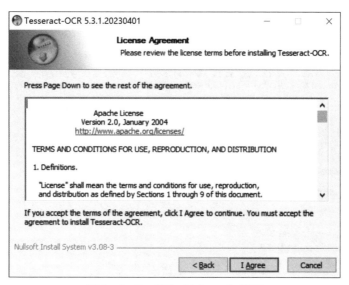

图 5 - 1 - 9　单击 "I Agree" 按钮

进入图 5 - 1 - 10 所示窗口，勾选 "Select components to install" 内的 "Chinese(Simplified)"。

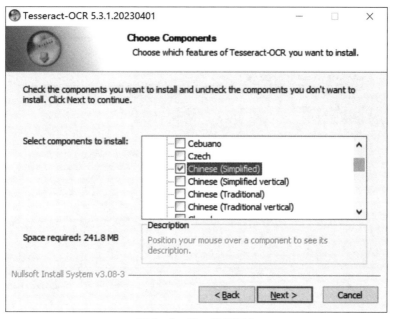

图 5 - 1 - 10　选择语言

如图 5 - 1 - 11 所示，选择安装路径。
如图 5 - 1 - 12 所示，进入安装过程。

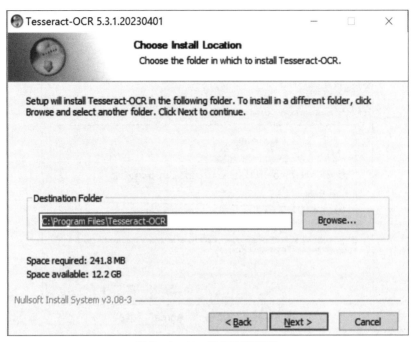

图 5 - 1 - 11　选择安装路径

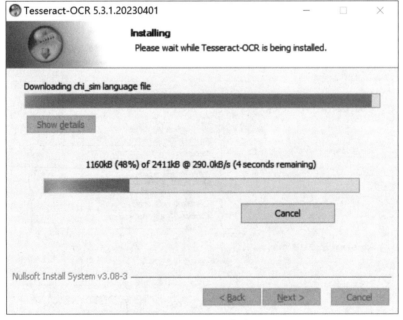

图 5 - 1 - 12　安装过程

安装完成后，需要将 Tesseract 添加到系统变量中。步骤如下：单击"我的电脑"→"属性"→"高级系统设置"→"环境变量"→"系统变量"，在 Path 中添加安装路径，如图 5 - 1 - 13 所示。

图 5 - 1 - 13　编辑环境变量

在 Windows cmd 命令行输入 tesseract - v，出现版本信息，则配置成功，如图 5 - 1 - 14 所示。

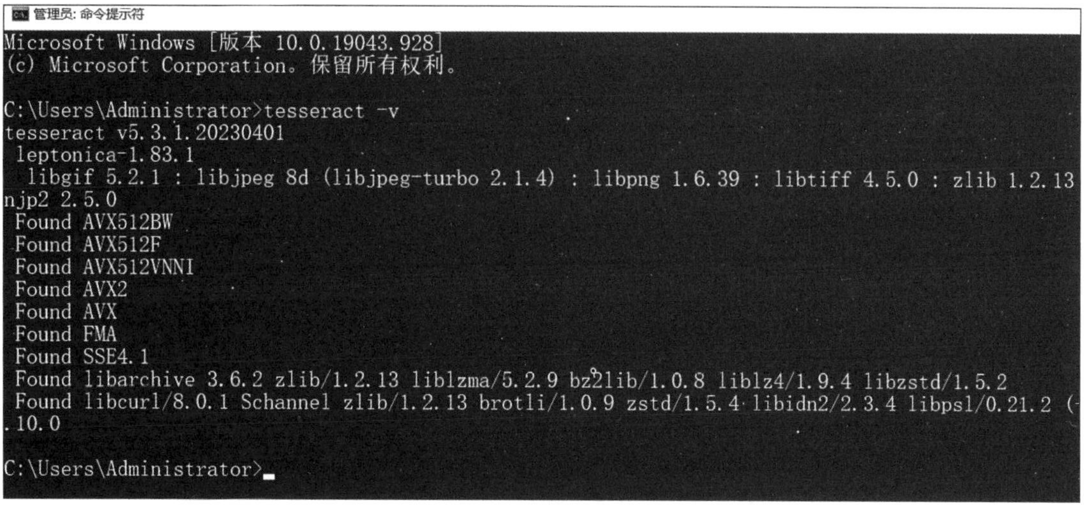

```
管理员: 命令提示符

Microsoft Windows [版本 10.0.19043.928]
(c) Microsoft Corporation。保留所有权利。

C:\Users\Administrator>tesseract -v
tesseract v5.3.1.20230401
 leptonica-1.83.1
  libgif 5.2.1 : libjpeg 8d (libjpeg-turbo 2.1.4) : libpng 1.6.39 : libtiff 4.5.0 : zlib 1.2.13
njp2 2.5.0
 Found AVX512BW
 Found AVX512F
 Found AVX512VNNI
 Found AVX2
 Found AVX
 Found FMA
 Found SSE4.1
 Found libarchive 3.6.2 zlib/1.2.13 liblzma/5.2.9 bz2lib/1.0.8 liblz4/1.9.4 libzstd/1.5.2
 Found libcurl/8.0.1 Schannel zlib/1.2.13 brotli/1.0.9 zstd/1.5.4 libidn2/2.3.4 libpsl/0.21.2 (
.10.0

C:\Users\Administrator>
```

图 5 - 1 - 14　配置成功

展开项目 "Project"→"External Libraries"→"site - packages"→"pytesseract"，右击，选择 "Show in Explorer"，如图 5 - 1 - 15 所示。

打开此文件夹，找到 "pytesseract. py"，通过 IDE 工具打开，如图 5 - 1 - 16 所示。

将 Tesseract 的安装路径填入 tesseract_cmd 的参数内，如图 5 - 1 - 17 所示。

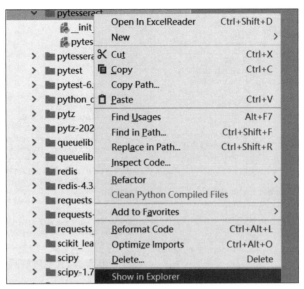

图 5 − 1 − 15　查找 Pytesseract 目录

名称	修改日期	类型	大小
__pycache__	2023/4/24 星期一 11:50	文件夹	
__init__.py	2023/4/23 星期日 21:15	JetBrains PyCharm	1 KB
pytesseract.py	2023/4/24 星期一 11:48	JetBrains PyCharm	15 KB

此电脑 > 本地磁盘 (C:) > ProgramData > Anaconda3 > envs > tensorflow2 > Lib > site-packages > pytesseract

图 5 − 1 − 16　pytesseract. py 文件路径

```python
#!/usr/bin/env python
import ...



    💡
tesseract_cmd = 'tesseract'
#填入tesseract的安装路径
tesseract_cmd = 'C:\\Program Files\\Tesseract-OCR\\tesseract.exe'
numpy_installed = find_loader('numpy') is not None
if numpy_installed:
    from numpy import ndarray
```

图 5 − 1 − 17　修改 tesseract_cmd 的参数

　　访问 http://www. techlabplt. com:8081/user/login，如图 5 − 1 − 18 所示，右击图片校验码，选择"图片另存为…"，把图片保存到 D 盘 Picture 文件夹中，文件名为 p1. jpg。

　　测试代码如下：

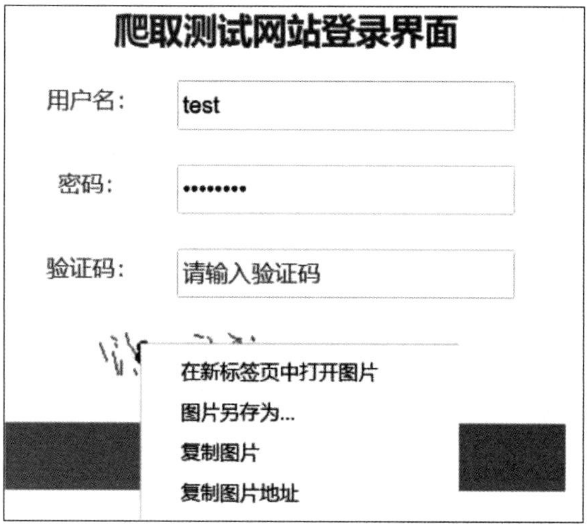

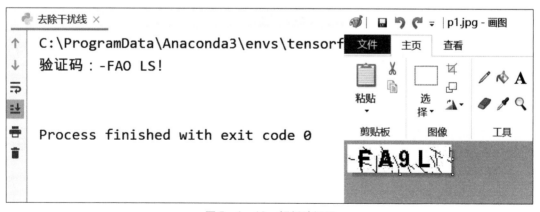

图 5 - 1 - 18　保存验证码

```python
from PIL import Image
import pytesseract


if __name__ == '__main__':
    img = Image. open("D:\\picture \\p1. jpg")
    identifyCode = pytesseract. image_to_string((img), lang = 'eng')
    print(identifyCode)
```

运行结果，如图 5 - 1 - 19 所示。识别出来的结果为：- FAO LS!，并不是 FA9L。此时由于图片上的干扰线的原因，导致识别结果不正确。

图 5 - 1 - 19　解析验证码

通过分析发现，干扰线 RBG 三种颜色的像素都在 90 以上，如图 5 - 1 - 20 所示。
鉴于以上情况，改进后的代码如下：

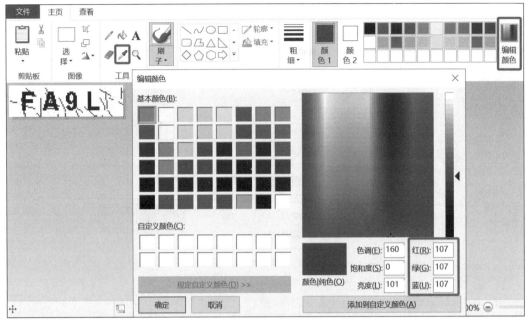

图 5-1-20　查看验证码的 RGB 值

```python
from PIL import Image
import pytesseract

def process_img(img:Image,dstImgPath:str):
  for i in range(img.size[0]):
    for j in range(img.size[1]):
      r,g,b = img.getpixel((i,j))
      #将干扰线像素值大于等于100的变为纯白色
      if r >=90 and g >=90 and b >=90:
        img.putpixel((i,j),(255,255,255))
    #img.save(f'img_new/{img}')
  #img.show(img)
  img.save(dstImgPath)

if __name__ == '__main__':
  dstImgPath = "D:\\picture \\p2.jpg"
  img = Image.open("D:\\picture \\p1.jpg")
  identifyCode = pytesseract.image_to_string((img),lang='eng')
  print("验证码:" + identifyCode)
  process_img(img,dstImgPath)
  img = Image.open(dstImgPath)
  identifyCode = pytesseract.image_to_string((img),lang='eng')
  print("处理后的验证码:" + identifyCode)
```

执行程序后，将得到如图 5 – 1 – 21 所示的结果，可以看到图片上的干扰线基本去除，通过 Pytesseract 解析出来的验证码与结果基本一致。

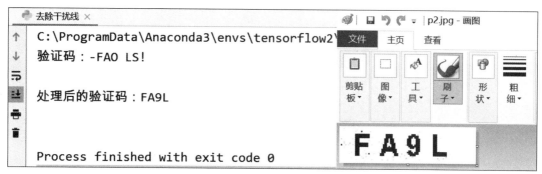

图 5 – 1 – 21　验证码处理前后结果

对于一些复杂的验证码，可以通过 OpenCV 组件来进一步做灰度化、二值化和去噪声等处理，然后进行图片切片训练，从而提高识别率；还可以直接通过对接打码平台完成验证码的识别。

5.1.2　手机验证码的处理技术

本小节主要分析如何通过技术手段来解决手机验证码的接收与处理问题。通常有以下两种方式：

（1）通过编写程序对接外部服务平台（虚拟手机号验证码短信平台）来获取验证码。

（2）通过 Android 手机接入电脑，编写程序来获取 Android 手机的验证码。

目前有较多提供虚拟手机号验证码短信平台，可以通过平台搜索关键字"在线短信验证码接收"来查询。

本任务着重介绍通过 Android 手机来获取验证码的方式。此方式有两种方法实现：一种是通过 Android SDK 方式获取验证码，然后写入文件，需要验证码程序周期性地去调用文件来获取验证码；另一种方式是通过 Android 手机安装 QPython 软件，使用 Python 脚本将短信验证码写入文件，同样需要验证码程序周期性地去调用文件来获取验证码。

本任务将采用第二种方式，在手机端安装 QPython 软件方式实现。

QPython 介绍：

QPython 是一个在 Android 设备上运行 Python 的脚本引擎。它可以让你的 Android 设备运行 Python 脚本和项目。它包含 Python 解释器、控制台、编辑器和适用于 Android 的 SL4A 库。

以下是 QPython 主要功能：

- 内含 QEdit 编辑器，可以轻松创建或编写 Python 脚本；
- 运行 Python 脚本/项目；
- 通过 QRCode 下载和运行 Python 代码；
- 包含多种有用的 Python 库；
- 支持 Multi – Libraries 插件、支持 SL4A 编程。

QPython 有多种类型版本，此处选用 QPython OP 版本，此版本具有读取短信的功能与权限。

　　QPython OP 版本安装，可以通过应用市场，也可以通过官网直接下载安装，如图 5 - 1 -22 所示。

图 5 -1 -22　安装 QPython

设置文件读取权限，如图 5 -1 -23 所示。

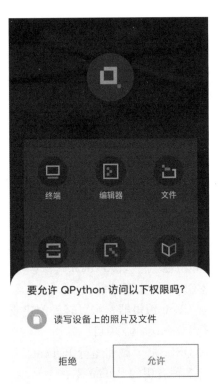

图 5 -1 -23　设置文件读取权限

　　此时 QPython 已拥有访问手机文件的权限，可以通过"编译器"输入 Python 代码并保存执行，如图 5 - 1 - 24 所示。

图 5 - 1 - 24   QPython 文件路径

通过一个简单的输入/输出对话框，测试 QPython 的安装是否成功，以下是实例代码：

```
from androidhelper import Android
ad = Android( )
#输出一个对话框
respond = ad. dialogGetInput("Hi","How are you ?")
returnName = respond. result
#终端输出客户端输入的内容
print(returnName)
#如果有输入,则输出消息
if returnName:
  message = 'Hi,% s!' % returnName
 ad. makeToast(message)
```

执行结果如图 5 - 1 - 25 所示，首先弹出一个输入对话框，输入 "I'm fine"，单击 "OK" 按钮，终端有输入字符的输出，并且界面有消息提示。

图 5 - 1 - 25   QPython 测试

在以上测试完成的情况下，接下来设置 QPython 的短信读取权限。选择"更多"→"权限 & 存储"，并勾选"读取短信"与"通知类短信"后，QPython 才有权限去读取手机内的短信内容，如图 5-1-26 所示。

图 5-1-26 设置 QPython 短信读取权限

设置完毕后，就可以通过编写程序来获取短信内容。先通过一个例子来测试一下短信权限是否已经生效。以下代码的作用是查看手机内的短信数量与所对应的短信 id 列表。

```
from androidhelper import Android
ad = Android()
#获取短信的数量;False 表示读取所有的短信 True 表示读取未读的短信
smsAccount = ad. smsGetMessageCount(False)
print("短信的总数量为:",smsAccount)
#获取短信 ID 列表
ids = ad. smsGetMessageIds(False)
print("短信 ids 列表为:",ids)
```

程序与执行结果如图 5-1-27 所示，目前手机内的短信数量为 28，并列出了与之所对应的 id。

每个短信可以获取的属性及其含义如下：

· _id：每条短信有唯一的 id 号；

· address：对方号码；

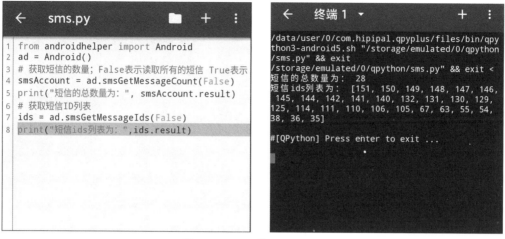

图 5 - 1 - 27　获取短信信息

- date：短信的时间戳；
- body：短信的具体内容；
- read：短信是否已读：1 表示已读，0 表示未读；
- type：短信的类型：1 表示收，2 表示发。

　　通过以上测试后，说明短信的权限设置已经完成。接下来需要编写程序，来实时获取新的短信内容。首先新建存放短信的文件夹，如图 5 - 1 - 28 所示。

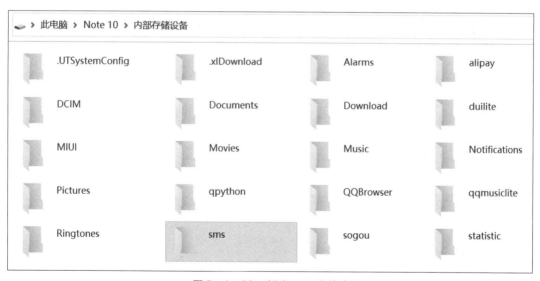

图 5 - 1 - 28　新建 sms 文件夹

　　实时获取新的短信内容的代码如下：

```
from androidhelper import Android
```

```
import time

ad = Android()
#已读短信数目
smsCount = 0
#上一次读取短信的时间
date = ''
#最新一条短信的时间的临时存储变量
tempDate = ''
#循环遍历读取短信
while True:
    #判断是否有新的短信,如果没有,就退出本次循环
    if smsCount == ad. smsGetMessageCount(True). result:
        continue
    #读取收件箱的短信,False读取所有,True读取未读短信
sms_data = ad. smsGetMessages(True,'inbox')
sms_list = sms_data. result
for sms in sms_list:
    #每条短信之间间隔1 s
    time. sleep(1)

    #如果当前短信的时间内容小于等于上次的时间,则退出本次循环
    if sms['date'] < = date:
        continue
    else:
        tempDate = sms['date']
    #输出处理短信的时间
    print("短信的时间:" + sms['date'])
    #将当前已读的收件箱短信条数保存,作为后续判断是否有新短信的依据
    smsCount = ad. smsGetMessageCount(True). result
    with open('/storage/emulated/0/sms/sms. txt','w')as f:
        #将短信内容写入文件,覆盖式写入
        f. write(sms['body'])
        continue
#更新date为最新一条短信的时间
date = tempDate
#每次循环间隔1 s
time. sleep(1)
```

如图 5 - 1 - 29 和图 5 - 1 - 30 所示，表示手机验证码处理成功。

图 5 – 1 –29　获取短信验证码

图 5 – 1 –30　短信验证码存储的信息

任务 5.2　账号限制

账号限制

当登录网站获取数据的时候，突然客户端弹出 HTTP 错误，尤其是 403 禁止访问错误。说明网站可能把你的行为当作机器人，此时不再接受你的任何请求。一般是由以下几个原因造成：

（1）在进行数据获取的时候，如果每个页面数据之间没有加线程睡眠或睡眠时间为固定值，导致每个页面都快速切换，那么网站在进行行为判定的时候，认为此操作为异常行为，从而导致数据获取失败。

（2）在使用多线程的时候，一定要调试好线程的数量，以免引起网站系统崩溃或者账号被锁定。

（3）长时间频繁的操作。比如爬虫程序 24 小时不间断地操作，从而导致被判定为机器操作。

（4）网站程序设置了隐藏数据或者隐藏链接。比如通过 CSS 隐藏一条数据，这条数据的链接经过特殊处理，此时在 Web 界面不会显示这条数据，一旦爬虫程序访问了这个被隐藏的数据后，就会触发服务器去跟踪这个账户，从而账号被锁定。

当碰到第一种情况时，可以在每一次请求的时候强行加上线程睡眠，并且每一次的睡眠时间通过随机数产生。对于有些有逻辑漏洞的网站，可以通过请求几次，退出登录后，再重新登录，继续请求，用来绕过同一账号短时间内不能多次进行相同请求的限制。以下是随机线程睡眠的代码：

```
from datetime import datetime
import time
import random

while True:
    #获取当前时间
    now = datetime.now()
    #获取1~3的随机整数
    sleep_time = random.randint(1,3)
    print("当前时间:" + str(now) + ";睡眠时间:" + str(sleep_time) + "秒")
    #线程睡眠
    time.sleep(sleep_time)
```

截取部分输出结果，如图5-2-1所示。

图5-2-1　运行结果

如前所述的第二、三种原因在"IP限制"内提供相应的解决方法。对于隐藏数据或者隐藏链接等限制网络爬虫的解决方式，一般有如下3种方法：

（1）表单页面上的有些字段使用网站服务器生成的随机变量表示。如果提交时这些值不在表单处理页面上，网站服务器就认为这个提交不是通过Web页面提交，而是由一个网络爬虫程序直接提交到网站服务器，从而将此账号限制。这个问题的解决思路是：根据表单提交到网站服务器时所携带的变量值，分析哪些是通过表单内提交的，哪些是通过网站服务器生成的，怎么生成的。最后在表单提交的时候，一并添加进去再做提交。

（2）表单里包含一个具有普通名称的隐含字段（设置蜜罐），比如"手机号码"（mobile）或"地址"（address）等。如果网络爬虫程序没有分析这个字段是不是对Web用户可见，就会导致在网络爬虫的时候，直接填写了这些字段并向网站服务器提交，这样网站服务器认为这个提交行为是非人为操作，从而将账号做限制。这个问题的解决方案是：先通过分析Web界面与前端代码，查看哪些字段是显示在Web界面的，哪些是隐藏的；再分析提交服务器时所携带的变量值，从而得出在提交到网站服务器的时候，哪些是需要携带参数值的，哪些是不需要的。切勿中了网站服务器的蜜罐圈套，从而导致账号被限制。

（3）在列表数据内有隐藏数据。如果网络爬虫程序循环遍历这些数据，获取数据链接，在做进一步数据获取的时候，隐藏的链接就会让爬虫程序进入蜜罐圈套，网站服务器就认为这个提交不是通过 Web 页面发起的，从而将账号限制。这个问题的解决方案是：首先分析数据是否是被 CSS 隐藏，再次通过程序分析链接的构造，从而移除一些蜜罐圈套。

总之，通过 Web 页面检查与分析是十分有必要的，试着在 Web 页面提交，看看在提交的时候所携带的参数情况，有没有遗漏或多填网站服务器预先设定好的隐含字段（蜜罐圈套）。

通过一个存在隐含字段的例子，来分析一下如何去规避这类问题。链接为 http://www.techlabplt.com:8080/BD - PC/css.html，如图 5 - 2 - 2 所示。

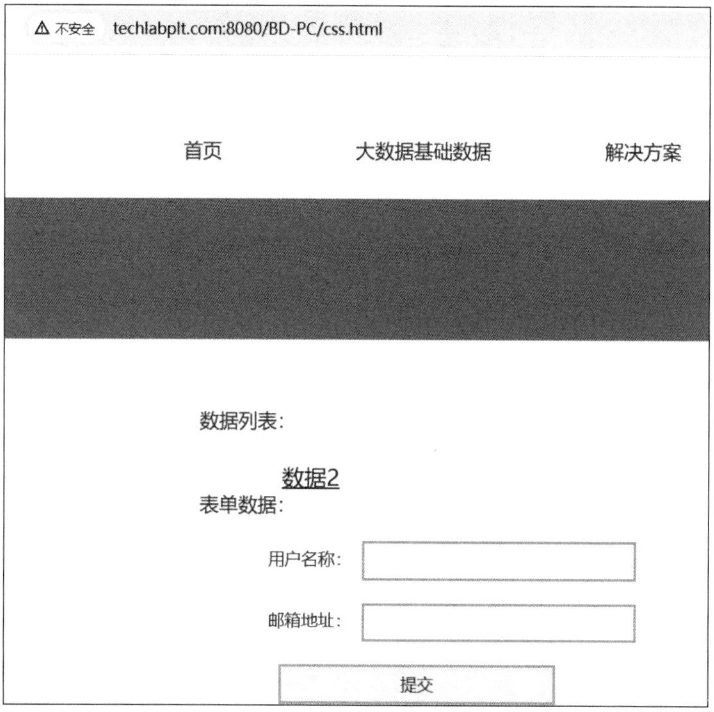

图 5 - 2 - 2　页面信息

在 Web 浏览器上可以看到，数据列表包含了一个超链接：数据 2。表单数据有两项，一项是用户名称，一项是邮箱地址。通过浏览器查看源代码，查看到如下内容：

```
<div>
  <h5 style = "margin - bottom:20px">数据列表:</h5>
</div>

<a href = "http://www.techlabplt.com:8080/BD - PC/error.html" style = "display:
none;">数据 1</a>
  <a href = "http://www.techlabplt.com:8080/BD - PC/priceList" style = "font -
size:16px;
    text - decoration:underline;width:100px;padding:10px 10px;margin:50px 50px;">
数据 2</a>
```

```
<div>
  <h5>表单数据:</h5>
</div>
<form>
 用户名称:<input type="text" name="name"/><p/>
 邮箱地址:<input type="text" name="email"/><p/>
 <input type="hidden" name="phone"/><p/>
 <input type="text" name="addr" class="hiddenInput"/><p/>
 <input type="submit" value="提交"/><p/>
</form>
```

源代码中包含了两个链接:一个通过 CSS 隐藏,另一个是可见的。另外,form 表单内也隐含了两个字段。碰到这类场景,应该怎么去避免爬虫程序掉入蜜罐圈套内呢?可以分析提交的数据,分析链接的构成,也可以通过 Selenium 实现。以下例子将通过 Selenium 获取访问页面的内容,然后使用 is_displayed() 区分页面上的可见元素与隐含元素,从而过滤隐含元素,以下是代码实例:

```
from selenium.webdriver import Chrome
from selenium.webdriver.chrome.options import Options
from selenium.webdriver.common.by import By

#创建一个参数对象,用来控制 Chrome 以无界面模式打开
chromeOption = Options()
chromeOption.add_argument('--headless')
chromeOption.add_argument('--disable-gpu')

#1. 通过 selenium.webdriver 创建 Chrome 浏览器对象,加入无界面参数
webBrowser = Chrome(options = chromeOption)
#2. 访问网站
webBrowser.get('http://www.techlabplt.com:8080/BD-PC/css.html')
#3. 通过 XPath 先获取整块数据区域
data = webBrowser.find_element(by = By.XPATH, value = '/html/body/div[3]/div')
#4. 获取 a 标签数据
aLinks = data.find_elements(by = By.TAG_NAME, value = 'a')
#5. 循环遍历,发现隐藏链接输出
for a in aLinks:
  if not a.is_displayed():
    print("此链接:" + a.get_attribute("href") + "为隐藏链接,可能存在问题!")

#6. 获取表单数据
inputs = data.find_elements(by = By.TAG_NAME, value = 'input')
for inputBox in inputs:
  if not inputBox.is_displayed():
```

```
      print("此输入框:" + inputBox.get_attribute("name") + "为隐藏输入框,可能存在
问题!")
```

运行结果如图 5 – 2 – 3 所示。

图 5 – 2 – 3 隐藏信息运行结果

任务 5.3 IP 限制

在使用爬虫程序爬取网站数据的时候，大部分网站服务提供者都有一定的反爬措施。有些网站会限制账号，就像上一个项目所提到的情况，但更多的网站服务提供者会限制每个 IP 的访问速度或访问次数。如果超出了它所规定的阈值，那么 IP 将会被限制访问。对访问速度的处理比较简单，只要随机间隔一段时间爬取一次就能解决；而对于访问次数，就需要通过其他技术手段来解决。如果能够让网站服务提供者感觉有不同的地址在访问，那么对于 IP 的限制就不攻自破了。一般有以下两种方式实现此功能：

● 非固定 IP 地址上网方式。相对比较经济，适用于获取数据量不大的情况下。比如申请 ADSL 上网方式，每隔一段时间重新拨号，从而实现 IP 地址的不断更新。

● 代理 IP 方式。适用于获取数据量大的情况下。比如使用网上提供的代理 IP 池去访问目标网站服务器，此时网站服务器所看到的访问地址是代理 IP 池的地址。

目前网络上有很多的代理服务提供者，有免费的，也有付费的。相对而言，付费的可靠性与可用性较高。当然，也可以自己构建代理 IP 池，从各种代理服务网站中获取免费的代理 IP，然后检测其可用性，如果可用，就保存至文件或缓存到 Redis。后续使用过程中，再从代理池里面调用即可。

那么如何去找到代理服务器呢？搜索网站并输入关键字"代理 IP"即可找到。如图 5 – 3 – 1 所示，可以提供免费或付费代理。

下列代码将通过查找免费代理 IP 来建立代理 IP 池。

```
import requests
from lxml import etree


#用于存放从网站上抓取到的所有 IP 地址
all_ip_list = []
```

图 5 - 3 - 1　代理 IP 网站

```
#用于存放通过检测 IP 后可以使用的 IP 地址
available_ip_list = []

#设置一个请求头来伪装成浏览器
def request_header():
  headers = {
    #'User - Agent':UserAgent().random #常见浏览器的请求头伪装(如:火狐,谷歌)
    'User - Agent':'Mozilla/5.0(Windows NT 10.0;Win64;x64)AppleWebKit/537.36(KHT-
ML,like Gecko)Chrome/107.0.0.0 Safari/537.36'
  }
  return headers

#检测 IP 是否可以使用
def check_ip(proxy):
  #构建代理 IP
  proxies = {
    "http":"http://" + proxy,
    "https":"https://" + proxy,
  }
  try:
    #通过代理访问测试网站,设置 timeout,使响应等待 2 s
    response = requests.get(url = 'http://www.techlabplt.com/',headers = request_
header(),proxies = proxies,timeout = 2)
    response.close()
    if response.status_code == 200:
```

```
            available_ip_list.append(proxy)
            print(proxy,'可以使用!')
          else:
            print(proxy,'超时,此地址无效!')
        except:
          print(proxy,'请求异常,此地址无效!')


def get_available_ips():
    #爬取测试代理网站上的数据
    response = requests.get(url = f'http://www.techlabplt.com:8080/BD - PC/prox-
y.html',headers = request_header())
    text = response.text
    #使用 XPath 解析,提取出数据 IP,端口
    html = etree.HTML(text)
    #通过 XPath,获取 table 内可用的 IP 地址、端口等信息
    tr_list = html.xpath('/html/body/div[3]/div[2]/div/div[2]/table/tbody/tr')


    #循环遍历每一条数据
    for td in tr_list:
      #获取 IP
      ip_ = td.xpath('./td[1]/text()')[0]
      #获取端口
      port = td.xpath('./td[2]/text()')[0]
      proxy = ip_ + ':' + port
      all_ip_list.append(proxy)
      #检测获取到的 IP 是否可以使用
      check_ip(proxy)


#代理地址存储到文件中
def save_file(file_path):
  proxy_file = open(file_path,'w',encoding = 'utf - 8')
  for ip in available_ip_list:
    proxy_file.write(ip + '\n')
  proxy_file.close()


#主程序
if __name__ == '__main__':
  get_available_ips()
  print('爬取已完成!')
  print(f'爬取到的 IP 地址个数为:{len(all_ip_list)}')
  print(f'可以使用的 IP 个数为:{len(available_ip_list)}')
  file_path = "C:/lab/proxy.txt";
```

```
save_file(file_path)
print('代理 IP 地址列表已保存到:',file_path)
```

输出结果如图 5 – 3 – 2 所示。

图 5 – 3 – 2　筛选可用 IP

将筛选好后可以使用的 IP 地址保存在一个文本文件中，如图 5 – 3 – 3 所示。

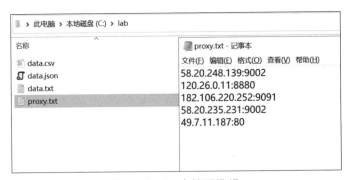

图 5 – 3 – 3　存储可用 IP

任务 5.4　反爬分析与爬虫案例实战

1. 任务需求

分析职位、薪资和区域的关系。网站（http://www.techlabplt.com:8085）上有很多 IT 类的招聘，通过这个网站获取相应的数据来进行分析。对于数据采集工程师来说，需要在这个网站上采集数据。本次项目需要采集 Java、PHP 与大数据每个职位 500 条数据并保存为 JSON 格式文件，用于后续分析。

2. 任务分析

（1）通过访问网站（http://www.techlabplt.com:8085），发现这个网站登录需要用户名、密码与验证码的认证方式，如图5-4-1所示。

图5-4-1　网站登录界面

登录进去后，是一个带有职位搜索的招聘页面，其中可以直接看到招聘信息，如图5-4-2所示。

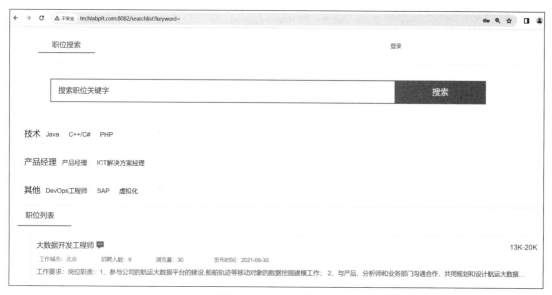

图5-4-2　招聘信息

通过Chrome浏览器的开发者模式（使用快捷键F12可以直接开启），可以看到每次请求有多种类型的Network连接，如图5-4-3所示。

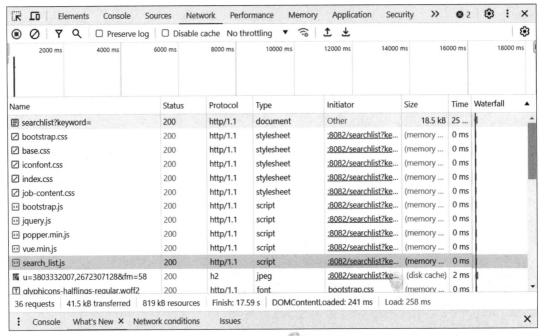

图 5 - 4 - 3　网页请求的连接

切换到"Fetch/XHR"选项卡，发现有异步获取得到的数据，查看"searchNew?category-ryId = 29&orderBy = releaseDate&keyword = "的"Response"选项卡，如图 5 - 4 - 4 所示。

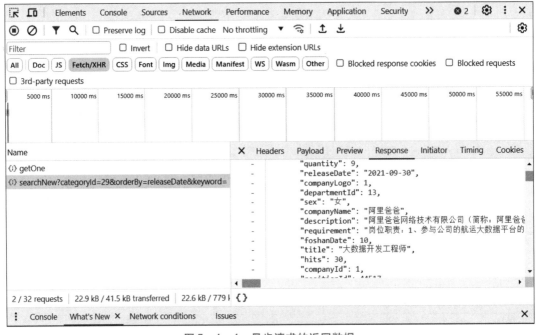

图 5 - 4 - 4　异步请求的返回数据

通过以上信息，得到如下结论：在网页上看到的招聘内容信息是通过此异步请求返回的数据，通过 JavaScript 渲染到页面上。所以，如果想获取此网站的数据，不能仅使用 Requests 方式。

（2）看一下该网站有没有使用限制爬虫的技术。此时通过 Requests 方式去爬取网站登录界面的网页内容，如图 5 - 4 - 5 所示。

图 5 - 4 - 5 登录界面的标题

通过 Requests 爬取整个网页内容并输出，以下是代码部分：

```
#- * - coding = utf - 8 - * -
import requests


#前置:使用 Rquests 获取 URL 的 response
url = "http://www. techlabplt. com:8085/user/login"
resp = requests. get(url)
print(resp)
resp. encoding = 'UTF - 8'
print(resp. text)
```

输出结果如图 5 - 4 - 6 所示。

在运行结果内并未看到网站登录界面的内容信息。由此可得，网站设置了爬虫限制技术。此时通常的做法：在 Requests 内增加 Header 变量，然后把 User - Agent 的值放入。User - Agent 的值可以通过 Chrome 获取，如图 5 - 4 - 7 所示。在"Network"选项卡下的 Headers 内有相应的信息。

修改后的代码如下：

```
import requests

#前置:使用 Rquests 获取 URL 的 response
```

```
Run:    Requests 测试  ×
 ►    ↑        <meta name="viewport" content="width=device-width, initial-scale=1.0"/>
 ■    ↓        <meta http-equiv="X-UA-Compatible" content="ie=edge"/>
           <title>Error</title>
           <style rel=stylesheet>
 ★    🖶         body{
      🗑               background-color: rgb(240,238,239);
                     text-align: center;
                     margin-top: 20px;
                 }
             </style>
         </head>
         <body>
         <img style="" src="images/error2.jpg"/>
         </body>
         </html>
```

图 5 – 4 – 6   运行结果

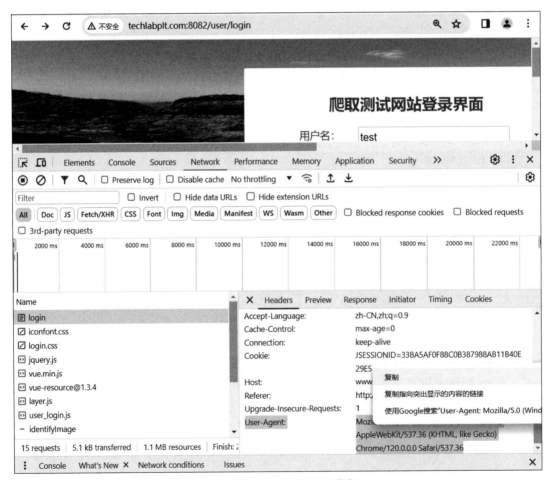

图 5 – 4 – 7   User – Agent 信息

```
url = "http://www.techlabplt.com:8085/user/login"
#设置 header,并代入 request 请求中
header = {
"user - agent":"Mozilla/5.0(Windows NT 10.0;Win64;x64)AppleWebKit/537.36
(KHTML,like Gecko)Chrome/107.0.0.0 Safari/537.36"
}
resp = requests.get(url,headers = header)
print(resp)
resp.encoding = 'UTF - 8'
print(resp.text)
```

运行结果如图 5 - 4 - 8 所示。

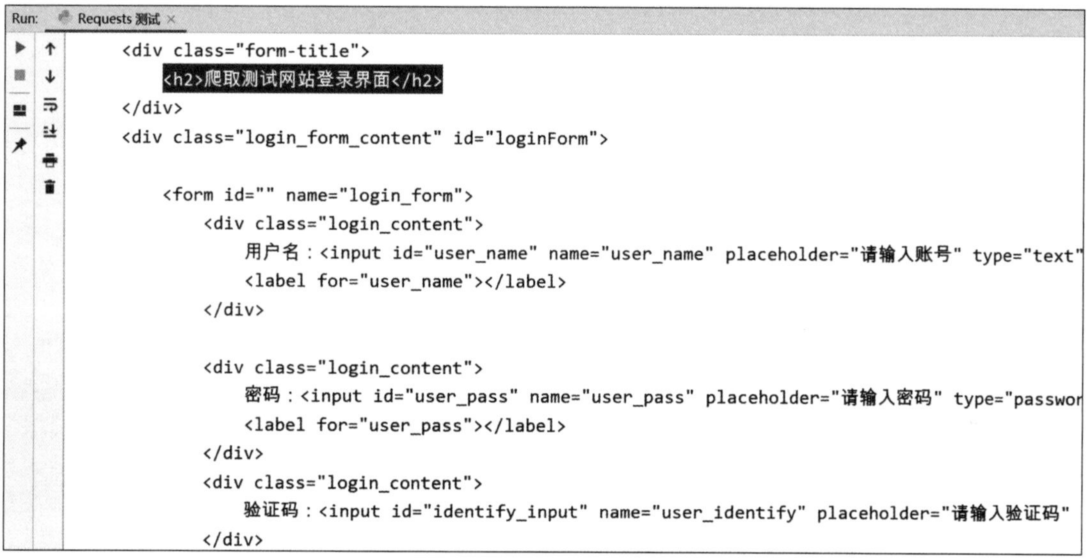

图 5 - 4 - 8　运行结果

在运行结果内,可以看到网页上的内容信息。比如,登录界面的标题"爬取测试网站登录界面"。

(3)接下来,尝试使用 Requests 直接获取异步请求 URL 内的数据。通过使用 Chrome 分析得到,网页上的数据是通过网站(http://www.techlabplt.com:8085/searchNew?categoryId = 29&orderBy = releaseDate&keyword =)这个异步请求获取得到的,如图 5 - 4 - 9 所示。

Requests 获取异步请求 URL 的代码如下:

```
import requests

#前置:使用 Rquests 获取 URL 的 response
url = "http://www.techlabplt.com:8085/searchNew? categoryId = 29&
orderBy = releaseDate&keyword = "
#设置 header,并代入 request 请求中
header = {
```

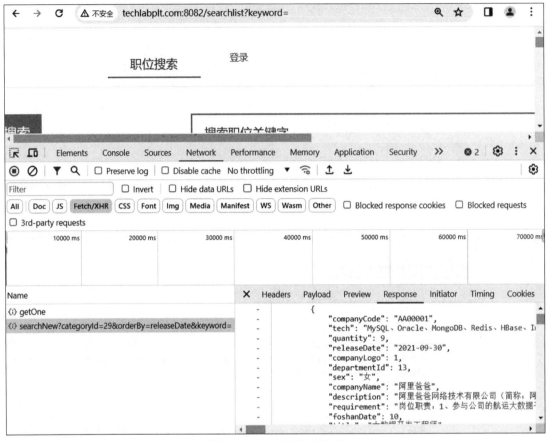

图 5 - 4 - 9　异步请求数据

```
    "user - agent":"Mozilla/5.0(Windows NT 10.0;Win64;x64)"
        " AppleWebKit/537.36(KHTML,like Gecko)Chrome/107.0.0.0 Safari/537.36"
}
resp = requests.get(url,headers = header)
print(resp)
resp.encoding = 'UTF - 8'
print(resp.text)
```

运行结果如图 5 - 4 - 10 所示。

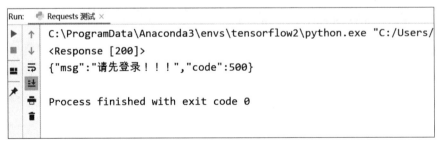

图 5 - 4 - 10　运行结果

在运行结果内，可以看到登录提示，所以需要登录信息才能访问此 URL。此时可以通过在 Requests 内增加 Cookie，并把值放入。Cookie 的值可以通过 Chrome 获取。如图 5 - 4 - 11 所示，在"Network"选项卡下的 Headers 内有相应的信息。

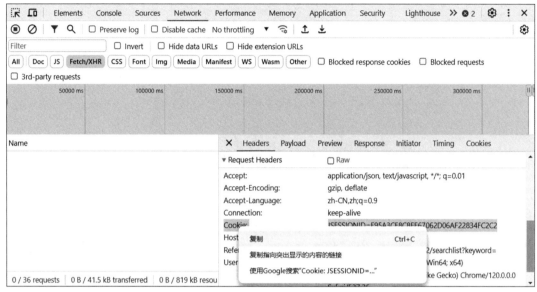

图 5 - 4 - 11　Cookies 信息

Requests 获取异步请求 URL 的代码修改如下：

```
import requests
#前置:使用 Rquests 获取 URL 的 response
url = "http://www. techlabplt. com:8085/searchNew? categoryId = 29&
orderBy = releaseDate&keyword = "
#设置 header,并代入 request 请求中
header = {
  "user - agent":"Mozilla/5. 0(Windows NT 10. 0;Win64;x64)"
      " AppleWebKit/537. 36(KHTML,like Gecko)Chrome/107. 0. 0. 0 Safari/537. 36"
}
#设置 Cookie,并代入 request 请求中
cookie = {
      "JSESSIONID":"866E40521A829572EA8C54680D56146A"
}
resp = requests. get(url,headers = header,cookies = cookie)
print(resp)
resp. encoding = 'UTF - 8'
print(resp. text)
```

在运行结果内，可以看到 Data 数据，如图 5 - 4 - 12 所示。

（4）接下来分析一下怎么去获取多页数据，怎么去获取不同的职位信息。当单击"查看更多"时，如图 5 - 4 - 13 所示，PageNum 的值会有变化，此时得到的 PageNum 的值就是分页的页码。

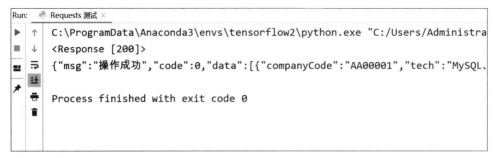

图 5 - 4 - 12   运行结果中的 Data 数据

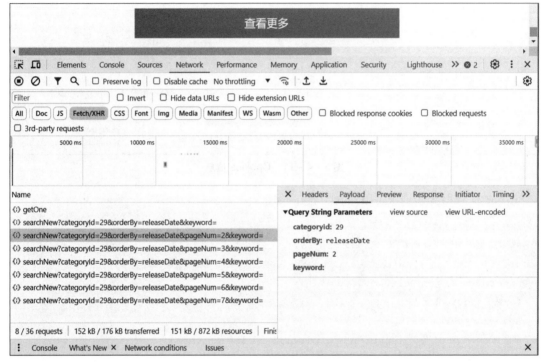

图 5 - 4 - 13   Payload 信息

当多次单击"查看更多"的时候,会得到 error3. html 信息,如图 5 - 4 - 14 所示。此页面经过访问后出现一个错误提示页,可以判断此网站做了并发访问的限制。

当通过关键字"java"搜索的时候,异步请求的链接内出现了 keyword = java,如图 5 - 4 - 15 所示。

通过上述分析,可以得出如下结论:

网站设置了爬虫限制,需要添加 Requests 内的 User - Agent 参数;

网站设置了并发限制,可以通过设置两次单击之间的间隔时间,或者通过代理 IP 的方式发起不同的链接。

获取数据的异步请求有两个重要的参数:第一个是 PageNum,第二个是 keyword。PageNum 为分页的页码,keyword 为搜索字。这样就可以通过设置不同的 keyword,得到不同的职位招聘信息;设置不同的 PageNum,得到不同页的数据。

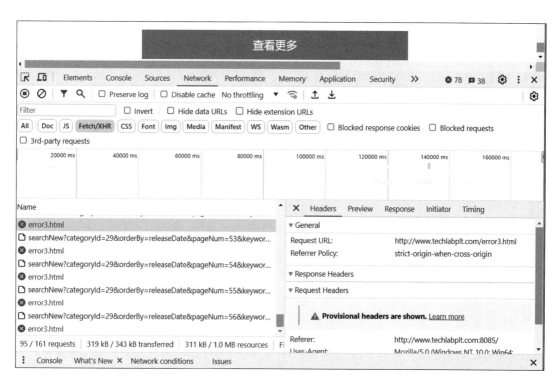

图 5 - 4 - 14　错误提示信息

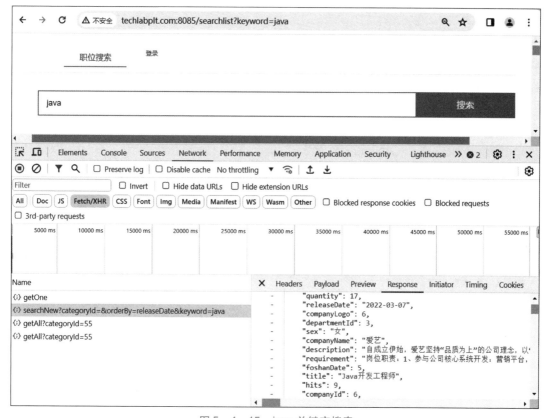

图 5 - 4 - 15　java 关键字搜索

3. 任务实施

代码如下：

```python
# - * - coding = utf - 8 - * -

#导入模块
import requests
from lxml import etree
from PIL import Image
import pytesseract
import time
import json


#定义一个函数,用于获取一个请求头来伪装成浏览器
def request_header():
    headers = {
        #常见浏览器的请求头伪装(如:火狐、谷歌)
        'User - Agent':'Mozilla/5.0(Windows NT 10.0;Win64;x64)AppleWebKit/537.36(KHT-ML,like Gecko)'
    ' Chrome/107.0.0.0 Safari/537.36'
    }
    return headers


#定义一个函数,用于处理图片上的杂线
def process_img(img:Image,dstImgPath:str):
    for i in range(img.size[0]):
        for j in range(img.size[1]):
            r,g,b = img.getpixel((i,j))
        #将干扰线像素值变为纯白色
        if r >=90 and g >=90 and b >=90:
            img.putpixel((i,j),(255,255,255))
img.save(dstImgPath)


#获取得到访问的 session
def get_session():

    #访问招聘页面登录界面
    response = requests.get(url = 'http://www.techlabplt.com:8085/user/login',
            timeout =2,headers = request_header())
    text = response.text
    html = etree.HTML(text)
    #通过 XPath 获取验证码的链接地址
```

```
code_url = "http://www.techlabplt.com:8085/" + str(html.xpath('//* [@ id = "iden-
tify_img"]/@ src')[0])
```

#使用 session 让请求之间具有连贯性,保证在这里下载的验证码和下面登录时的验证码是同一个验证码
```
proxy_session = requests.session()
flag = True
img_name = "img"
#循环语句,直到获取正确的登录返回
while flag:
    code_response = proxy_session.get(code_url,
            timeout = 2,headers = request_header())
code_file = code_response.content
#print(code_file)
img_url = 'D:/images/' + img + '.jpg'

#将二进制数据写入文件
with open(img_url,'wb')as f:
    f.write(code_file)

dst_img_path = 'D:/images/' + img + 'b.jpg'
img = Image.open(img_url)
pre_identify_code = pytesseract.image_to_string(img,lang = 'eng')
print("验证码:" + pre_identify_code)
process_img(img,dst_img_path)
img = Image.open(dst_img_path)
#去除不必要的回车与空格等字符
identify_code = pytesseract.image_to_string(img,lang = 'eng') \
    .replace(' ',''). replace('\n',''). replace(',','')
print("处理后验证码:" + str(identify_code))
time.sleep(1)
login_post = {
    'userName':'test',
    'userPass':'test +123',
    'userIdentify':str(identify_code)
}
print(login_post)
response_login = proxy_session.post("http://www.techlabplt.com:8085/user/log-
in",
            timeout = 2,headers = request_header(),data = login_post). text

print(response_login)
    #1 表示验证正确
```

```
        if response_login == '1':
            flag = False
        else:
            time.sleep(2)
    return proxy_session


if __name__ == '__main__':
    #命名 dataList 数组,用于存储 JSON 数据
    dataList = []

    session = get_session()
    #定义 Java、大数据、PHP 三个职位关键字
    job_list = ['java','php','大数据']
    #循环遍历职位关键字
    for job in job_list:
    print("职位关键字:" + job)
    for i in range(1,51):
        resp = session.get(
            "http://www.techlabplt.com:8085/searchNew? orderBy = releaseDate&keyword
= " + job + "&pageNum = " + str(i),headers = request_header())
        #返回的转化为 JSON 格式
        return_json = resp.json()
        print(return_json)
        json_data = return_json['data']

        #把 json_data 对象添加到 dataList 数组
        dataList.append(json_data)
        #网站有并发限制,所以使用睡眠降低连接速度
        time.sleep(2)

    #新建命名为 data.json 的 JSON 文件并将 dataList 存入
    with open('D:/images/data.json','w',encoding = 'utf-8')as jsonFile:
        jsonFile.write(json.dumps(dataList,ensure_ascii = False,indent = 4))
```

运行程序,结果如图 5 - 4 - 16 所示。

运行完毕后,在保存目录下新增了一个名为 data 的 JSON 文件,它一共有 1 500 条数据,如图 5 - 4 - 17 所示。

图 5－4－16　运行结果

图 5－4－17　JSON 数据

练一练

1. 以下（　　）技术可用于处理手机验证码。

A. 正则表达式　　　B. 图像识别　　　　C. 字符串匹配　　　D. 机器学习

2. 以下（　　）库可用于实现 OCR 技术。

A. Python 的 PIL 库　　　　　　　　　B. Python 的 OpenCV 库

C. Python 的 Tesseract 库　　　　　　 D. Python 的 PhantomJS 库

3. 以下（　　）不是图片校验码的处理方法。

A. 缩放　　　　　　B. 旋转　　　　　　C. 颜色处理　　　　D. 字符拼接

4. 账号限制中，常见的验证方式有____、密码等。

5. 在 Python 中，使用 Tesseract 库进行 OCR 识别，常用的函数是____。

6. 请简述如何使用 Python 实现 IP 限制的爬虫。

7. 写爬虫的时候遇到过哪些反爬虫措施？你是怎么解决的？

考核评价单

项目	考核任务	评分细则	配分	自评	互评	师评
反爬限制技术	1. 破解图片验证码	1. 概述验证码解析的几种方式，5分； 2. 说出 OCR 技术的三个步骤，5分； 3. 能使用各类方法去解析验证码，5分； 4. 能使用 OCR 技术来解决验证码问题，5分； 5. 能使用 QPython 工具获取手机验证码，5分。	25分			
	2. 破解账号限制	1. 概述账号限制的原因与解决方法，5分； 2. 分辨账号限制的不同情况，5分； 3. 能使用有效的登录凭据爬取网页数据，5分； 4. 能通过设置 cookie 参数爬取网页数据，5分； 5. 能通过加上随机线程睡眠，解决短时间内不能多次进行相同请求的限制，5分； 6. 能判断 Web 页面提交是否存在遗漏或多填隐藏字段，5分。	30分			
	3. 破解 IP 限制	1. 概述 IP 限制的原因与解决方法，5分； 2. 设计与撰写反爬限制的处理流程，5分； 3. 能使用代理 IP 的方法解决 IP 限制，5分； 4. 能设计代理 IP 池及使用代理 IP 池来解决网站并发爬取问题，5分。	20分			
	4. 学习态度和素养目标	1. 考勤（10分，缺勤、迟到、早退，1次扣5分）； 2. 按时提交作业，5分； 3. 诚信、守信，5分； 4. 陈述反爬虫的意义，体现法律意识及良好的职业道德和较强责任感，5分。	25分			

项目 6
Scrapy 爬虫框架

Scrapy 是一个用于爬取 Web 站点并从中提取数据的 Python 应用程序框架。它是一个开源框架，可以用于构建各种类型的网络爬虫，包括数据挖掘、信息处理或监控。Scrapy 提供了一组强大的工具和库，可以轻松地编写、测试和部署爬虫。以下是 Scrapy 爬虫框架的一些主要特点。

（1）快速和高效：Scrapy 采用异步处理方式，可以同时处理多个请求，从而提高爬取效率。

（2）灵活和可扩展：Scrapy 提供了很多可复用的组件，如中间件、管道和扩展组件，可以轻松地进行功能扩展。

（3）支持多种数据格式：Scrapy 支持爬取和解析多种数据格式，如 HTML、XML、JSON 等。

（4）自动化处理：Scrapy 可以自动处理请求、响应、错误和重试等，使得爬虫的编写更加简单和便捷。

（5）支持分布式爬取：Scrapy 可以与分布式爬取框架集成，如 Scrapyd 和 Distributed，从而实现更快的爬取速度和更高的可靠性。

总之，Scrapy 是一个功能强大、灵活和高效的 Python 爬虫框架，可以用于构建各种类型的网络爬虫和数据抓取应用程序。

知识目标

- 概述整个爬虫程序的处理流程；
- 概述 Scrapy 爬虫框架结构及每个组件的作用；
- 概述 Spider 与 Selector 的作用；
- 概述 Scrapy 框架内的中间件作用；
- 概述 Scrapy 框架对接 Selenium 与 Splash 的作用；
- 概述 Selenium 与 Splash 中间件的差异。

技能目标

- 能使用命令来构建 Scrapy 框架；
- 能使用 Spider 类来构建爬虫程序；

- 能使用 Selector 类来分析与获取网站内容信息；
- 能使用 Scrapy 对接 Selenium 来完成爬虫任务；
- 能使用 Scrapy 对接 Splash 来完成爬虫任务；
- 能灵活运用中间件来拓展与丰富爬虫功能；
- 能设计 Scrapy 框架程序来完成整个爬虫任务。

素养目标

- 通过不断地引导学生对于 Scrapy 爬虫框架整体性的理解，增强学生整体性考虑的意识，培养学生创新、交流与团队合作能力；
- 通过一些深入浅出的实例，增强学生对于理论知识的理解，不断建立理论结合实际的学习方法；
- 通过本项目课程的学习，提高学生对 Scrapy 爬虫框架知识体系的理解与应用，培养学生的探究能力、实际操作能力与不断创新的意识。

任务 6.1 初探 Scrapy

初探 Scrapy

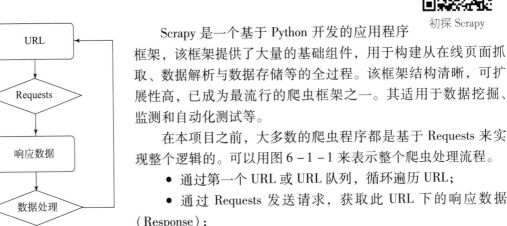

图 6-1-1　爬虫处理流程

Scrapy 是一个基于 Python 开发的应用程序框架，该框架提供了大量的基础组件，用于构建从在线页面抓取、数据解析与数据存储等的全过程。该框架结构清晰，可扩展性高，已成为最流行的爬虫框架之一。其适用于数据挖掘、监测和自动化测试等。

在本项目之前，大多数的爬虫程序都是基于 Requests 来实现整个逻辑的。可以用图 6-1-1 来表示整个爬虫处理流程。

- 通过第一个 URL 或 URL 队列，循环遍历 URL；
- 通过 Requests 发送请求，获取此 URL 下的响应数据（Response）；
- 根据业务需求情况，对 Response 数据进行清洗、分析与处理；
- 全部数据处理完毕后，把数据保存至外部存储文件中。

大多数的爬虫程序基本按照这个逻辑处理，那么能不能把每个处理逻辑抽取，变成一个个基础组件呢？通过抽取变成基础组件后，就可以在这些基础组件内加上特有的业务处理逻辑，从而实现整个爬虫流程。比如，对于 Http Response 的状态码，200 状态码数据获取正常，进入数据处理环节；404 状态码直接跳过；401 状态码需要认证处理。那么，对状态码的处理逻辑就可以封装成一个类。当需要状态码处理的时候，直接调用，而不是每次需要的时候都把这个实现过程再写一遍，这样大大减少了开发时间，并且降低了成本。同时，在使用过程中慢慢地扩充此类的处理逻辑，从而形成一个完整的通用型的处理框架。这就是 Scrapy 框架的思想。

接下来，看一下 Scrapy 由哪些组件构成。

Scrapy Engine（Scrapy 引擎）：Scrapy 引擎是整个框架的核心，负责控制系统所有组件之间的数据流，触发各种事件。它用来控制其他各个组件，相当于个人电脑的 CPU，控制着整个处理流程。

Scheduler（调度程序）：调度程序接收来自引擎的请求，并将它们排入队列，以便稍后在引擎请求时将它们提供给引擎；可以把它假设成 URL（爬取网站的网址）的优先队列，由它来决定下一个爬取网站的地址。用户也可以根据需求来定制调度程序。

Spiders（爬虫）：爬虫是 Scrapy 用户编写的自定义类，也是用户最关心的部分。其用于解析响应并从中提取 ITEMS（项目）或其他请求。例如，使用 XPath 提取业务需求的信息。用户也可以从中提取出链接，让 Scrapy 继续爬取下一个页面。

Downloader（下载器）：下载器负责高速地从网络上获取网页资源并将其提供给 Engine，而 Engine 又将其提供给 Spiders。

Item Pipelines（项目管道）：用于接收爬虫传过来的数据，以便做进一步处理。典型的任务包括清理（清除不需要的数据）、验证（验证实体的有效性）和持久性（比如将获取到的内容存储在数据库中）。

Downloader Middlewares（下载器中间件）：下载器中间件是位于引擎和下载器之间的特定挂钩，当请求从引擎传递到下载器时，它们处理请求；当请求从下载器传递到引擎时，它们处理响应。以下情况将用到下载器中间件：

- 在请求被发送到下载器之前处理请求（例如：Scrapy 将请求发送到网站之前）；
- 在将其传递给 Spider 之前接收到响应并改变；
- 发送新的请求，而不是将接收到的响应传递给爬虫；
- 将响应传递给爬虫而不获取网页；
- 静默地丢弃一些请求。

Spider Middlewares（爬虫中间件）：爬虫中间件是位于引擎和爬虫之间的特定挂钩，能够处理爬虫输入（响应）和输出（项目和请求）。

那么这些组件是如何工作的？架构又是怎样的？

Scrapy 官方网站的架构图（摘自 https://scrapy.org/）如图 6-1-2 所示。

大致的处理流程如下。

步骤 1：Engine 从 Spider 中获取要爬取的初始 URL 请求；

步骤 2：Engine 在 Scheduler 中调度请求，并请求下一个要爬取的请求；

步骤 3：Scheduler 将下一个请求返回到引擎；

步骤 4：Engine 通过下载器中间件将请求发送到 Downloader；

步骤 5：页面下载完成后，Downloader 生成一个响应与下载的页面，通过下载器中间件发送到 Engine；

步骤 6：Engine 从 Downloader 接收响应，并通过爬虫中间件将其发送给 Spider 进行处理；

步骤 7：Spider 处理响应，并通过爬虫中间件返回到 Engine；

步骤 8：Engine 将处理的（ITEMS）项目发送到 Item Pipelines，然后将处理的请求发送到 Scheduler，并开始下一个可能的爬虫请求；

步骤 9：该过程重复（从步骤 3 开始），直到 Scheduler 不再有请求为止。

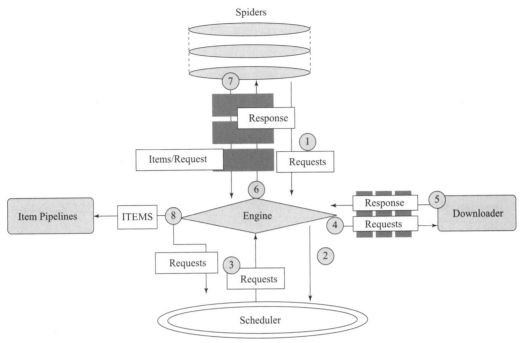

图 6 - 1 - 2 Scrapy 官方网站架构

接下来通过一个实例理解 Scrapy 是如何工作的。

1. 环境搭建

在使用 Scrapy 框架之前，首先需要安装 Scrapy。在 Windows cmd 命令行内输入 pip install scrapy，如图 6 - 1 - 3 所示。

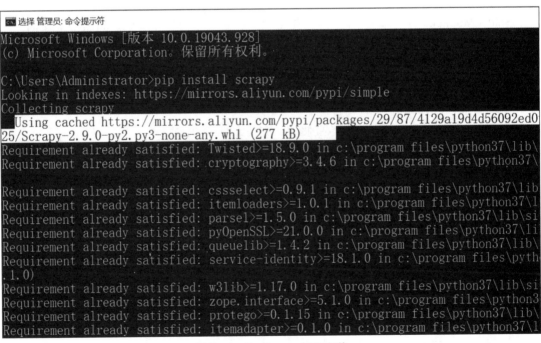

图 6 - 1 - 3 Scrapy 框架安装

Scrapy 框架需要安装很多依赖库，如果安装不成功，需要看一下缺哪些库文件（注意：Python 的版本需要在 3.6.1 以上）。

通过在 Windows cmd 命令行内输入 scrapy version 查看已经安装成功的版本，如图 6－1－4 所示。

```
管理员: 命令提示符

C:\Users\Administrator>scrapy version
Scrapy 2.9.0

C:\Users\Administrator>
```

图 6－1－4　查看 Scrapy 版本信息

通过在 Windows cmd 命令行内输入 scrapy －h 查看 Scrapy 下支持的命令有哪些，如图 6－1－5 所示。

```
管理员: 命令提示符

C:\Users\Administrator>scrapy version
Scrapy 2.9.0

C:\Users\Administrator>scrapy -h
Scrapy 2.9.0 - no active project

Usage:
  scrapy <command> [options] [args]

Available commands:
  bench         Run quick benchmark test
  fetch         Fetch a URL using the Scrapy downloader
  genspider     Generate new spider using pre-defined templates
  runspider     Run a self-contained spider (without creating a project)
  settings      Get settings values
  shell         Interactive scraping console
  startproject  Create new project
  version       Print Scrapy version
  view          Open URL in browser, as seen by Scrapy

  [ more ]      More commands available when run from project directory

Use "scrapy <command> -h" to see more info about a command
```

图 6－1－5　查看 Scrapy 命令集

2. 创建 Scrapy 项目

通过在 Windows cmd 命令行内输入 scrapy startproject testproject 创建一个 Scrapy 的爬虫测试项目，如图 6－1－6 所示。

```
管理员: 命令提示符

D:\scrapy>scrapy startproject testproject
Error: scrapy.cfg already exists in D:\scrapy\testproject

D:\scrapy>scrapy startproject testproject
New Scrapy project 'testproject', using template directory 'C:\Program Files\Python37\Lib\
\project', created in:
    D:\scrapy\testproject

You can start your first spider with:
    cd testproject
    scrapy genspider example example.com
```

图 6－1－6　新建 Scrapy 的爬虫测试项目

通过 Scrapy 的 startproject 命令，就可以在 D:\scra-py\这个目录下创建一个名为 testproject 的爬虫项目。执行成功后，在此文件夹下就对应增加了 testproject 的文件夹。图 6 – 1 – 7 所示为整个 Scrapy 项目的目录结构。

各个文件的功能描述如下：

- scrapy. cfg：它是 Scrapy 项目的配置文件，其定义了项目的配置文件路径、部署相关信息等内容；

- items. py：它定义了 Item 数据结构，所有 Item 的定义都在这里；

- middlewares. py：它定义了 Spider 中间件和 Downloader 中间件的实现；

- pipelines. py：它定义了 Item Pipeline 的实现，所有的 Item Pipeline 都在这里实现；

- settings. py：它定义了项目的全局配置；

- spiders：其包含一个个 Spider 的实现，每个 Spider 都有一个对应的文件。

```
testproject
 ├── testproject
 │    ├── __init__.py
 │    ├── items.py
 │    ├── middlewares.py
 │    ├── pipelines.py
 │    ├── setting.py
 │    ├── spiders
 │    │    └── __init__.py
 └── scrapy.cfg
```

图 6 – 1 – 7　Scrapy 项目的目录结构

3. 创建 Spider

通过在 Windows cmd 命令行内输入 cd testproject 进入创建的项目文件夹，然后输入 scra-py genspider mainpage techlabplt. com，如图 6 – 1 – 8 所示。

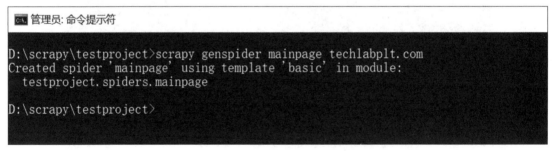

```
管理员: 命令提示符

D:\scrapy\testproject>scrapy genspider mainpage techlabplt.com
Created spider 'mainpage' using template 'basic' in module:
  testproject.spiders.mainpage

D:\scrapy\testproject>
```

图 6 – 1 – 8　新建 Spider

此命令的语法格式为：scrapy genspider［爬虫程序名称］［爬取目标网站］，其作用是构建一个命名为 mainpage 的 Python 爬虫程序，此程序爬取的目标网站为 techlabplt. com，创建完毕后，在 spiders 下新建了一个名为 mainpage. py 的文件，如图 6 – 1 – 9 所示。

此电脑 › 新加卷 (D:) › scrapy › testproject › testproject › spiders	
名称	修改日期
__pycache__	2023/5/9 星期二 13:47
__init__.py	2023/5/9 星期二 13:45
mainpage.py	2023/5/9 星期二 13:47

图 6 – 1 – 9　创建命名为 mainpage 的 Spider

通过 PyCharm 打开 testproject 项目，进入 spiders 下的 mainpage. py 文件，如图 6 – 1 – 10 所示。

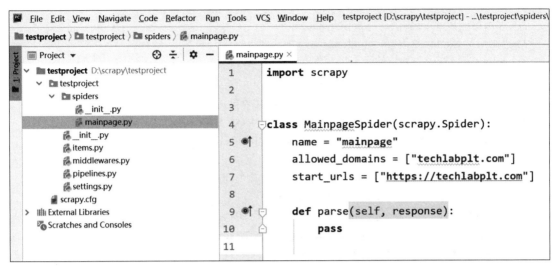

图 6 - 1 - 10　PyCharm 打开 Scrapy 项目

修改为如下代码：

```
import scrapy
class MainpageSpider(scrapy. Spider):
#爬虫的名字
name = "mainpage"
#允许爬取的域名
allowed_domains = ["techlabplt. com"]
#起始的 URL 地址
start_urls = ["http://www. techlabplt. com"]


def parse(self,response):
#请求完成后的操作
with open('mainpage. html','wb')as mp:
    #把 response 存入 mainpage. html
mp. write(response. body)
```

完成如上更改并保存后，在 Windows cmd 命令行内输入 scrapy crawl mainpage，运行 mainpage 的 Spider 爬虫程序，输出结果如下：

```
  2023 - 05 - 09 14: 57: 33 [ scrapy. utils. log] INFO: Scrapy 2.9.0 started ( bot:
testproject)
  2023 - 05 - 09 14:57:33[scrapy. utils. log]INFO:Versions:lxml 4. 9. 2. 0,libxml2 2. 9. 12,
cssselect 1. 2. 0, parsel 1. 8. 1, w3lib 2. 1. 1, Twisted 22. 10. 0, Python 3. 7. 8 ( tags/v3. 7. 8:
4b47a5b6ba,Jun 28 2020,08:53:46)[MSC v. 1916 64 bit(AMD64)],pyOpenSSL 23. 1. 1(OpenSSL
3. 1. 0 14 Mar 2023),cryptography 40. 0. 2,Platform Windows - 10 - 10. 0. 19041 - SP0
  2023 - 05 - 09 14:57:33[scrapy. crawler]INFO:Overridden settings:
  {'BOT_NAME':'testproject',
```

```
    'FEED_EXPORT_ENCODING':'utf-8',
    'NEWSPIDER_MODULE':'testproject. spiders',
    'REQUEST_FINGERPRINTER_IMPLEMENTATION':'2.7',
    'ROBOTSTXT_OBEY':True,
    'SPIDER_MODULES':['testproject. spiders'],
    'TWISTED_REACTOR':'twisted. internet. asyncioreactor. AsyncioSelectorReactor'}
    2023-05-09 14:57:33[asyncio]DEBUG:Using selector:SelectSelector
    2023-05-09 14:57:33[scrapy. utils. log]DEBUG:Using reactor:twisted. internet.
asyncioreactor. AsyncioSelectorReactor
    2023-05-09 14:57:33[scrapy. utils. log]DEBUG:Using asyncio event loop:asyncio.
windows_events. _WindowsSelectorEventLoop
    2023-05-09 14:57:33[scrapy. extensions. telnet]INFO:Telnet Password:a280d9c272cc45c9
    2023-05-09 14:57:33[scrapy. middleware]INFO:Enabled extensions:
    ['scrapy. extensions. corestats. CoreStats',
    'scrapy. extensions. telnet. TelnetConsole',
    'scrapy. extensions. logstats. LogStats']
    2023-05-09 14:57:34[scrapy. middleware]INFO:Enabled downloader middlewares:
    ['scrapy. downloadermiddlewares. robotstxt. RobotsTxtMiddleware',
    'scrapy. downloadermiddlewares. stats. DownloaderStats']
    2023-05-09 14:57:34[scrapy. middleware]INFO:Enabled spider middlewares:
    ['scrapy. spidermiddlewares. httperror. HttpErrorMiddleware',
    'scrapy. spidermiddlewares. depth. DepthMiddleware']
    2023-05-09 14:57:34[scrapy. middleware]INFO:Enabled item pipelines:
    2023-05-09 14:57:34[scrapy. core. engine]INFO:Spider opened
    2023-05-09 14:57:34[scrapy. extensions. logstats]INFO:Crawled 0 pages(at 0 pages/
min),scraped 0 items(at 0 items/min)
    2023-05-09 14:57:34[scrapy. extensions. telnet]INFO:Telnet console listening on
127.0.0.1:6023
    2023-05-09 14:57:34[scrapy. core. engine]DEBUG:Crawled(404) < GET http://www.
techlabplt. com/robots. txt>(referer:None)
    2023-05-09 14:57:34[scrapy. core. engine]DEBUG:Crawled(200) < GET http://www.
techlabplt. com>(referer:None)
    2023-05-09 14:57:34[scrapy. core. engine]INFO:Closing spider(finished)
    2023-05-09 14:57:34[scrapy. statscollectors]INFO:Dumping Scrapy stats:
    {'downloader/request_bytes':446,
    'downloader/request_count':2,
    'downloader/request_method_count/GET':2,
    'downloader/response_bytes':17874,
    'downloader/response_count':2,
    'downloader/response_status_count/200':1,
    'downloader/response_status_count/404':1,
    'elapsed_time_seconds':0.183549,
    'finish_reason':'finished',
```

```
'finish_time':datetime. datetime(2023,5,9,6,57,34,275577),
'log_count/DEBUG':5,
'log_count/INFO':10,
'response_received_count':2,
'robotstxt/request_count':1,
'robotstxt/response_count':1,
'robotstxt/response_status_count/404':1,
'scheduler/dequeued':1,
'scheduler/dequeued/memory':1,
'scheduler/enqueued':1,
'scheduler/enqueued/memory':1,
'start_time':datetime. datetime(2023,5,9,6,57,34,92028)}
2023-05-09 14:57:34[scrapy. core. engine]INFO:Spider closed(finished)
```

以上是部分运行结果，省略了中间部分。首先输出了 Scrapy 的版本信息与一些依赖库的信息；然后加载了 settings. py 内的信息并输出；之后输出了当前使用到的中间件与项目管道；接下来开启爬虫进行数据解析与处理；最后显示 Scrapy 的整个爬取过程的统计信息，比如请求与响应的次数、请求与响应的字节数、所执行的时间、完成情况等。

在 PyCharm 的项目目录下，如果可以查看到 mainpage. html，如图 6-1-11 所示，说明 Scrapy 框架已搭建成功。

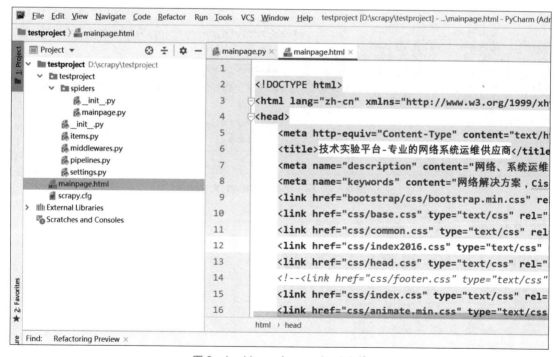

图 6-1-11 mainpage. html 文件

6.1.1 Scrapy 框架入门

通过上面的项目，已经完成整个 Scrapy 框架的基本测试，接下来通过一个例子来分析 Spider 的使用。本次的项目目标是：爬取"农副产品数据页面"的数据，网页地址为 http://www.techlabplt.com:8080/BD – PC/priceList。

Scrapy 框架入门

1. Spider 组件

在原先的项目上新建一个 Spider。在 Windows cmd 命令行内输入 scrapy genspider price techlabplt.com，如图 6 – 1 – 12 所示。

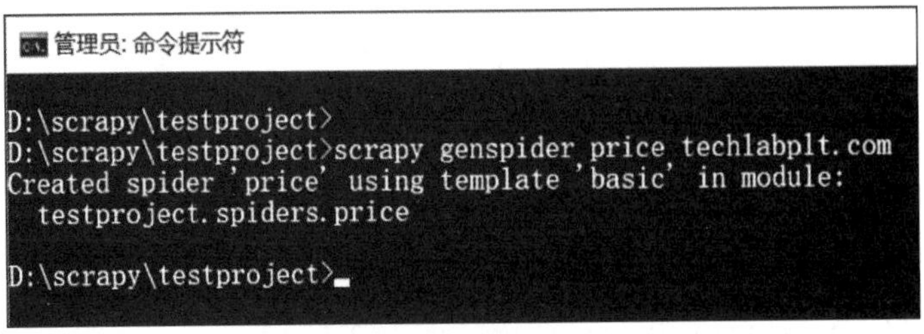

```
管理员: 命令提示符

D:\scrapy\testproject>
D:\scrapy\testproject>scrapy genspider price techlabplt.com
Created spider 'price' using template 'basic' in module:
    testproject.spiders.price

D:\scrapy\testproject>_
```

图 6 – 1 – 12　新建 Spider

在 PyCharm 项目的 spiders 目录下创建名为 price.py 的爬虫程序，如图 6 – 1 – 13 所示。

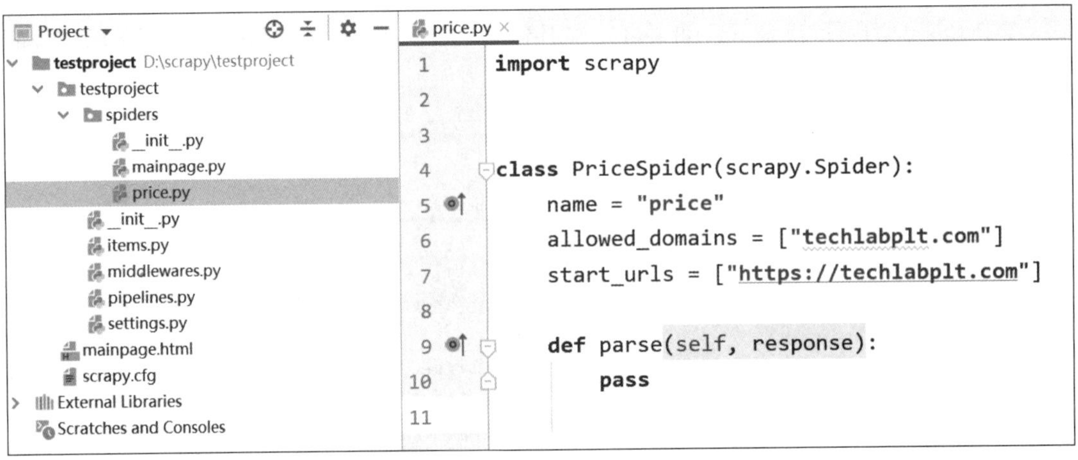

```
Project ▼                                  price.py ×

∨ testproject D:\scrapy\testproject      1    import scrapy
  ∨ testproject                          2
    ∨ spiders                            3
        __init__.py                      4    class PriceSpider(scrapy.Spider):
        mainpage.py                      5        name = "price"
        price.py                         6        allowed_domains = ["techlabplt.com"]
      __init__.py                        7        start_urls = ["https://techlabplt.com"]
      items.py                           8
      middlewares.py                     9        def parse(self, response):
      pipelines.py                       10           pass
      settings.py                        11
    mainpage.html
    scrapy.cfg
  > External Libraries
    Scratches and Consoles
```

图 6 – 1 – 13　创建 price.py 文件

修改 price.py 文件，使其获取农副产品页面内的数据，修改代码如下：

```
import scrapy

class PriceSpider(scrapy.Spider):
    #爬虫的名字
    name = "price"
    #允许的域名
    allowed_domains = ["techlabplt.com"]
    #起始的 URL 地址
```

```
start_urls = ["http://www.techlabplt.com:8080/BD-PC/priceList? pageId=1"]

#在 parse 方法内实现爬取数据的逻辑
def parse(self,response):
  #获取当前页内所有农副产品的相关信息
  price_list = response.xpath("//* [@ id = 'tableBody']/tr")
  print("获取的数据数量为:" + str(len(price_list)))
```

在 Windows cmd 命令行内输入 scrapy crawl price，运行名为 price 的爬虫程序。如果输出结果没有报错，则继续输入 scrapy crawl price ──nolog（参数 nolog 的作用是不显示日志信息）。运行结果如图 6－1－14 所示，获取得到第一页的数据量为 100 条。

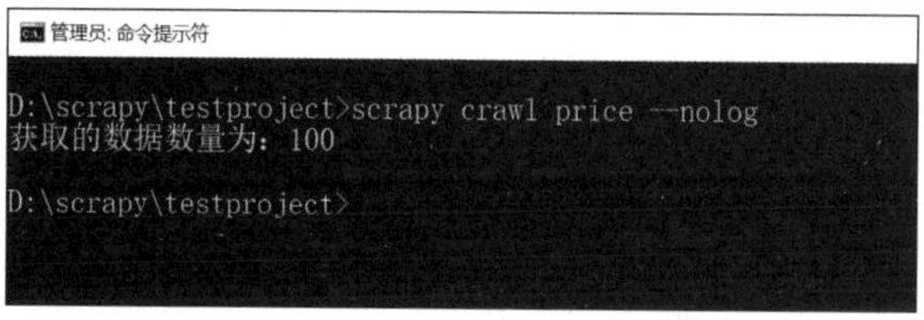

图 6－1－14　执行 Scrapy 项目运行结果

继续修改 price.py 文件，遍历每一条数据信息，获取每个字段的值，代码如下：

```
imprt scrapy

class PriceSpider(scrapy.Spider):
  #爬虫的名字
  name = "price"
  #允许的域名
  allowed_domains = ["techlabplt.com"]
  #起始的 URL 地址
  start_urls = ["http://www.techlabplt.com:8080/BD-PC/priceList? pageId=1"]

  #在 parse 方法内实现爬取数据的逻辑
  def parse(self,response):
    #获取当前页内的所有农副产品的相关信息
    price_list = response.xpath("//* [@ id = 'tableBody']/tr")
    #遍历 price_list 获取每一项内的数据值
    for price in price_list:
      tmp = {}
  #判断选择器对象的值是否存在,如果存在,就提取出来,如果不存在,则赋空值
      if price.xpath("./td[1]/text()"):
        tmp['大类'] = price.xpath("./td[1]/text()")[0].extract()
      else:
        tmp['大类'] = ''
```

```
    if price. xpath(". /td[2]/text()"):
        tmp['小类'] =price. xpath(". /td[2]/text()")[0]. extract()
      else:
        tmp['小类'] = ''
    if price. xpath(". /td[3]/text()"):
        tmp['名称'] =price. xpath(". /td[3]/text()")[0]. extract()
      else:
        tmp['名称'] = ''
  if price. xpath(". /td[4]/text()"):
        tmp['最低价'] =price. xpath(". /td[4]/text()")[0]. extract()
      else:
        tmp['最低价'] = ''
  if price. xpath(". /td[5]/text()"):
        tmp['平均价'] =price. xpath(". /td[5]/text()")[0]. extract()
      else:
        tmp['平均价'] = ''
  if price. xpath(". /td[6]/text()"):
        tmp['最高价'] =price. xpath(". /td[6]/text()")[0]. extract()
      else:
        tmp['最高价'] = ''
    if price. xpath(". /td[7]/text()"):
      tmp['规格'] =price. xpath(". /td[7]/text()")[0]. extract()
      else:
        tmp['规格'] = ''
    if price. xpath(". /td[8]/text()"):
      tmp['来源'] =price. xpath(". /td[8]/text()")[0]. extract()
      else:
        tmp['来源'] = ''
    if price. xpath(". /td[9]/text()"):
        tmp['单位'] =price. xpath(". /td[9]/text()")[0]. extract()
      else:
        tmp['单位'] = ''
    if price. xpath(". /td[10]/text()"):
        tmp['更新日期'] =price. xpath(". /td[10]/text()")[0]. extract()
      else:
        tmp['更新日期'] = ''
#返回数据
    yield tmp
```

在 Windows cmd 命令行内输入 scrapy crawl price，运行结果如图 6 - 1 - 15 所示。可以看到 item_scraped_count 为 100，共有 100 条数据被爬取到。

在代码编写过程中，有如下注意点：

- 运行 scrapy crawl price 启动爬虫时，一定要在项目路径下；

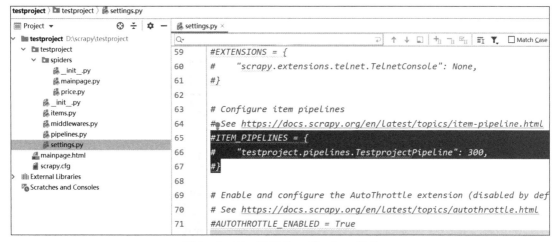

图 6 - 1 - 15　运行结果

- Spider 中的解析逻辑在 parse 函数内，如果解析过程比较复杂，也可以自定义解析函数；
- 解析出来的数据中存在 URL 地址，并且需要发起此 URL 的请求，那么它的域名必须要在 allowed_domains 内；
- parse 函数内尽量不要用 return 返回数据，因为使用 yield 语句可以将数据返回，且暂停函数的执行，但 retrun 语句在返回数据给调用者后，则会立即结束函数的执行（注意：此时能够传递的对象有 BaseItem、Request、Dict 与 None）；
- 在 price. xpath("./td[X]/text()")[0]. extract() 去取数据的时候，首先要判断选择器对象是否为空，如果直接去取数据，程序可能会报错；
- 运行爬虫的时候，加上 nolog 参数可以限制 log 日志的输出。

2. Item Pipelines 组件

将数据保存到外部文件，比如保存到 JSON 文件中，要用到 Item Pipelines 组件。首先需要在 settings. py 文件内定义参数，这样才能启用 Item Pipelines 组件（settings. py 内的 ITEM_PIPELINES 默认是没有定义的），如图 6 - 1 - 16 所示。

图 6 - 1 - 16　启用 Item Pipelines 组件

Pipelines 可以定义一个或多个，通过优先级来确认运行顺序。如图 6 − 1 − 17 所示，定义了两个 Pipelines：一个是 TestprojectPipeline，优先级为 300；另一个是 MysqlPipeline，优先级为 280，那么此时 MysqlPipeline 将优先运行。

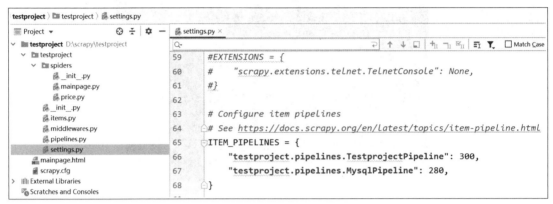

图 6 − 1 − 17　设置优先级

在 Windows cmd 命令行内输入 scrapy crawl price，在 Enabled item pipelines 中获取如下输出，说明 settings. py 设置已经生效。

```
2023 − 05 − 09 21:11:58[scrapy.middleware]INFO:Enabled item pipelines:
['testproject.pipelines.MysqlPipeline','testproject.pipelines.TestprojectPipe-
line']
```

接下来就可以在 Testproject. Pipelines. TestprojectPipeline 内将数据存储到 JSON 文件内，初始的 pipelines. py 下只有 TestprojectPipeline 的 Class 类，如图 6 − 1 − 18 所示。

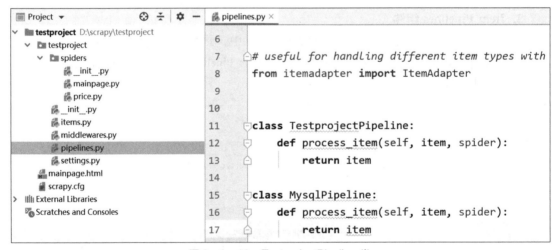

图 6 − 1 − 18　TestprojectPipeline 类

此时，需要完整地将 Price Spider 通过 yield 语句返回过来的数据存储到 JSON 文件内。

先测试一下 yield 是否将一条一条数据传递过来的，测试代码如图 6 − 1 − 19 所示。

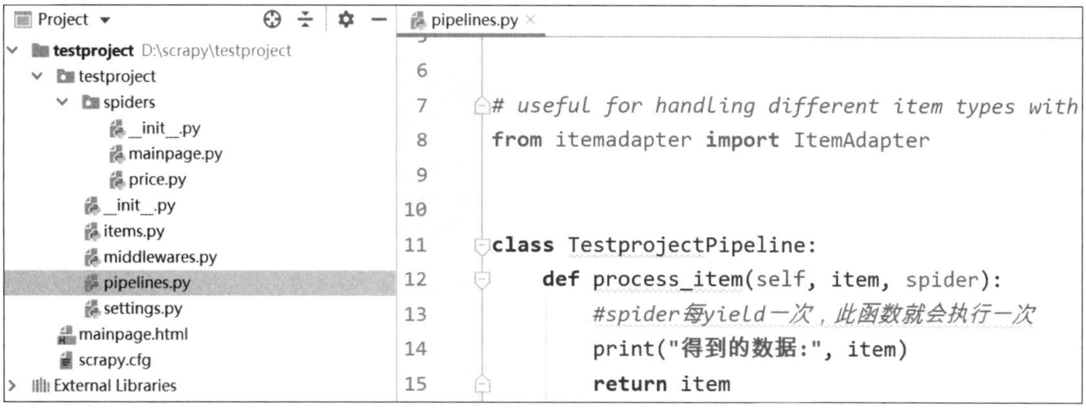

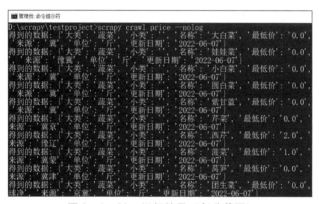

图 6 - 1 - 19　yield 测试代码

在 Windows cmd 命令行内输入 scrapy crawl price －－nolog，得到如图 6 - 1 - 20 所示的输出（部分截图），可以看到每 yield 一次，pipeline 函数就运行一次，其中，Item 变量的值就是 yield 过来的数据。

图 6 - 1 - 20　运行结果（部分截图）

最终将 yield 过来的数据存入 JSON 文件中，以下是代码实现：

```python
import json

class TestprojectPipeline:
    #初始化方法,以写方式打开 price.json 文件
    def __init__(self):
        self.json_file = open("price.json",'w')
    def process_item(self,item,spider):
        #spider 每 yield 一次,此函数就执行一次;
        #print("得到的数据:",item)

        #将 yield 过来的数据写入 JSON 文件,将数据序列化,进行换行
        price_json = json.dumps(item,ensure_ascii = False) + '\n'
```

```
#写入 price.json 文件内
self.json_file.write(price_json)
return item

#在对象将被删除前,关闭 price.json 文件
def __del__(self):
    self.json_file.close()
```

在 Windows cmd 命令行内输入 scrapy crawl price。运行完毕后,在项目内会增加一个 price.json 文件,如图 6 - 1 -21 所示。

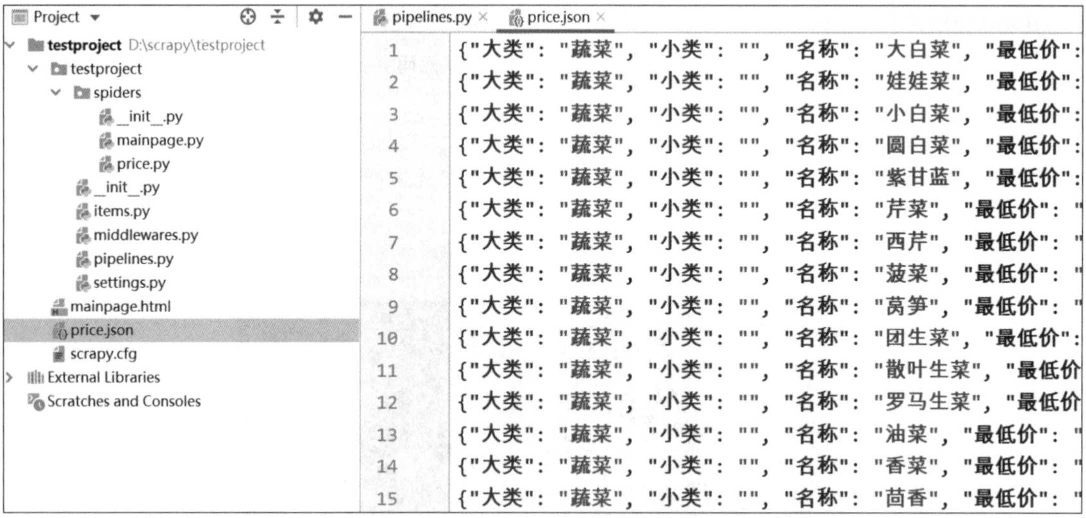

图 6 - 1 -21　price. json 文件

3. 创建与使用 Item

Item 对象是保存爬虫数据的容器,定义了爬取结果的数据结构,它提供了类似于字典的 API。定义 Item 需要继承 scrapy. Item 类,并将所有字段都定义为 scrapy. Field 类型。如图 6 - 1 -22 所示,将上面例子的数据字段定义到 Item 内。

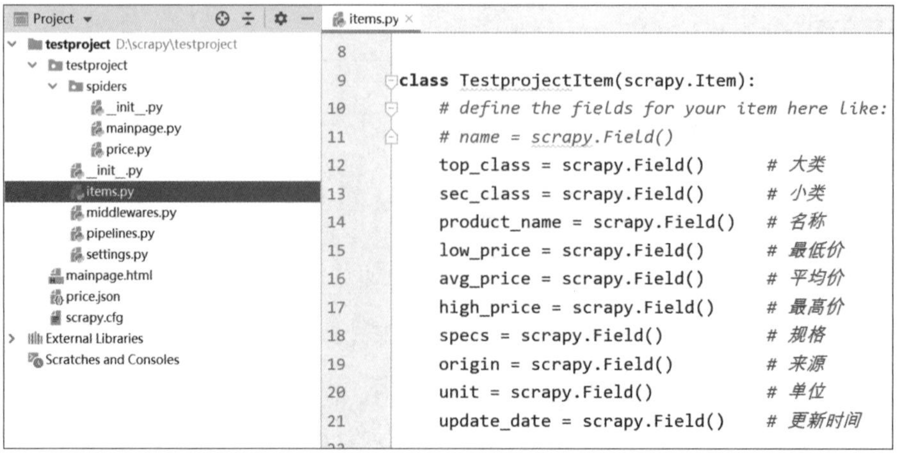

图 6 - 1 -22　Item 定义

修改 price.py 的爬取文件，代码如下：

```python
import scrapy
#导入 TestprojectItem
from testproject.items import TestprojectItem
class PriceSpider(scrapy.Spider):
    #爬虫的名字
    name = "price"
    #允许的域名
    allowed_domains = ["techlabplt.com"]
    #起始的 URL 地址
    start_urls = ["http://www.techlabplt.com:8080/BD-PC/priceList?pageId=1"]

    #在 parse 方法内实现爬取数据的逻辑
    def parse(self,response):
        #获取当前页内的所有农副产品的相关信息
        price_list = response.xpath("//*[@id='tableBody']/tr")
        #遍历 price_list 获取每一项内的数据值
        for price in price_list:
            #tmp = {}
            tmp = TestprojectItem()
            #判断选择器对象的值是不是存在,如果存在,就提取出来,如果不存在,则赋空值
            if price.xpath("./td[1]/text()"):
                tmp['top_class'] = price.xpath("./td[1]/text()")[0].extract()
            else:
                tmp['top_class'] = ''
            if price.xpath("./td[2]/text()"):
                tmp['sec_class'] = price.xpath("./td[2]/text()")[0].extract()
            else:
                tmp['sec_class'] = ''
            if price.xpath("./td[3]/text()"):
                tmp['product_name'] = price.xpath("./td[3]/text()")[0].extract()
            else:
                tmp['product_name'] = ''
            if price.xpath("./td[4]/text()"):
                tmp['low_price'] = price.xpath("./td[4]/text()")[0].extract()
            else:
                tmp['low_price'] = ''
            if price.xpath("./td[5]/text()"):
                tmp['avg_price'] = price.xpath("./td[5]/text()")[0].extract()
            else:
                tmp['avg_price'] = ''
            if price.xpath("./td[6]/text()"):
```

```
            tmp['high_price']=price.xpath("./td[6]/text()")[0].extract()
        else:
            tmp['high_price']=''
        if price.xpath("./td[7]/text()"):
            tmp['specs']=price.xpath("./td[7]/text()")[0].extract()
        else:
            tmp['specs']=''
        if price.xpath("./td[8]/text()"):
            tmp['origin']=price.xpath("./td[8]/text()")[0].extract()
        else:
            tmp['origin']=''
        if price.xpath("./td[9]/text()"):
            tmp['unit']=price.xpath("./td[9]/text()")[0].extract()
        else:
            tmp['unit']=''
        if price.xpath("./td[10]/text()"):
            tmp['update_date']=price.xpath("./td[10]/text()")[0].extract()
        else:
            tmp['update_date']=''
        #返回数据
        yield tmp
```

修改 pipelines.py 的爬取文件,在将数据写入 JSON 件之前,需要先把 Item 对象转为字典,并将存储的文件名称改为 price2.json,如图 6 - 1 - 23 所示。

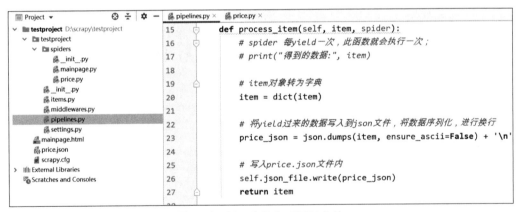

图 6 - 1 - 23　存储为 JSON 文件

以上修改完成后,在 Windows cmd 命令行内输入 scrapy crawl price。运行完毕后,在项目内同样会增加一个 price2.json 文件,如图 6 - 1 - 24 所示。

6.1.2　Spider 的使用

在前一个项目任务中,使用 Spider 来完成网站信息爬取的逻辑处理,本任务将详细讲解 Spider 的使用。

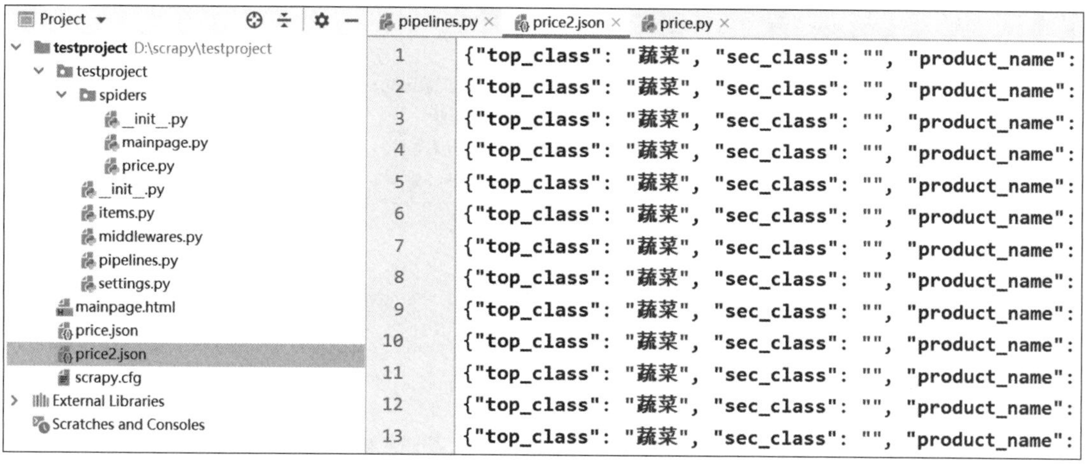

图 6 - 1 - 24　JSON 文件信息

在 Scrapy 爬虫项目中，最关键的就是 Spider 类，它定义了如何去爬取网站数据的流程和数据解析处理。

接下来看一下 Spider 类的处理流程：

• 以 start_url 初始化 Request 并设置回调方法，当 Request 请求成功后，将 Response 作为参数传递给回调方法。

• 在回调方法内分析 Response 内容，将解析得到的结果返回给 Item 对象，再进行处理保存。或者是解析下一个（详情页或下一页）网站链接，可以用此链接构造 Request 并设置不同的回调方法。

• 假设返回的是 Item 对象，可以通过 Feed exports 方式将数据保存，如果设置了 pipelines，可以通过 pipelines 方式处理与保存。

• 假设返回的是 Request，那么根据回调方法内给定的 Spider 类发起请求，获取到 Response 后，通过回调方法内的程序来分析 Response 内容，并将经过处理的数据返回给 Item。

• 依此类推，直到 Spider 内的爬虫逻辑结束。

1. Spider 类解析

在前一个项目中，所使用的 Spider 继承自 Scrapy. Spider 类，这个类是最基础的 Spider 类，所有其他的 Spider 都必须继承这个类。这个类提供了 start_requests 方法的实现方式，并读取请求 start_urls，然后根据返回结果调用 parse 方法进行解析。源代码如图 6 - 1 - 25 所示。

Spider 内有很多基础属性，下面来看一下它们的用途。

• name：Spider 的名称，在定位与运行 Spider 时，需要加上名字的参数，所以它必须是唯一的。一般的 name 可以使用网站名称为命名方式，例如：爬取 techlabplt. com 网站内的数据，可以使用 techlabplt 来命名 Spider。

• allowed_domains：允许爬取的域名，可选的配置参数。如果不设置，所有的 url 都可以爬取；如果设置，只有在 allowed_domains 内设置的域名所对应的网站才允许被爬取，否则，直接过滤。

• start_urls：起始的 URL 地址列表，通常从这个列表开始抓取数据。

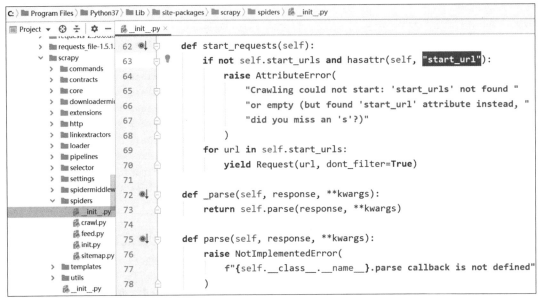

图 6 - 1 - 25   start_requests 源代码

- parse：假设 Response 没有指定回调方法，该方法会被默认调用，用它来处理 Response。该方法需要返回一个含有 Request 或 Item 的可迭代对象。
- closed：当 Spider 关闭时，Closed 方法被调用。这里一般会执行一些收尾操作（比如释放或关闭资源等）。
- start_requests：该方法用于执行初始请求，它默认使用 start_urls 内的 URL 来构造 Request，并且 Request 方式为 Get 请求。如果需要使用 Post 请求方式，需要重写这个方法。

2. **Spider 类演示**

接下来通过一个实例来演示 Spider 内的一些参数与用法。首先在 Windows cmd 命令行内输入 scrapy crawl techlabpltspider，如图 6 - 1 - 26 所示。

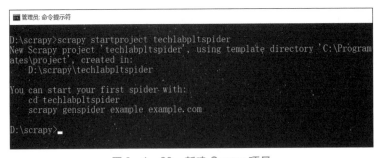

图 6 - 1 - 26   新建 Scrapy 项目

然后进入 techlabpltspider 目录下，对于爬取 www.techlabplt.com 这个网站，建立一个 Spider，如图 6 - 1 - 27 所示。

这时通过使用 PyCharm 打开这个项目，如图 6 - 1 - 28 所示，相应的 Spider 已经创建完毕。

接下来通过修改 techlabplt.py 来观察 Response 有哪些信息。以下是代码部分：

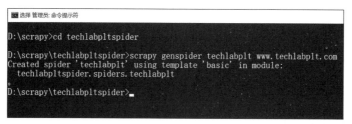

图 6 - 1 - 27　新建 Spider

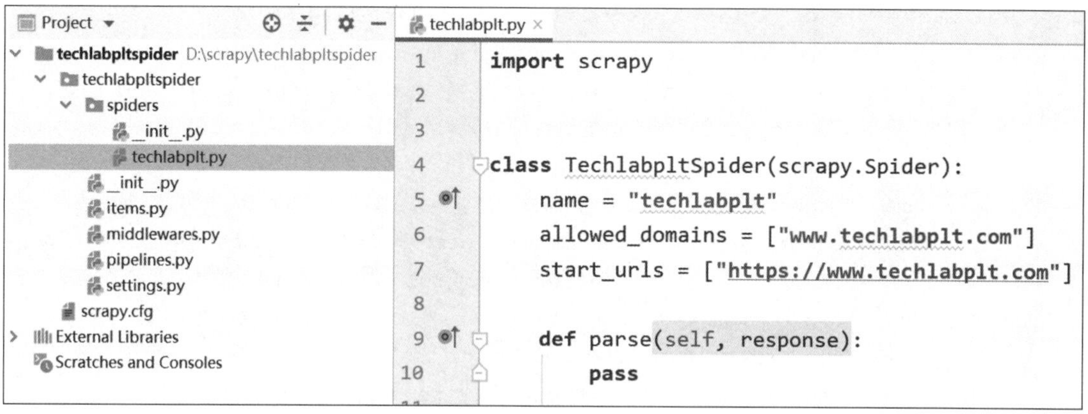

图 6 - 1 - 28　初始 Spider 程序内容

```
class TechlabpltSpider(scrapy.Spider):
  name = "techlabplt"
  allowed_domains = ["www.techlabplt.com"]
  start_urls = ["http://www.techlabplt.com"]

  def parse(self,response):
    #request 请求的 URL
    print('response.url:',response.url)
    #response 对应的 request 对象
    print('response.request:',response.request)
    #response 的状态码
    print('response.status:',response.status)
    #response 的响应头
    print('response.headers:',response.headers)
    #response 的响应体
    print('response.text:',response.text)
```

在 Windows cmd 命令行内输入 scrapy crawl techlabplt － － nolog，输出如下信息：

```
D:\scrapy\techlabpltspider > scrapy crawl techlabplt - - nolog
response.url:http://www.techlabplt.com
response.request: < GET http://www.techlabplt.com >
```

```
response.status:200
response.headers:{b'Content-Length':[b'17235'],b'Server':[b'nginx/1.22.0'],b'
Date':[b'Thu,11 May 2023 09:10:21 GMT'],b'Content-Type':[b'text/html'],b'Last-Mod-
ified':[b'Tue,02 May 2023 06:41:50 GMT'],b'Etag':[b'"6450b0ae-4353"'],b'Access-
Control-Allow-Origin':[b'*'],b'Access-Control-Allow-Credentials':[b'true'],b
'Access-Control-Allow-Methods':[b'*'],b'Access-Control-Allow-Headers':[b'*
'],b'Accept-Ranges':[b'bytes']}
response.text:
<!DOCTYPE html>
<html lang="zh-cn" xmlns="http://www.w3.org/1999/xhtml">
<head>
  <meta http-equiv="Content-Type" content="text/html;charset=utf-8"/>
  <title>技术实验平台-专业的网络系统运维供应商</title>
  <meta name="description" content="网络、系统运维、大数据"/>
  <meta name="keywords" content="网络解决方案,Cisco,思科,H3C,大数据,爬虫"/>
  <link href="bootstrap/css/bootstrap.min.css" rel="stylesheet"/>
  <link href="css/base.css" type="text/css" rel="stylesheet"/>
  <link href="css/common.css" type="text/css" rel="stylesheet"/>
  <link href="css/index2016.css" type="text/css" rel="stylesheet"/>
  <link href="css/head.css" type="text/css" rel="stylesheet"/>
  <!--<link href="css/footer.css" type="text/css" rel="stylesheet"/>-->
  <link href="css/index.css" type="text/css" rel="stylesheet"/>
  <link href="css/animate.min.css" type="text/css" rel="stylesheet"/>
  <script src="js/jquery-3.6.0.min.js"></script>
  <script src="bootstrap/js/bootstrap.min.js"></script>
  <script src="js/index.js"></script>
  <!--<script src="../Public/Web/js/nav.js"></script>-->
  <!--<scrip
```

以上省略了 Response.text 的部分内容。这里是因为 Spider 内默认含有 start_requests 方法，其实现了初始的请求。当然，也可以重写 start_requests 方法，直接把这个方法复制到 techlabplt.py 内，代码如下：

```python
import scrapy
from scrapy import Request


class TechlabpltSpider(scrapy.Spider):
    name = "techlabplt"
    allowed_domains = ["www.techlabplt.com"]
    start_urls = ["http://www.techlabplt.com"]

    def start_requests(self):
        if not self.start_urls and hasattr(self,"start_url"):
            raise AttributeError(
```

```
        "Crawling could not start:'start_urls' not found "
        "or empty(but found 'start_url' attribute instead,"
        "did you miss an 's'?)"
    )
    for url in self.start_urls:
        yield Request(url,dont_filter = True)

def parse(self,response):
    #request 请求的 URL
    print('response.url:',response.url)
    #response 对应的 request 对象
    print('response.request:',response.request)
    #response 的状态码
    print('response.status:',response.status)
    #response 的响应头
    print('response.headers:',response.headers)
    #response 的响应体
    print('response.text:',response.text)
```

假如需要使用自定义初始请求，就可以重写 start_requests 方法，如下所示。

```
import scrapy
from scrapy import Request
import time
import random

class TechlabpltSpider(scrapy.Spider):
    name = "techlabplt"
    allowed_domains = ["www.techlabplt.com"]
    init_url = "http://www.techlabplt.com:8080/BD - PC/priceList"
    def start_requests(self):
        for page in range(1,3):
            url = self.init_url + "? pageId = " + str(page)
            print("第",page)
            time.sleep(1)
            yield Request(url,
                callback = self.parse_custom)

    def parse_custom(self,response):
        #request 请求的 URL
        print('response.url:',response.url)
        #response 对应的 request 对象
        print('response.request:',response.request)
        #response 的状态码
```

```
print('response. status:',response. status)
#response 的响应头
print('response. headers:',response. headers)
```

在这段自定义的 start_requests 实现中，重写了这个方法，获取前两页的内容，并且重新定义了回调方法为 parse_custom。在 Windows cmd 命令行内输入 scrapy crawl techlabplt，输出的信息如图 6 – 1 – 29 所示。

图 6 – 1 – 29   运行 Spider 项目

以上截取了部分执行结果，可以看到两次的请求都是正常返回。

6.1.3　Selector 的使用

Scrapy 提供了自己的数据提取方法 Selector。在静态网页爬取的项目中学习了 Parsel 库的使用方法，Scrapy 中的 Selector 就是基于 Parsel 库来实现的。

Selector 支持 CSS 选择器、XPath 选择器与正则表达式。它在后台使用 lxml 库，并在 lxml API 之上实现了 API 封装，所以，Scrapy 选择器的速度和解析精度与 lxml 的非常相似，其解析速度快，并且准确度非常高。

本节将详细介绍 Selector 的使用。

1. 实例说明

通过一个实例，在 Selector 中使用 CSS 选择器与 XPath 选择器去获取数据，以下是代码实现：

```
from scrapy import Selector
import warnings
#去除不影响程序运行的警告
warnings. filterwarnings("ignore")
content = '''
```

```
<html>
<head>
<title>Selector 实例</title>
</head>
<body>
  <div class="centerForm">
  <div>
    <h5 style="margin-bottom:20px">数据列表:</h5>
  </div>

  <a href="error.html" style="display:none;">数据 1</a>
  <a href="priceList.html" style="font-size:16px;">数据 2</a>
  <div>
    <h5>表单数据:</h5>
  </div>

  <form>
    用户名称:<input type="text" name="name">
    邮箱地址:<input type="text" name="email">
    <input type="hidden" name="phone">
    <input type="text" name="addr" class="hiddenInput">
    <input type="submit" value="提交">
  </form>
  </div>
  <div id='image'>
    <a href='img1.html'>img1 text<img src='img1.png'/></a>
    <a href='img2.html'>img2 text<img src='img2.png'/></a>
  </div>
</body>
</html>
'''

selector = Selector(text=content)
#CSS 选择器方式
print("-----------CSS 选择器方式------------")
#通过 CSS 选择器获取第一个 img 标签的 src 属性
print("1. 第一个 img 标签的 src 属性值:",selector.css('img').attrib['src'])
#通过 CSS 选择器获取所有 a 标签的 href 属性
print("2. 所有 a 标签的 href 属性值:",selector.css('a::attr(href)').getall())
#通过 CSS 选择器选择有 href 属性并且 href 属性中包含 img 的 a 标签
print("3. href 属性中包含 img 的 a 标签的 href 属性值:",selector.css('a[href*=img]::attr(href)').getall())
#通过 CSS 选择器选择 type 属性包含 text 的 input 标签下的 name 的属性值
```

```
print("4.type 属性中包含 text 的 input 标签的 name 属性值:",selector.css('input[type*
=text]::attr(name)').getall())
    #通过 CSS 选择器获取所有 a 标签的文本信息
    print("5. 获取所有 a 标签的文本信息:",selector.css('a::text').getall())
    #通过 CSS 选择器获取 id 为 image 节点下的所有文本
    print("6. 获取 id 为 image 节点下的所有文本:",selector.css('#image * ::text').getall
())

    #XPath 选择器方式
    print(" -----------XPath 选择器方式 ------------")
    #通过 XPath 选择器获取所有 input 标签下的 type 属性值
    print("7. 获取所有 input 标签下的 type 属性值:",selector.xpath('//input/@ type')
.getall())
    #通过 XPath 选择器获取所有 a 标签下的 href 属性值
    print("8. 获取所有 a 标签下的 href 属性值:",selector.xpath('//a/@ href').getall())
```

以上实例是通过单独使用 Selector 来获取网页的。通过直接在 PyCharm 内运行，结果如图 6 – 1 – 30 所示。

图 6 – 1 – 30 Selector 获取网页信息

2. CSS 选择器

Scrapy shell 中有内置选择器 Response. selector，可用于提取网页信息。通过这个 selector 对象，可以调用 CSS、XPath 等解析方法，然后向这些方法传入相应的参数，就可以实现数据的提取。

通过爬取网页（http://www. techlabplt. com:8080/BD – PC/css. html）来分析 CSS 选择器的使用。

在 Windows cmd 命令行内输入：

```
scrapy shell http://www. techlabplt. com:8080/BD – PC/css. html
```

输出如图 6 – 1 – 31 的信息。

以上命令其实就是 Scrapy 发起了对 http://www. techlabplt. com:8080/BD – PC/css. html 的

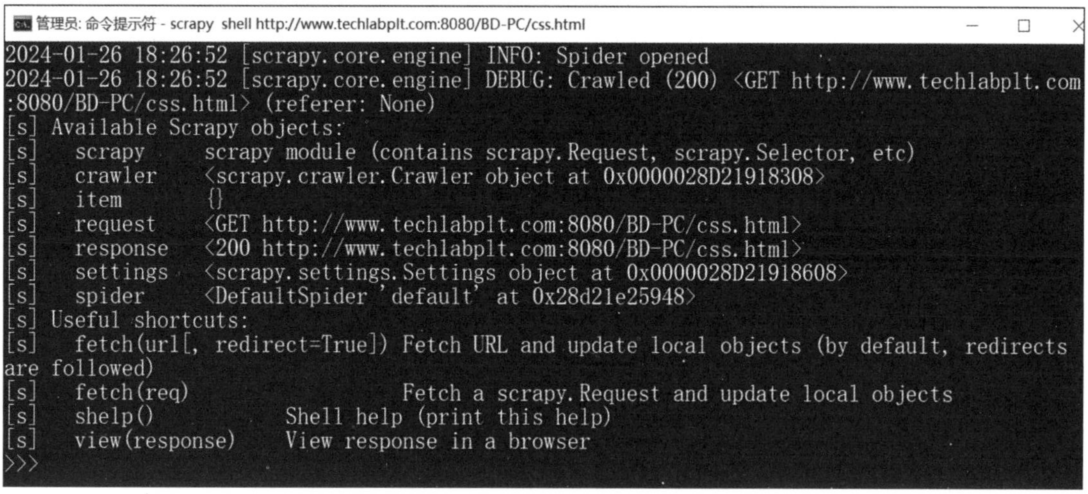

图 6 – 1 – 31　Scrapy shell 命令集

访问请求。可以对请求得到的数据进行一些操作，比如 Response、Request。

此页面的主要内容如图 6 – 1 – 32 所示。

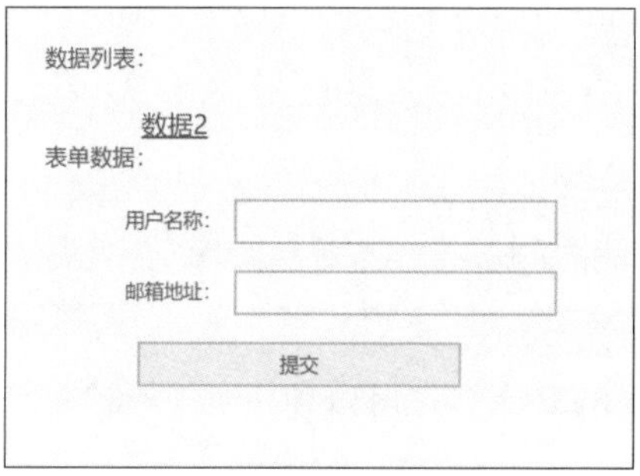

图 6 – 1 – 32　页面内容

例如：想通过 CSS 选择器获取页面上表单数据的 input 标签，命令如下：Response. selector. css('input')，也可以使用 Response. css('input')，两者的功能相同，运行结果如下：

[< Selector query = 'descendant - or - self::input' data = ' < input type = "text" name = "name" > ' > ,

< Selector query = 'descendant - or - self::input' data = ' < input type = "text" name = "email" > ' > ,

< Selector query = 'descendant - or - self::input' data = ' < input type = "hidden" name = "phone" > ' > ,

< Selector query = 'descendant - or - self::input' data = ' < input type = "text" name = "addr" class = ... ' > ,

< Selector query = 'descendant - or - self::input' data = ' < input type = "submit" value = "提交

" > ' >]

返回的结果为 Selector 的列表，其为 SelectorList 类型。对于 SelectorList 类型，如果每个 Selector 内部还有节点，可以使用 CSS 方法进一步提取数据。

通过 Response. selector. css('input') 获取的是一个列表，那么怎么获取里面的内容呢？假如想获取 input 内的元素，可以使用如下命名：

```
Response. selector. css('input'). extract()
```

运行的结果如下：

```
['<input type = "text" name = "name">',
'<input type = "text" name = "email">',
'<input type = "hidden" name = "phone">',
'<input type = "text" name = "addr" class = "hiddenInput">',
'<input type = "submit" value = "提交">']
```

假如想获取 Type 为 text 的 name 信息呢？可以使用如下命令：

```
response. selector. css('input[type* =text]::attr(name)'). extract()
```

运行的结果如下：

```
['name','email','addr']
```

假如想获取网页上数据列表的信息，怎么操作呢？

首先获取 Class 为 centerForm 的 div 标签，可以使用如下命令：

```
response. selector. css('div[class =centerForm]')
```

运行的结果如下：

```
[<Selector query = "descendant - or - self::div[@ class = 'centerForm']" data = '<
div class = "centerForm">\r\n...'>]
```

接下来获取 SelectorList 内的 a 标签，可以使用如下命令：

```
response. selector. css('div[class =centerForm]'). css('a')
```

运行的结果如下：

```
[<Selector query = 'descendant - or - self::a' data = '<a href = "http://www. techlabplt.
com:80...'>,
   <Selector query = 'descendant - or - self::a' data = '<a href = "http://www. techlabplt.
com:80...'>]
```

如果需要获取数据，可以使用如下命令：

```
response. selector. css('div[class =centerForm]'). css('a::text'). extract()
```

运行的结果如下：

```
['数据1','数据2']
```

如果需要获取链接，可以使用如下命令：

```
response. selector. css('div[class =centerForm]'). css('a::attr(href)'). extract()
```

运行的结果如下：

```
['http://www.techlabplt.com:8080/BD - PC/error.html','http://www.techlabplt.com:
8080/BD - PC/priceList']
```

如果需要获取单一的数据值，可以使用如下命令：

```
response. selector. css('div[class = centerForm]'). css('a::attr(href)'). extract()
[0]
```

运行的结果如下：

```
'http://www.techlabplt.com:8080/BD - PC/error.html'
```

但是这个写法有个风险，假设在循环遍历的时候，有一条数据是空的，那么再去取 [0] 就会导致数组越界。在上一个项目中通过判断是否为空来避免，其实对于提取单一元素，可以通过 extract_first 来实现，该方法将匹配的第一个结果提取出来。如果不存在，其返回值为空，不必担心数组越界的问题。

使用如下命令：

```
response. selector. css('div[class = centerForm]'). css('a::attr(href)'). extract_
first()
```

运行结果如下：

```
'http://www.techlabplt.com:8080/BD - PC/error.html'
```

返回的值与 extract()[0] 方式是一样的。假设现在获取一个不存在的属性，使用如下命令：

```
response. selector. css('div[class = centerForm]'). css('a::attr(h)'). extract()[0]
```

运行结果如下：

```
Traceback(most recent call last):
File " <console >",line 1,in <module >
IndexError:list index out of range
```

通过返回值，可以看到直接报了数组越界的错误。那么使用 extract_first() 就不会存在这个问题，使用如下命令：

```
response. selector. css('div[class = centerForm]'). css('a::attr(h)'). extract_first
()
```

直接返回空，图 6 - 1 - 33 所示为返回信息。

当然，在为空的情况下，可以设置默认值，使用如下命令：

```
response. selector. css('div[class = centerForm]'). css('a::attr(h)'). extract_
first('default value')
```

在其值为空的情况下，直接输出 default value，如图 6 - 1 - 34 所示。

3. XPath 选择器

除了 CSS 选择器，Scrapy 还提供了 XPath 选择器，使用 Response. selector. xpath，或者直接使用 Response. xpath 就可以提取相应的元素。例如：使用 CSS 选择器提取 input 的相关信

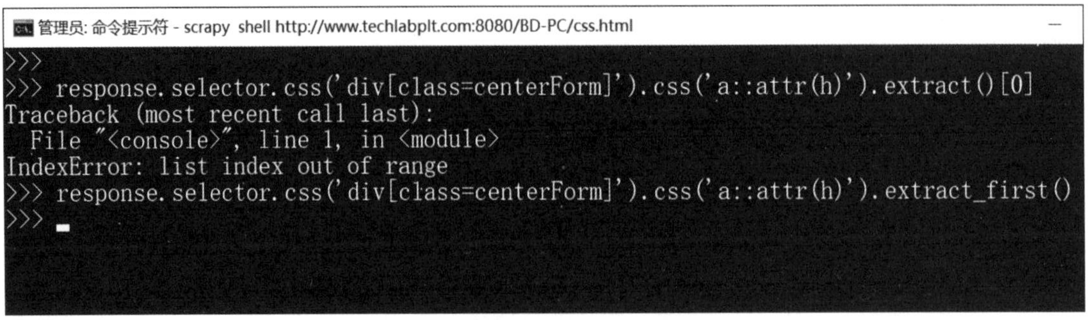

图 6 - 1 - 33　extract_first( ) 返回信息

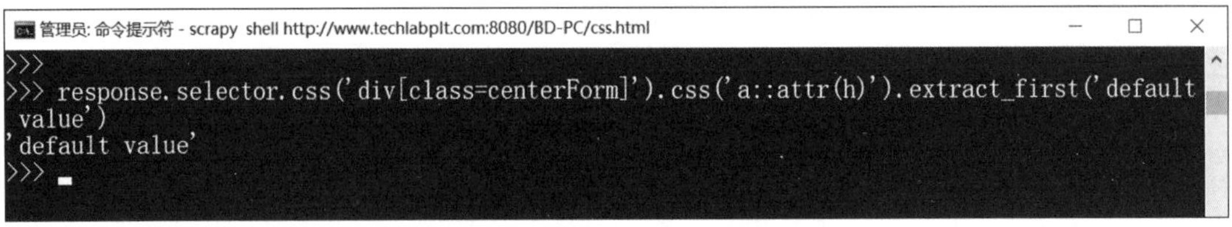

图 6 - 1 - 34　extract_first( ) 默认值返回

息，XPath 也一样能够实现，其命令如下：

```
response. xpath('//input')
```

运行结果如下：

```
[ < Selector query = '//input' data = ' < input type = "text" name = "name" > ' >,
< Selector query = '//input' data = ' < input type = "text" name = "email" > ' >,
< Selector query = '//input' data = ' < input type = "hidden" name = "phone" > ' >,
< Selector query = '//input' data = ' < input type = "text" name = "addr" class = …
' >,
< Selector query = '//input' data = ' < input type = "submit" value = "提交" > ' > ]
```

获取网页中数据列表的文本信息，其命令如下：

```
response. xpath("//div[ @ class = 'centerForm']/a/text()"). extract()
```

运行结果如下：

```
[ '数据 1', '数据 2']
```

获取网页中数据列表的链接信息，其命令如下：

```
response. xpath("//div[ @ class = 'centerForm']/a/@ href"). extract()
```

运行结果如下：

```
[ 'http://www. techlabplt. com:8080/BD - PC/error. html', 'http://www. techlabplt. com:
8080/BD - PC/priceList']
```

　　无论是使用 CSS 选择器还是 XPath 选择器，都可以非常方便地将网页内的数据获取得到，其语法格式与前面项目是一致的，这里就不再举例说明。

6.1.4　任务实施

1. 任务需求

通过 Scrapy 框架爬取农副产品网站（http://www.techlabplt.com：8080/BD－PC/priceList）的所有数据，并把数据存入 JSON 文件中。

2. 任务实施

在 Windows cmd 命令行内输入 scrapy startproject pricescrapy，创建名为 pricescrapy 的项目。输入 cd pricescrapy，进入新建的项目。输入 scrapy genspider price www.techlabplt.com，创建名为 price 的 Scrapy。整个过程如图 6－1－35 所示。

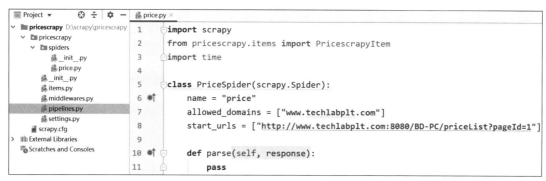

图 6－1－35　新建 Scrapy 项目

使用 PyCharm 打开新建的项目，并将 start_urls 的值修改为第一页的访问地址，如图 6－1－36 所示。

```
import scrapy
from pricescrapy.items import PricescrapyItem
import time

class PriceSpider(scrapy.Spider):
    name = "price"
    allowed_domains = ["www.techlabplt.com"]
    start_urls = ["http://www.techlabplt.com:8080/BD-PC/priceList?pageId=1"]

    def parse(self, response):
        pass
```

图 6－1－36　修改 start_urls 的值

修改 items. py，定义各个爬取字段的字典，以下是代码实现：

```
import scrapy
```

```
class PricescrapyItem(scrapy.Item):
  top_class = scrapy.Field()   #大类
  sec_class = scrapy.Field()   #小类
  product_name = scrapy.Field()   #名称
  low_price = scrapy.Field()   #最低价
  avg_price = scrapy.Field()   #平均价
  high_price = scrapy.Field()   #最高价
  specs = scrapy.Field()   #规格
  origin = scrapy.Field()   #来源
  unit = scrapy.Field()   #单位
  update_date = scrapy.Field()   #更新时间
```

修改 settings.py，关闭 Robots 的访问，开启 JSON 数据的保存，以下是代码实现：

```
#ROBOTSTXT_OBEY = True
ITEM_PIPELINES = {
  "pricescrapy.pipelines.PricescrapyPipeline":300,
}
```

修改 pipelines.py，将获取得到的数据存入 JSON 文件中，以下是代码实现：

```
import json
class PricescrapyPipeline:
  #初始化方法,以写方式打开 price.json 文件
  def __init__(self):
    self.json_file = open("D:/scrapy/price.json",'w')

  def process_item(self,item,spider):
    #spider 每 yield 一次,此函数就会执行一次;
    #item 对象转为字典
    item = dict(item)
    #将 yield 过来的数据写入 JSON 文件,将数据序列化,进行换行
    price_json = json.dumps(item,ensure_ascii = False) + '\n'
    #写入 price.json 文件内
    self.json_file.write(price_json)
    return item

  #在对象将被删除前,关闭 price.json 文件
  def __del__(self):
    self.json_file.close()
```

修改 price.py，循环遍历获取每一页的数据，并将数据传递到 Items，以下是代码实现：

```
import scrapy
from pricescrapy.items import PricescrapyItem
import time
```

```python
class PriceSpider(scrapy.Spider):
    name = "price"
    allowed_domains = ["techlabplt.com"]
    #起始的 URL 地址
    start_urls = ["http://www.techlabplt.com:8080/BD-PC/priceList?pageId=1"]


    #在 parse 方法内实现爬取数据的逻辑
    def parse(self,response):
        #获取当前页内的所有农副产品的相关信息
        price_list = response.xpath("//*[@id='tableBody']/tr")
        #遍历 price_list 获取每一项内的数据值
        for price in price_list:
            itm = PricescrapyItem()
            #将各个字段提取出来,存入 itm
            itm['top_class'] = price.xpath("./td[1]/text()").extract_first()
            itm['sec_class'] = price.xpath("./td[2]/text()").extract_first()
            itm['product_name'] = price.xpath("./td[3]/text()").extract_first()
            itm['low_price'] = price.xpath("./td[4]/text()").extract_first()
            itm['avg_price'] = price.xpath("./td[5]/text()").extract_first()
            itm['high_price'] = price.xpath("./td[6]/text()").extract_first()
            itm['specs'] = price.xpath("./td[7]/text()").extract_first()
            itm['origin'] = price.xpath("./td[8]/text()").extract_first()
            itm['unit'] = price.xpath("./td[9]/text()").extract_first()
            itm['update_date'] = price.xpath("./td[10]/text()").extract_first()
            #返回数据
            yield itm


        '''
        翻页实现
        '''
        #翻页之前先休眠 2 s
        print("--------------- 先休息 2s,继续爬取 ---------------")
        time.sleep(2)
        #获取本页的 ID,得到下一页的地址
        current_url_id = response.css("input[id='currentPage']::attr(value)").extract_first()
        print("本页的 ID",current_url_id)
        next_url_id = int(current_url_id) +1


        #判断当最大页等于当前页的时候结束请求
        total_url_id = response.css("input[id='totalPage']::attr(value)").extract_first()
        if current_url_id != total_url_id:
```

```
    next_url = response. urljoin("http://www. techlabplt. com:8080/BD - PC/
priceList? pageId = " + str(next_url_id))
    #next_url = response. urljoin("https://www. baidu. com")
    yield scrapy. Request(url = next_url,callback = self. parse)
```

在 Windows cmd 命令行内输入 scrapy crawl price，运行后的最终结果如图 6 - 1 - 37 所示。

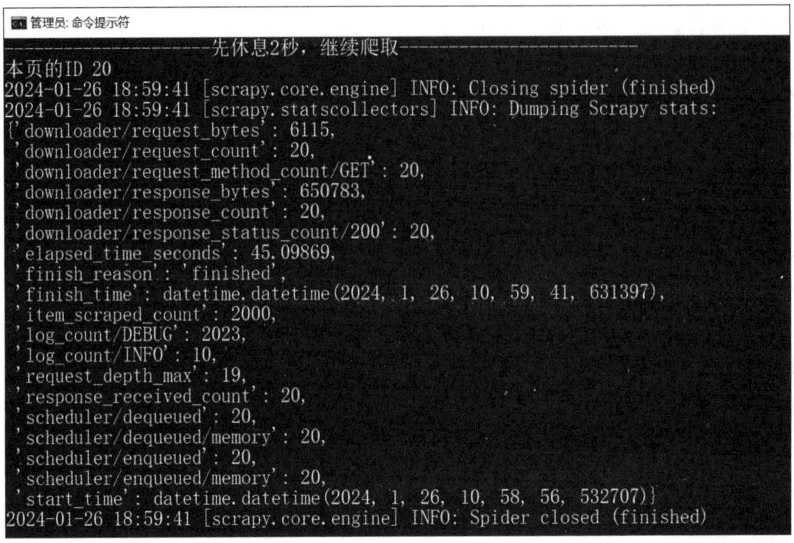

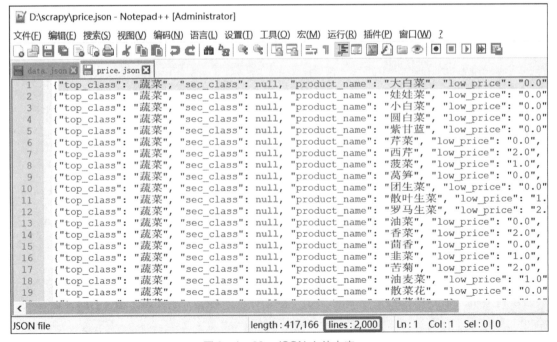

图 6 - 1 - 37 运行 Scrapy 项目结果

由运行结果可知，共有 20 次请求，每次请求获取一页数据，共解析了 2 000 次。在对应的目录下，新增了 price. json 文件，共 2 000 条数据，如图 6 - 1 - 38 所示。

图 6 - 1 - 38 JSON 文件内容

任务 6.2　Scrapy 拓展

在前面的项目中，已经了解了 Scrapy 的基本应用。里面都是使用 Scrapy 中的 Request 来发起请求获取数据，其本质都是通过模拟 HTTP 请求获取得到数据。如果网站的内容是动态网页（通过 JavaScript 处理），那么直接使用 Request 是抓取不到的。在动态网页爬取项目中介绍过，对于此类网站，一般情况下有两种解决方式：要么通过分析，获取数据源的 Ajax 请求的接口；要么通过 Selenium 等模拟浏览器工具。

6.2.1　对接 Selenium 的应用

本项目需要爬取的网站为（http：//www. techlabplt. com：8080/BD – PC/zhaopin. html）。这是一个招聘网站，主要内容为招聘职位信息，如图 6 – 2 – 1 所示，其内容通过 JavaScript 处理。因为无法通过 Requests 去获取数据，所以可以通过 Selenium 模拟浏览器的方式来实现。

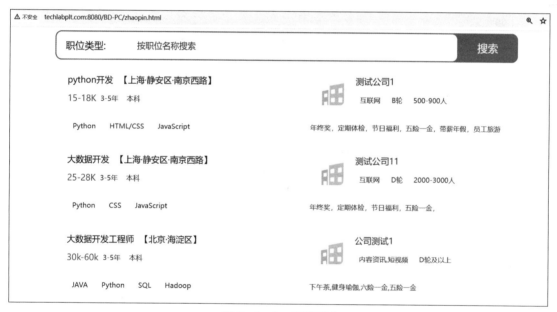

图 6 – 2 – 1　招聘网页

1. 中间件

在 Scrapy 框架中，如果使用 Selenium，需要用到中间件来对接。

根据运行流程中所处位置不同，分为两类：

• 下载器中间件（Downloader Middleware），处于 Engine 与 Downloader 之间；

• 爬虫中间件（Spider Middleware），处于 Engine 与 Spider 之间。

Scrapy 中间件的作用如下：

• 预处理 Request 和 Response 对象；

• Header 与 Cookie 处理，比如：在爬虫请求中网站设置了反爬，需要程序带上请求头与 Cookie 信息；

● 代理 IP 的应用, 比如: 在爬取大批量数据的时候, 需要使用不同的 IP 去访问网站进行爬虫;

● 其他定制化操作。

Scrapy 框架默认情况下, 在 middlewares.py 中定义, 如图 6 - 2 - 2 所示。

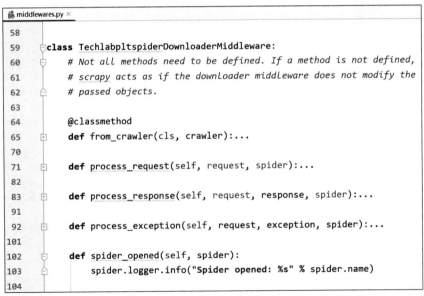

图 6 - 2 - 2 middlewares.py 程序

两种中间件的作用与功能基本相同。通常情况下, 在 Downloader Middleware 中实现上述功能。

Downloader Middleware 中默认有多个方法, 如图 6 - 2 - 3 所示, 最主要的为 process_request 与 process_response, 当 Request 通过下载器中间件的时候, process_request 方法被调用, 当下载器完成 HTTP 请求, 传递 Response 给 Engine 的时候, process_response 被调用。

```
58
59   class TechlabpltspiderDownloaderMiddleware:
60       # Not all methods need to be defined. If a method is not defined,
61       # scrapy acts as if the downloader middleware does not modify the
62       # passed objects.
63
64       @classmethod
65       def from_crawler(cls, crawler):...
70
71       def process_request(self, request, spider):...
82
83       def process_response(self, request, response, spider):...
91
92       def process_exception(self, request, exception, spider):...
101
102      def spider_opened(self, spider):
103          spider.logger.info("Spider opened: %s" % spider.name)
104
```

图 6 - 2 - 3 middlewares.py 程序内的方法信息

process_request(self,Request,Spider) 有如下返回值：

● None：引擎将请求通过下载器中间件处理，下载器中间件处理完毕后返回 None。当所有下载器中间件都返回为 None 时，则请求会被交给下载器处理。如果没有任何 Return，返回的也是 None。

● Request 对象：返回为 Request 对象，此时引擎将该对象发给调度器。

● Response 对象：请求完毕，把 Response 返回给引擎，交给 Spider 解析处理。

process_response(Self,Request,Response,Spider) 有如下返回值：

● Request 对象：返回为 Request 对象，此时引擎将此对象发给调度器。

● Response 对象：请求完毕，把 Response 返回给引擎，交给 Spider 解析处理。通常情况下，在 process_request 中实现所需的功能。在功能实现之前，需要在 setting.py 中开启中间件。中间件可以定义多个，调用顺序取决于权重值，权重值越小越优先。

通过一个实例来看一下整个过程是如何实现的。在网络爬虫时，一般会设置 Header 头，以防止爬虫程序被识别。接下来，通过修改 techlabplt 项目，使用下载器中间件的 process_request 方法，用随机 User – Agent 的方式来避免此类问题。

第一步：如果只修改 User – Agent，可以通过 settings.py 启用并修改 User – Agent。将浏览器 Headers 内的 User – Agent 字段的值复制到 USER_AGENT 变量下，即可实现，如图6 – 2 – 4 所示。

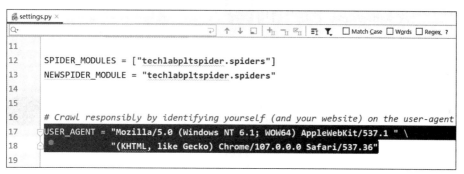

图6 – 2 – 4　修改 User – Agent 值

如果是随机 User – Agent，需要定义一个 User – Agent 的 List。图6 – 2 – 5 所示为各种浏览器的 User – Agent 的值。

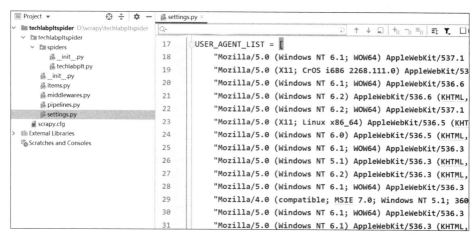

图6 – 2 – 5　各种浏览器的 User – Agent 的值

第二步：修改 middlewares. py 中间件，新增 User – Agent 下载器中间件类，如图 6 – 2 – 6 所示。其主要的功能是：从 settings 的 USER_AGENT_LIST 这个列表内随机获取一个值（各类浏览器的 User – Agent），再将这个值赋予 Request 请求头的 User – Agent 内。作用是：改写 User – Agent 的值，以实现模仿浏览器访问网站的效果。

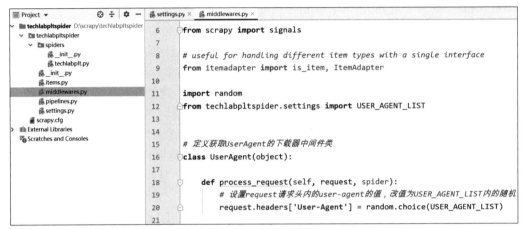

图 6 – 2 – 6　随机调用 User – Agent List

第三步：修改 settings. py，注册与启用 User – Agent 下载器中间件类，如图 6 – 2 – 7 所示。

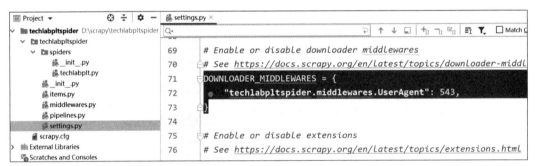

图 6 – 2 – 7　注册与启用 User – Agent

第四步：修改 techlabplt. py，输出 Header 内的 User – Agent，如图 6 – 2 – 8 所示。

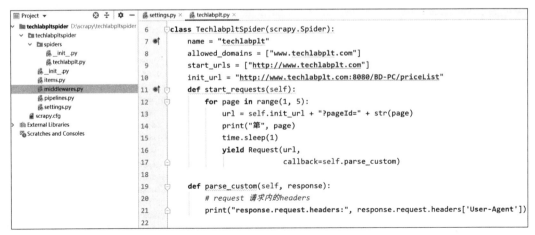

图 6 – 2 – 8　输出 User – Agent 信息

第五步：运行 techlabplt 爬虫，查看在爬取过程中，是否随机使用了不同的 User - Agent，如图 6 - 2 - 9 所示。

```
管理员: 命令提示符
D:\scrapy\techlabpltspider>scrapy crawl techlabplt --nolog
第 1
第 2
第 3
第 4
response.request.headers: b'Mozilla/5.0 (X11; CrOS i686 2268.111.0) AppleWebKit/536.11
(KHTML, like Gecko) Chrome/107.0.0.0 Safari/537.36'
response.request.headers: b'Mozilla/5.0 (Windows NT 5.1) AppleWebKit/536.3 (KHTML, like
 Gecko) Chrome/107.0.0.0 Safari/537.36'
response.request.headers: b'Mozilla/5.0 (Windows NT 6.1; WOW64) AppleWebKit/536.3 (KHTM
L, like Gecko) Chrome/107.0.0.0 Safari/537.36'
response.request.headers: b'Mozilla/5.0 (Windows NT 5.1) AppleWebKit/536.3 (KHTML, like
 Gecko) Chrome/107.0.0.0 Safari/537.36'
```

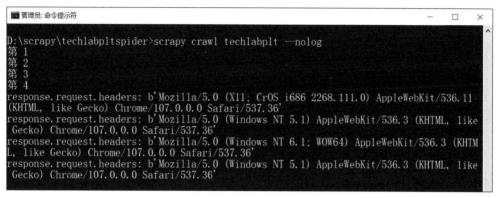

图 6 - 2 - 9　运行结果

由图 6 - 2 - 9 可知，每一次的请求所使用的 User - Agent 都是不同的。接下来看一下 Scrapy 框架中怎么使用 Selenium 来爬取招聘网站。

2. 准备工作

第一步：新建 Scrapy 项目，命名为 scrapyselenium。在 Windows cmd 命令行内输入 scrapy startproject scrapyselenium，如图 6 - 2 - 10 所示。

```
管理员: 命令提示符
D:\scrapy>scrapy startproject scrapyselenium
New Scrapy project 'scrapyselenium', using template directory 'C:\Program Files
tes\project', created in:
    D:\scrapy\scrapyselenium

You can start your first spider with:
    cd scrapyselenium
    scrapy genspider example example.com

D:\scrapy>
```

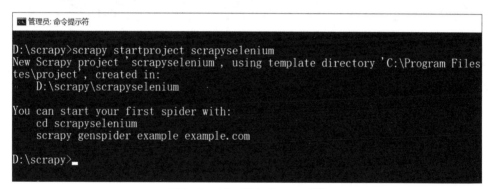

图 6 - 2 - 10　新建 Scrapy 项目

第二步：进入 scrapyselenium 项目目录，新建一个 Spider，命名为 job。在 Windows cmd 命令行内输入 scrapy genspider job www.techlabplt.com，如图 6 - 2 - 11 所示。

```
管理员: 命令提示符
D:\scrapy>cd scrapyselenium

D:\scrapy\scrapyselenium>scrapy genspider job www.techlabplt.com
Created spider 'job' using template 'basic' in module:
  scrapyselenium.spiders.job

D:\scrapy\scrapyselenium>
```

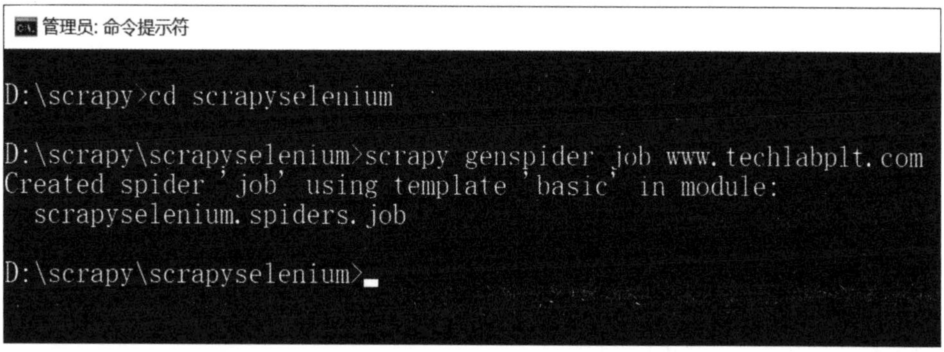

图 6 - 2 - 11　新建 Spider

第三步：使用 PyCharm 打开项目，修改 job. py，如图 6 – 2 – 12 所示。

图 6 – 2 – 12　修改 job. py

第四步：在 Windows cmd 命令行内输入 scrapy crawl job －－nolog，如图 6 – 2 – 13 所示。

图 6 – 2 – 13　运行结果

第五步：修改 middlewares. py，首先确保 Selenium 组件已经安装完毕（此部分在前面项目中有安装与使用，如有问题，请参考项目 "Selenium 库的使用"）。middlewares. py 修改完毕后，代码如下：

```
from scrapy import signals

from selenium. webdriver import Chrome
from selenium import webdriver
from scrapy. http import HtmlResponse
import time

class SeleniumDownloaderMiddleware(object):

  def process_request(self, request, spider):
    #获取 request 内的 url
    request_url = request. url
    #去除非必要的日志输出
    options = webdriver. ChromeOptions()
    options. add_experimental_option("excludeSwitches", ["enable - logging"])
    webBrowser = Chrome(options = options)
    #发起 Chrome 浏览器访问 request 内的 url
```

```
webBrowser.get(request_url)
time.sleep(2)
#将 Chrome 浏览器内的源码赋值到 pageSource
pageSource = webBrowser.page_source
webBrowser.close()


#创建响应对象,返回
res = HtmlResponse(url = request_url,body = pageSource,
        encoding = 'utf-8',request = request)
return res
```

第六步：修改 settings. py，注册与启用 SeleniumDownloaderMiddleware 下载器中间件类，如图 6 - 2 - 14 所示。

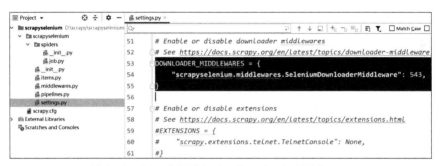

图 6 - 2 - 14　启用 SeleniumDownloaderMiddleware

第七步：在 Windows cmd 命令行内输入 scrapy crawl price。运行完毕后，会有 Chrome 浏览器弹出，如图 6 - 2 - 15 所示，说明调用 Selenium 中间件成功。

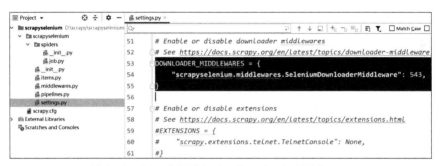

图 6 - 2 - 15　弹出 Chrome 浏览器

3. 数据解释与处理

修改 items. py，如图 6 - 2 - 16 所示。

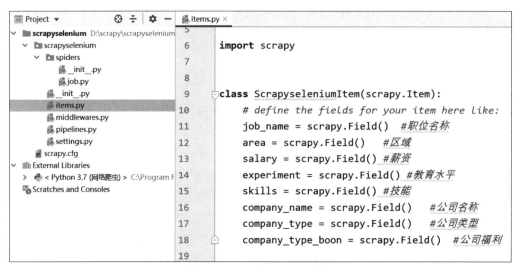

图 6 - 2 - 16　修改 Item 信息

修改 job. py，以下为代码部分：

```
import scrapy

from scrapyselenium. items import ScrapyseleniumItem

class JobSpider(scrapy. Spider):
    name = "job"
    allowed_domains = ["techlabplt. com"]
    start_urls = ["http://www. techlabplt. com:8080/BD - PC/zhaopin. html"]

    def parse(self,response):
        #print("返回的状态码信息为:",response. status)
        job_list = response. xpath("//* [@ id = 'app']/ul/li")

        for job in job_list:
            #获取得到各个数据字段
        job_item = ScrapyseleniumItem()
        job_item['job_name'] = job. xpath(". /div[1]/a/div[1]/span[1]/text()"). ex-
tract_first()
        job_item['area'] = job. xpath(". /div[1]/a/div[1]/span[2]/span/span"). extract_
first()
        job_item['salary'] = job. xpath(". /div[1]/a/div[2]/span"). extract_first()
        job_item['experiment'] = job. xpath(". /div[1]/a/div[2]/ul/li[1]"). extract_
first()
        job_item['skills'] = job. xpath(". /div[2]/ul/li[1]"). extract_first()
```

```
        job_item['company_name'] = job.xpath("./div[1]/div/div[2]/h3").extract_
first()
        job_item['company_type'] = job.xpath("./div[1]/div/div[2]/ul/li[1]"). ex-
tract_first()
        job_item['company_type_boon'] = job.xpath("./div[2]/div").extract_first()
        #输出职位名称
    print("职位名称:",job_item['job_name'])
```

在 Windows cmd 命令行内输入 scrapy crawl job --nolog，如图 6 - 2 - 17 所示。

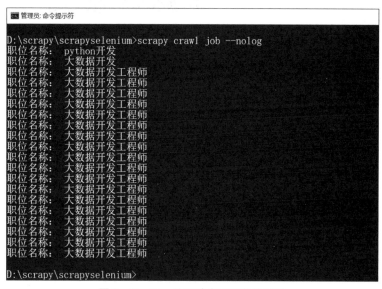

图 6 - 2 - 17　处理动态网页数据成功

4. 优化

● 关闭 robots. txt 文件的访问。

Scrapy 框架在运行爬取任务之前，首先会去获取 robots. txt 文件，如果网站没有该文件，则会直接输出 404 错误，如图 6 - 2 - 18 所示。

图 6 - 2 - 18　404 错误信息

通过在 settings. py 中取消 ROBOTSTXT_OBEY = True 的设置，即可完成此功能，如图 6 - 2 - 19 所示。

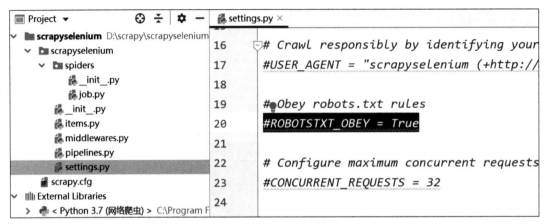

图 6 - 2 - 19 取消 Robots 访问

- 启用无头浏览器。

通过在 middlewares. py 中增加 Options 值为 headless，即可完成此功能，如图 6 - 2 - 20 所示。

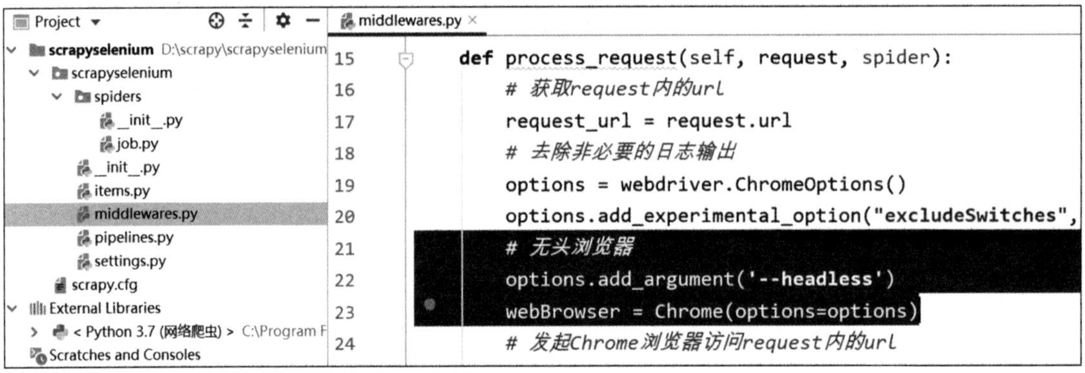

图 6 - 2 - 20 启用无头浏览器

6. 2. 2 对接 Splash 的应用

在上一小节中，详细讲解了 Scrapy 如何对接 Selenium 的流程，通过它来爬取 JavaScript 渲染的动态网站数据。实现获取动态网站数据的方式有多种，接下来通过使用 Splash 来完成此项任务。

Splash 是一个 JavaScript 的渲染服务，它是实现 HTTP API 的轻量级浏览器。Scrapy 对接 Splash 需要用到 Scrapy - Splash 这个组件。最终使用 Scrapy - Splash 拿到的响应相当于是在浏览器全部渲染完成以后的网页源代码。

1. 前置条件

实现 Scrapy 对接 Splash，首先需要确保 Splash 安装完成并能正常启用，所以需要安装与运行 Splash。

第一步：Splash 安装在 docker 环境下，通过命令 sudo docker pull scrapinghub/splash 拉取 Splash 镜像，如图 6 – 2 – 21 所示。

```
[ruser@CentOS7 ~]$ sudo docker pull scrapinghub/splash
Using default tag: latest
latest: Pulling from scrapinghub/splash
Digest: sha256:b4173a88a9d11c424a4df4c8a41ce67ff6a6a3205bd093808966c12e0b06dacf
Status: Image is up to date for scrapinghub/splash:latest
docker.io/scrapinghub/splash:latest
[ruser@CentOS7 ~]$
```

图 6 – 2 – 21　获取 Splash 镜像

第二步：通过命令 sudo docker run – d – p 8050:8050 scrapinghub/splash 后台运行 Splash 服务，如图 6 – 2 – 22 所示。

```
[ruser@CentOS7 ~]$ sudo docker run  -d -p 8050:8050 scrapinghub/splash
eda9bc2471027161b0b2442f265ce218aaf86eebde05959c40a22c4a0e25299a
[ruser@CentOS7 ~]$
```

图 6 – 2 – 22　启用 Splash 镜像

第三步：通过命令 sudo docker ps 查看已经在运行的 Docker 服务，如图 6 – 2 – 23 所示。

```
[ruser@CentOS7 ~]$ sudo docker ps -a
CONTAINER ID    IMAGE               COMMAND             CREATED         STATUS          PORTS
                                    NAMES
eda9bc247102    scrapinghub/splash  "python3 /app/bin/sp…"  57 seconds ago  Up 55 seconds   0.0.0.0:80
50->8050/tcp, :::8050->8050/tcp  festive_faraday
[ruser@CentOS7 ~]$
```

图 6 – 2 – 23　查看 Splash 运行情况

第四步：通过浏览器访问这台 Docker 服务器的 8050 端口，如图 6 – 2 – 24 所示。

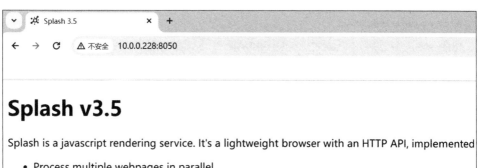

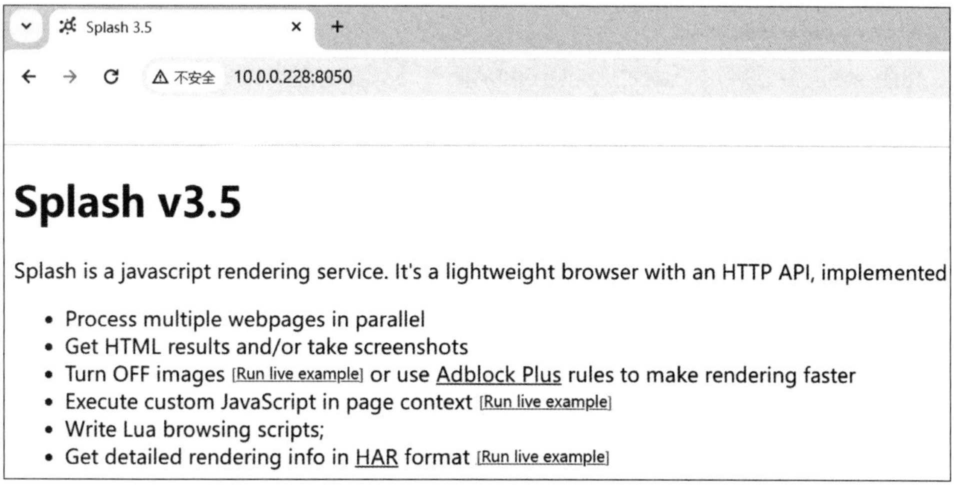

图 6 – 2 – 24　浏览器访问 Splash

第五步：通过 Splash 访问测试网站（http://www.techlabplt.com:8080/BD – PC/zhaopin. html），如图 6 – 2 – 25 所示。

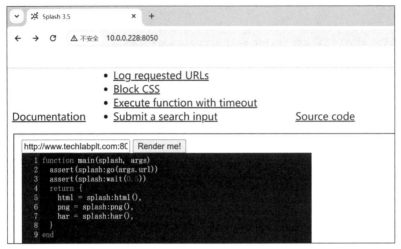

图 6 – 2 – 25　Splash 测试

通过单击"Render me！"按钮，得到如图 6 – 2 – 26 所示的输出，可以看到 HTML 内的信息有 JavaScript 渲染后的数据，至此，Splash 服务已安装并运行正常。

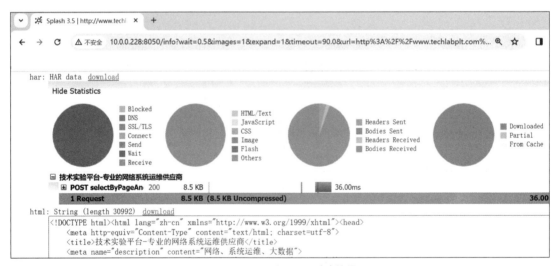

图 6 – 2 – 26　Splash 测试结果

2. 准备工作

Splash 服务运行正常后，只需要安装 scrapy – splash 库来对接 Splash 即可，如图 6 – 2 – 27 所示。

3. 数据解释与处理

上一个小节使用 Selenium 爬取 JavaScript 渲染的数据是借助 Downloader Middleware 来实现的。通过 Downloader Middleware，调用 Chrome 浏览器来渲染网站页面，然后构造 HttpResponse 最终返回给 Spider。Splash 与 Selenium 不同，它本身是一个 JavaScript 页面渲染

```
管理员: 命令提示符
C:\Users\Administrator>pip install scrapy-splash
Looking in indexes: https://mirrors.aliyun.com/pypi/simple
Collecting scrapy-splash
  Downloading https://mirrors.aliyun.com/pypi/packages/70/0e/dc721991fd737e37486
d/scrapy_splash-0.9.0-py2.py3-none-any.whl (27 kB)
Installing collected packages: scrapy-splash
Successfully installed scrapy-splash-0.9.0

[notice] A new release of pip is available: 23.1.2 -> 23.3.2
[notice] To update, run: python.exe -m pip install --upgrade pip

C:\Users\Administrator>_
```

图 6 – 2 – 27　scrapy – splash 库安装

服务，所以，通过 scrapy – splash 将需要爬取数据的 URL 传递给 Splash 就能得到 JavaScript 渲染后的结果。

　　第一步：新建 Scrapy 项目，在 Windows cmd 命令行内输入 scrapy startproject scrapy-splash，输出如图 6 – 2 – 28 所示信息。

```
选择 管理员: 命令提示符
D:\scrapy>scrapy startproject scrapysplash
New Scrapy project 'scrapysplash', using template directory 'C:\Program Files
s\project', created in:
    D:\scrapy\scrapysplash

You can start your first spider with:
    cd scrapysplash
    scrapy genspider example example.com

D:\scrapy>
```

图 6 – 2 – 28　新建 Scrapy 项目

　　第二步：进入 scrapysplash 项目目录，新建一个 Spider，命名为 job。在 Windows cmd 命令行内输入 scrapy genspider job www. techlabplt. com，如图 6 – 2 – 29 所示。

```
管理员: 命令提示符
D:\scrapy>cd scrapysplash

D:\scrapy\scrapysplash>scrapy genspider job www.techlabplt.com
Created spider 'job' using template 'basic' in module:
  scrapysplash.spiders.job

D:\scrapy\scrapysplash>
```

图 6 – 2 – 29　新建 Spider

第三步：使用 PyCharm 打开项目，修改 job. py，如图 6－2－30 所示。

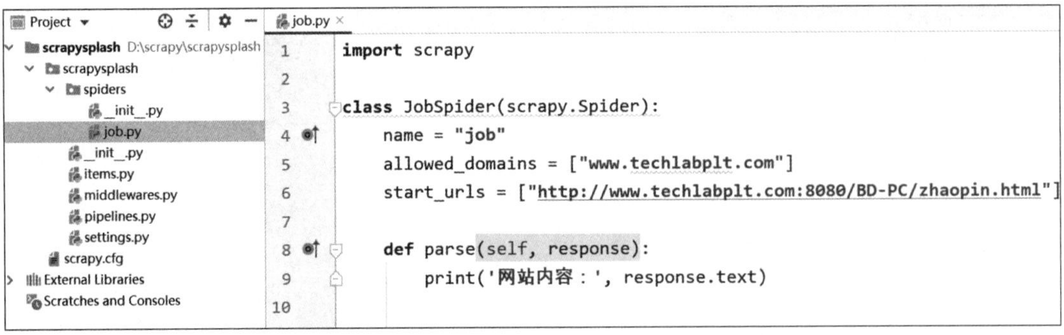
Project
scrapysplash D:\scrapy\scrapysplash
scrapysplash
spiders
__init__.py
job.py
__init__.py
items.py
middlewares.py
pipelines.py
settings.py
scrapy.cfg
External Libraries
Scratches and Consoles
job.py
import scrapy
class JobSpider(scrapy.Spider):
name = "job"
allowed_domains = ["www.techlabplt.com"]
start_urls = ["http://www.techlabplt.com:8080/BD-PC/zhaopin.html"]
def parse(self, response):
print('网站内容：', response.text)

图 6－2－30　修改 job. py 程序

第四步：在 Windows cmd 命令行内输入 scrapy crawl job，如图 6－2－31 所示。

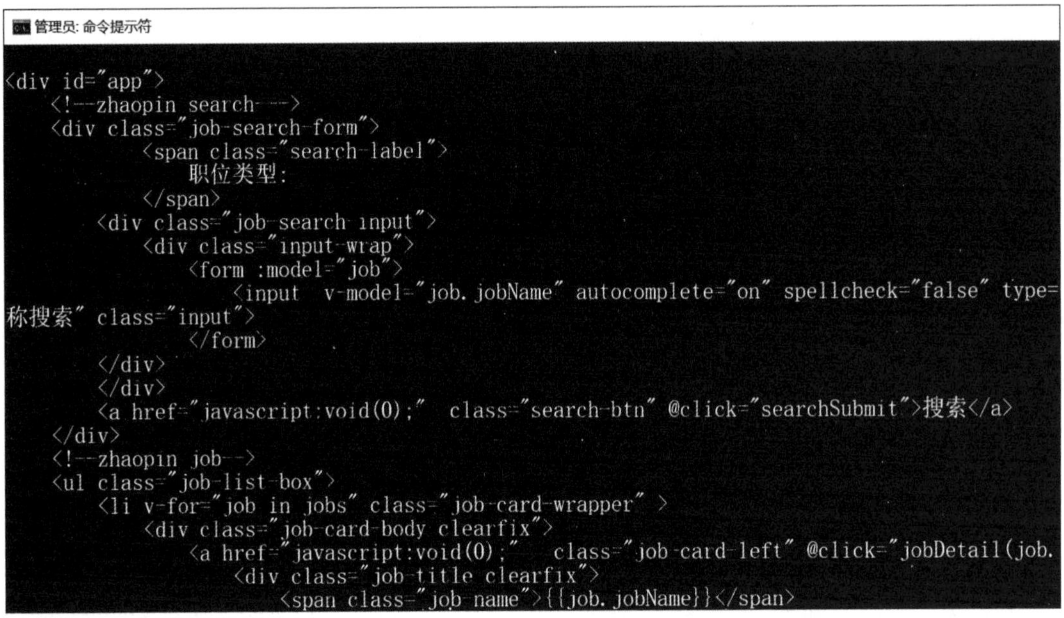
管理员: 命令提示符
<div id="app">
<!--zhaopin search-->
<div class="job-search-form">
<span class="search-label">
职位类型:
</span>
<div class="job-search-input">
<div class="input-wrap">
<form :model="job">
<input v-model="job.jobName" autocomplete="on" spellcheck="false" type=
称搜索" class="input">
</form>
</div>
</div>
<a href="javascript:void(0);" class="search-btn" @click="searchSubmit">搜索</a>
</div>
<!--zhaopin job-->
<ul class="job-list-box">
<li v-for="job in jobs" class="job-card-wrapper" >
<div class="job-card-body clearfix">
<a href="javascript:void(0);" class="job-card-left" @click="jobDetail(job.
<div class="job-title clearfix">
<span class="job-name">{{job.jobName}}</span>

图 6－2－31　运行 Scrapy 项目

此时在获取得到的源代码中，没有职位信息的数据。

第五步：在 settings. py 内设置 Splash 服务的 URL，如图 6－2－32 所示。

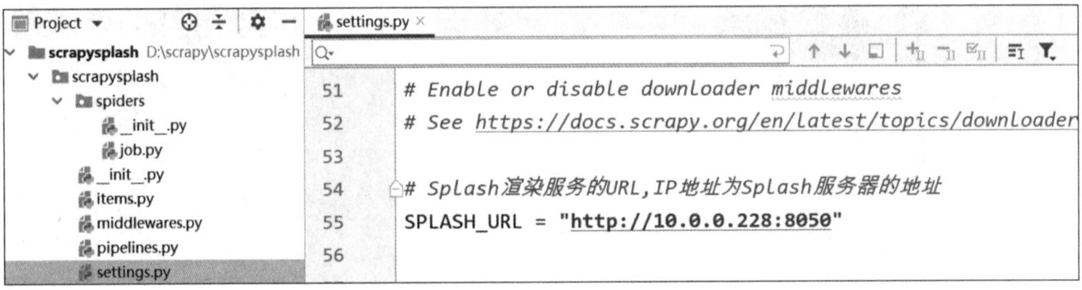
Project
scrapysplash D:\scrapy\scrapysplash
scrapysplash
spiders
__init__.py
job.py
__init__.py
items.py
middlewares.py
pipelines.py
settings.py
settings.py
# Enable or disable downloader middlewares
# See https://docs.scrapy.org/en/latest/topics/downloader
# Splash渲染服务的URL，IP地址为Splash服务器的地址
SPLASH_URL = "http://10.0.0.228:8050"

图 6－2－32　定义 Splash 服务的 URL

第六步：在 settings. py 内设置 Splash 下载器中间件，代码如下所示：

```
DOWNLOADER_MIDDLEWARES = {
'scrapy_splash. SplashCookiesMiddleware':723,
'scrapy_splash. SplashMiddleware':725,
'scrapy. downloadermiddlewares. httpcompression. HttpCompressionMiddleware':810,
}
SPIDER_MIDDLEWARES = {
'scrapy_splash. SplashDeduplicateArgsMiddleware':100,
}
#去重过滤器
DUPEFILTER_CLASS = 'scrapy_splash. SplashAwareDupeFilter'
#Splash 的 HTTP 缓存
HTTPCACHE_STORAGE = 'scrapy_splash. SplashAwareFSCacheStorage'
```

第七步：在 settings. py 内关闭 Robots 协议，代码如下所示：

```
#ROBOTSTXT_OBEY = True
```

第八步：在 job. py 内使用 Splash，代码如下所示：

```
import scrapy

#导入 scrapy_splash 内的 Request
from scrapy_splash import SplashRequest

class JobSpider(scrapy. Spider):
    name = "job"
    allowed_domains = ["www. techlabplt. com"]
        start_urls = ["http://www. techlabplt. com:8080/BD - PC/zhaopin. html"]

    def start_requests(self):
    yield SplashRequest(self. start_urls[0],
            callback = self. parse,
            args = {'wait':5},#最大超时时间,设置为 5 s
            endpoint = 'render. html' #splash 服务的固定参数
            )

def parse(self,response):
print('网站内容:',response. text)
```

第九步：在 Windows cmd 命令行内输入 scrapy crawl job，如图 6 - 2 - 33 所示，返回的响应中存在 JavaScript 渲染过的数据。

取出数据的部分在“对接 Selenium 的应用”中已经实现，此处就不再赘述了。如有疑问，可参照上一项目。

```
管理员: 命令提示符
<div class="img">
    <!--<img src="images/202201061130.png" alt="">-->
</div>
<!--zhaopin main-->

<div id="app"><div class="job-search-form"><span class="search-label">
                职位类型:
            </span> <div class="job-search-input"><div class="input-wrap"><form model="[object Object]"
ete="on" spellcheck="false" type="text" placeholder="按职位名称搜索" class="input"></form></div></div>
pt:void(0);" class="search-btn">搜索</a></div> <ul class="job-list-box"><li class="job-card-wrapper"><c
d-body clearfix"><a href="javascript:void(0);" class="job-card-left"><div class="job-title clearfix"><s
me">python开发</span> <span class="job-area-wrapper"><span><span class="job-area">【上海·静安区·南京
n></span></div> <div class="job-info"><span class="salary">15-18K</span> <ul class="tag-list"><li>3-5年
i></ul></div></a> <div class="job-card-right"><div class="company-logo"><img src="upload/defaultCompany
 class="company-info"><h3 class="company-name">
                            测试公司1
                        </h3> <ul class="company-tag-list"><li>互联网</li><li>B轮</li><li>500-900人</li
></div> <div class="job-card-footer"><ul class="tag-list"><li>Python</li><li>HTML/CSS</li><li>JavaScrip
class="boon-info">年终奖, 定期体检, 节日福利, 五险一金, 带薪年假, 员工旅游</div></div></li><li class="
<div class="job-card-body clearfix"><a href="javascript:void(0);" class="job-card-left"><div class="job
<span class="job-name">大数据开发</span> <span class="job-area-wrapper"><span><span class="job-area">【
京西路】</span></span></span></div> <div class="job-info"><span class="salary">25-28K</span> <ul class=
5年</li> <li>本科</li></ul></div></a> <div class="job-card-right"><div class="company-logo"><img src="u
any.png"></div> <div class="company-info"><h3 class="company-name">
                            测试公司11
```

图 6-2-33　运行 Scrapy 程序

6.2.3　任务实施

1. 任务需求

通过 Scrapy 框架对接 Selenium 爬取网站（http://www.techlabplt.com:8080/BD-PC/zhaopin.html）的前 20 页职位数据，并将数据存入 JSON 文件中。

2. 任务实施

- 在 Windows cmd 命令行内输入 scrapy startproject jobscrapy，创建名为 jobscrapy 的项目。输入 cd jobscrapy，进入刚新建的项目。输入 scrapy genspider job www.techlabplt.com，创建名为 job 的 Spider。整个过程如图 6-2-34 所示。

```
管理员: 命令提示符

D:\scrapy>scrapy startproject jobscrapy
New Scrapy project 'jobscrapy', using template directory 'C:\Program Files\
roject', created in:
    D:\scrapy\jobscrapy

You can start your first spider with:
    cd jobscrapy
    scrapy genspider example example.com

D:\scrapy>cd jobscrapy

D:\scrapy\jobscrapy>scrapy genspider job www.techlabplt.com
Created spider 'job' using template 'basic' in module:
  jobscrapy.spiders.job

D:\scrapy\jobscrapy>
```

图 6-2-34　新建 Scrapy 项目

• 使用 PyCharm 打开新建的项目，并将 start_urls 的值修改为第一页的访问地址，如图 6 – 2 – 35 所示。

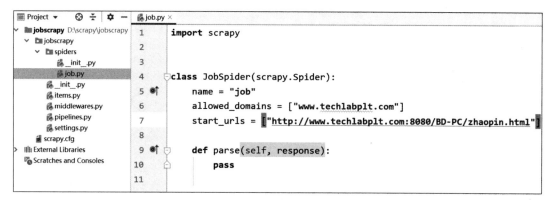

图 6 – 2 – 35　修改 start_urls

• 修改 items. py，定义各个爬取字段的字典，以下是代码实现：

```
class JobscrapyItem( scrapy. Item):
job_name = scrapy. Field( )#职位名称
area = scrapy. Field( )#区域
salary = scrapy. Field( )#薪资
experiment = scrapy. Field( )#教育水平
skills = scrapy. Field( )#技能
company_name = scrapy. Field( )#公司名称
company_type = scrapy. Field( )#公司类型
company_type_boon = scrapy. Field( )#公司福利
```

• 修改 settings. py，关闭 Robots 的访问，开启 JSON 数据的保存，开启中间件功能，以下是代码实现：

```
#ROBOTSTXT_OBEY = True

ITEM_PIPELINES = {
  "pricescrapy. pipelines. PricescrapyPipeline":300,
}
DOWNLOADER_MIDDLEWARES = {
  "jobscrapy. middlewares. JobscrapyDownloaderMiddleware":543,
}
```

• 修改 pipelines. py，增加将获取得到的数据存入 JSON 文件中，以下是代码实现：

```
import json

class JobscrapyPipeline:
  #初始化方法,以写方式打开 job. json 文件
  def __init__(self):
```

```
            self.json_file = open("D:/scrapy/job.json",'w')


    def process_item(self,item,spider):
        #spider 每 yield 一次,此函数就会执行一次
        #print("得到的数据:",item)


        #item 对象转为字典
        item = dict(item)


            #将 yield 过来的数据写入 JSON 文件,将数据序列化,进行换行
        price_json = json.dumps(item,ensure_ascii = False) + '\n'


        #写入 job.json 文件内
        self.json_file.write(price_json)
        return item


        #当对象将被删除前,关闭 price.json 文件
    def __del__(self):
        self.json_file.close()
```

- 修改 middlewares.py，通过 Selenium 中间件获取网页内容，以下是代码实现：

```
from scrapy import signals
from selenium.webdriver import Chrome
from selenium import webdriver
from scrapy.http import HtmlResponse
import time


class SeleniumDownloaderMiddleware(object):


def process_request(self,request,spider):
    #获取 request 内的 url
    request_url = request.url
    #去除非必要的日志输出
    options = webdriver.ChromeOptions()
    options.add_experimental_option("excludeSwitches",["enable - logging"])
    webBrowser = Chrome(options = options)
    #调用 Chrome 浏览器,访问 request 内的 url
    webBrowser.get(request_url)
    time.sleep(2)
    #将 Chrome 浏览器内的源码赋值到 pageSource
    pageSource = webBrowser.page_source
    webBrowser.close()
```

```
#创建响应对象,返回
res = HtmlResponse(url = request_url,body = pageSource,
        encoding = 'utf - 8',request = request)
return res
```

● 修改 job. py,解析从 Selenium 中间件返回的数据,并将处理后的数据传递给 Item,
以下是代码实现:

```
from jobscrapy. items import JobscrapyItem

class JobSpider(scrapy. Spider):
  name = "job"
  allowed_domains = ["www. techlabplt. com"]
start_urls = ["http://www. techlabplt. com:8080/BD - PC/zhaopin. html"]

  def parse(self,response):
    #print("返回的状态码信息为:",response. status)
    job_list = response. xpath("//* [@ id = 'app']/ul/li")

    for job in job_list:
      #获取得到各个数据字段
      job_item = JobscrapyItem()
      job_item['job_name'] = job. xpath(". /div[1]/a/div[1]/span[1]/text()"). ex-
tract_first()
      job_item['area'] = job. xpath(". /div[1]/a/div[1]/span[2]/span/span/text
()"). extract_first()
      job_item['salary'] = job. xpath(". /div[1]/a/div[2]/span/text()"). extract_
first()
      job_item['experiment'] = job. xpath(". /div[1]/a/div[2]/ul/li[1]/text()").
extract_first()
      job_item['skills'] = job. xpath(". /div[2]/ul/li[1]/text()"). extract_first
()
      job_item['company_name'] = job. xpath(". /div[1]/div/div[2]/h3/text()")
. extract_first(). replace("\n",""). replace(" ","")
      job_item['company_type'] = job. xpath(". /div[1]/div/div[2]/ul/li[1]/text
()"). extract_first()
      job_item['company_type_boon'] = job. xpath(". /div[2]/div/text()"). extract_
first()
      #返回数据
      yield job_item
```

● 在 Windows cmd 命令行内输入 scrapy crawl job,运行后的结果如图 6 - 2 - 36 所示。

从运行结果可知,有一条返回,返回的状态是正常的。在对应的目录下新增了 job. json
文件,共20 条数据,如图 6 - 2 - 37 所示。

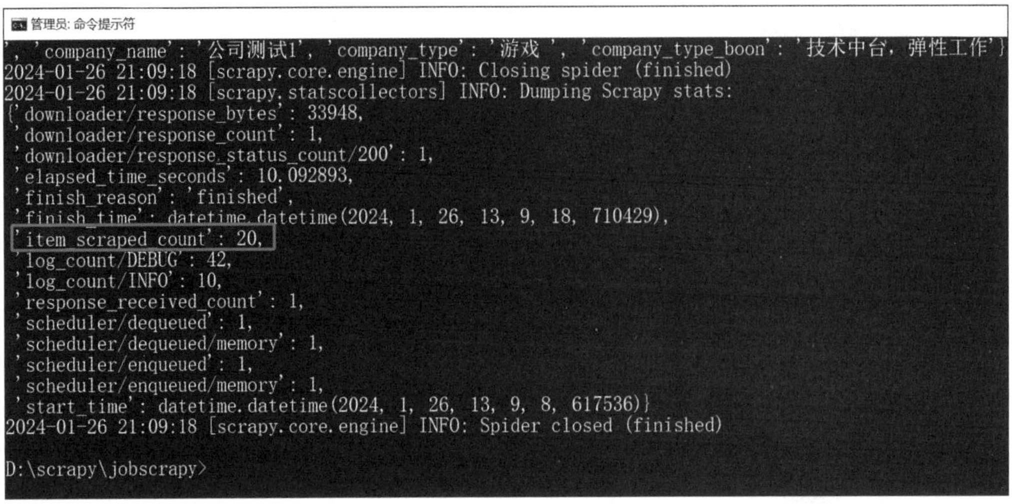

图 6 - 2 - 36　运行 Scrapy 项目

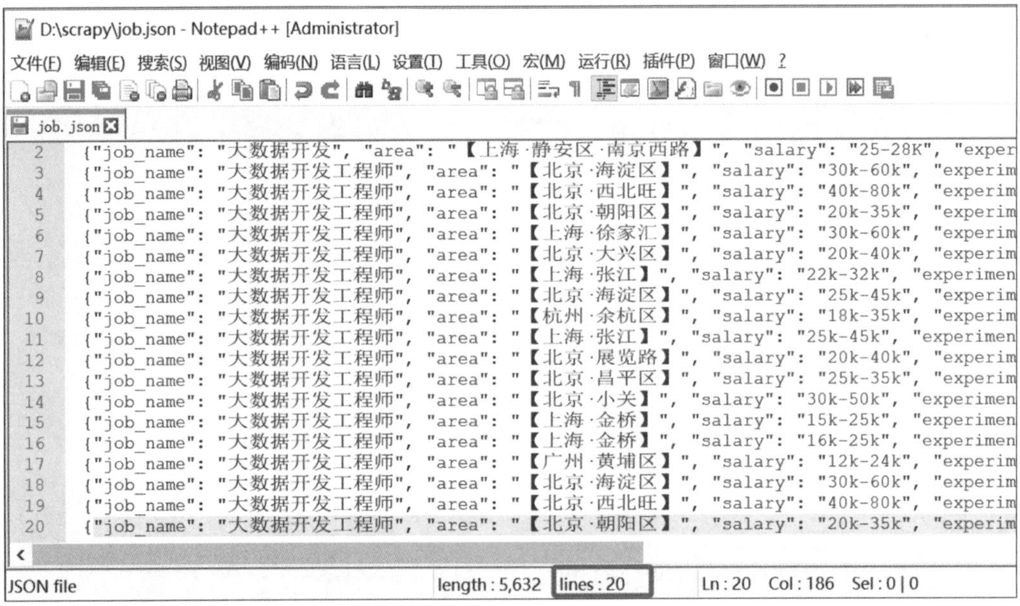

图 6 - 2 - 37　JSON 文件的内容

任务6.3　Scrapy 爬虫案例实战

1. 任务需求

在项目 5 中，为了进行招聘类的数据分析，采集 Java、Python 与大数据各职位 500 条数据保存为 JSON 格式文件。现在的任务是，将此项目改造成使用 Scrapy 框架完成，并将获取得到的数据存入 JSON 文件与 MySQL 数据库中，用于后续分析。

浏览 http://www.techlabplt.com:8085/searchlist?keyword = java，如图 6 - 3 - 1 所示，本任务主要需要获取的字段为职位名称、薪资、工作地点、招聘数量、发布时间、公司名称与工作要求。

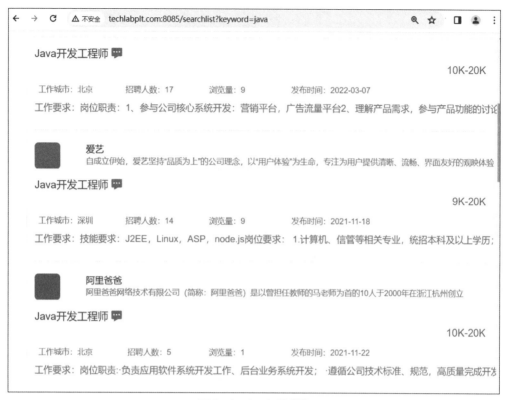

图 6 - 3 - 1　招聘详情

2. 任务实施

• 在 Windows cmd 命令行内输入 scrapy startproject recruitscrapy，创建名为 recruitscrapy 的项目。输入 cd recruitscrapy，进入刚新建的项目。输入 scrapy genspider recruit www. techlabplt. com，创建名为 recruit 的 Spider。整个过程如图 6 - 3 - 2 所示。

```
管理员: 命令提示符

D:\scrapy>scrapy startproject recruitscrapy
New Scrapy project 'recruitscrapy', using template directory 'C:\Program Files
es\project', created in:
    D:\scrapy\recruitscrapy

You can start your first spider with:
    cd recruitscrapy
    scrapy genspider example example.com

D:\scrapy>cd recruitscrapy

D:\scrapy\recruitscrapy>scrapy genspider recruit www.techlabplt.com
Created spider 'recruit' using template 'basic' in module:
    recruitscrapy.spiders.recruit

D:\scrapy\recruitscrapy>
```

图 6 - 3 - 2　新建 Scrapy 项目

● 使用 PyCharm 打开新建的项目，并将 start_urls 的值修改为登录界面，如图 6 - 3 - 3 所示。

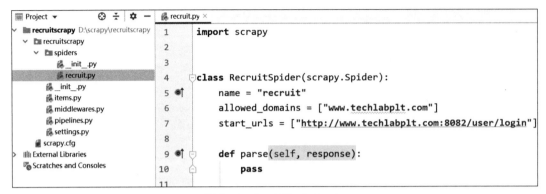

图 6 - 3 - 3　修改 start_urls

● 修改 items. py，按照需求定义各个爬取字段的字典，以下是代码实现：

```
import scrapy
class RecruitscrapyItem(scrapy. Item):
  recruit_name = scrapy. Field()   #职位名称
  salary_down = scrapy. Field()   #薪资范围 - 上限
  salary_up = scrapy. Field()   #薪资范围 - 下限
  work_city = scrapy. Field()   #工作地点
  quantity = scrapy. Field()   #招聘数量
  release_time = scrapy. Field()   #发布时间
  company = scrapy. Field()   #公司名称
  requirement = scrapy. Field()   #职位要求
  skill = scrapy. Field()   #技能要求
```

● 修改 settings. py，关闭 Robots 的访问，开启 JSON 数据与 MySQL 数据的保存，开启中间件功能，开启 User - Agent 与 Cookie，以下是代码实现：

```
#ROBOTSTXT_OBEY = True
    #存入 JSON 与 MySQL
ITEM_PIPELINES = {
  "recruitscrapy. pipelines. JSONPipeline":300,
  "recruitscrapy. pipelines. MySQLPipeline":310
}

#用于 Selenium 中间件处理
DOWNLOADER_MIDDLEWARES = {
    "recruitscrapy. middlewares. RecruitscrapyDownloaderMiddleware":543,
}
USER_AGENT = 'Mozilla/5.0 ( Windows NT 10.0; Win64; x64 ) AppleWebKit/537.36 ( KHTML,
like Gecko ) Chrome/107.0.0.0 Safari/537.36'
```

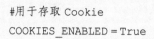

```
#用于存取 Cookie
COOKIES_ENABLED = True
```

* 修改 pipelines. py，将获取得到的数据存入 JSON 文件与 MySQL 中。需下述步骤才能完成此项功能。

在 Spider 的数据库内创建 recruits 表，用于存放获取得到的职位数据。recruits 的结构见表 6 – 3 – 1。

表 6 – 3 – 1 **recruits** 的结构

字段名称	类型	说明
id	bigint	自动递增，主键
name	varchar	职位名称
salary_down	int	薪资范围，上限
salary_up	int	薪资范围，下限
work_city	varchar	工作地点
company	varchar	公司名称
skill	varchar	技能要求
Requirement	longtext	职位要求
release_time	datetime	发布时间

recruits 表设计与创建完毕后，实现将爬取得到的数据存入 JSON 文件与数据库中，以下是代码实现：

```python
class JSONPipeline:
    #初始化方法,以写方式打开 recruit. json 文件
    def __init__(self):
        self. json_file = open("D:/scrapy/recruit. json",'w')

    def process_item(self,item,spider):
        #spider 每 yield 一次,此函数就会执行一次
        #print("得到的数据:",item)

        #item 对象转为字典
        item = dict(item)

        #将 yield 过来的数据写入 JSON 文件,将数据序列化,进行换行
        price_json = json. dumps(item,ensure_ascii = False) + '\n'

        #写入 job. json 文件内
        self. json_file. write(price_json)
        return item
```

```
        #当对象将被删除前,关闭 recruit.json 文件
        def __del__(self):
            self.json_file.close()


class MySQLPipeline:
        #初始化方法,以写方式打开 recruit.json 文件
        def __init__(self):
            #1. 建立数据库连接
            self.connect = pymysql.connect(
                #MySQL 数据库的 IP 地址,默认为 127.0.0.1(代表本地)
                host = '127.0.0.1',
                #MySQL 数据库的用户名
                user = 'root',
                #MySQL 数据库的密码
                password = 'admin +123',
                #MySQL 数据库服务的端口号,默认为 3306
                port = 3306,
                #数据库名称
                db = 'spider',
                #字符编码
                charset = 'utf8'
            )


        def process_item(self,item,spider):
            #spider 每 yield 一次,此函数就会执行一次
            #print("得到的数据:",item)
            values = (
            item['recruit_name'],
            item['salary_down'],
            item['salary_up'],
            item['work_city'],
            item['quantity'],
            item['release_time'],
            item['company'],
            item['requirement'],
            item['skill']
            )
            sql = 'INSERT INTO recruits(name,salary_down,salary_up,work_city,quanti-
ty,' \
                'release_time,company,requirement,skill)VALUES(% s,% s,% s,% s,% s,%
s,% s,% s,% s)'
            cursor = self.connect.cursor()
```

```
    try:
        #执行 sql 语句
        cursor.execute(sql,values)
    except:
        #发生异常,回滚
        self.connect.rollback()


    return item


#对象将被删除前执行的数据库操作
def __del__(self):
    #提交到数据库执行并关闭数据库连接
    self.connect.commit()
    self.connect.close()
```

● 修改 middlewares.py，通过 Selenium 中间件获取登录网页内容，实现登录与 Cookie 保存。对数据类请求做处理，将处理结果返回给 Spider，以下是代码实现：

```
class RecruitscrapyDownloaderMiddleware:


    def process_request(self,request,spider):
        #获取 request 内的 url
        request_url = request.url
        #登录请求
        if "login" in request.url:
            #定义 UA
            user_agent = "Mozilla/5.0(Windows NT 10.0;Win64;x64)AppleWebKit/537.36(KHT-
ML,like Gecko)Chrome/107.0.0.0 Safari/537.36"
            #去除非必要的日志输出
            options = webdriver.ChromeOptions()
            options.add_experimental_option("excludeSwitches",["enable - logging"])

            options.add_argument('-- user - agent = {}'.format(str(user_agent)))
            webBrowser = Chrome(options = options)
            #发起 Chrome 浏览器访问 request 内的 url
            webBrowser.get(request_url)
            #用于输入验证码,提交
            time.sleep(10)
            #存储 cookie
            spider.cookies = webBrowser.get_cookies()
        else:
            #数据类请求
            req = requests.session()#会话
            for cookie in spider.cookies:
```

```
            req. cookies. set(cookie['name'],cookie["value"])
        req. headers. clear()#清空头
        new_page = req. get(request_url)

        #创建响应对象,返回
        res = HtmlResponse(url = request_url,body = new_page. text,
                encoding = 'utf - 8',request = request)
        return res
```

● 修改 recruit. py，重写 start_requests 方法，发起登录页面请求。登录完毕后，发起 Java、PHP 与大数据职位的爬取，解析从 Selenium 中间件返回的数据，并将处理后的数据传递给 Item，以下是代码实现：

```
class RecruitSpider(scrapy. Spider):
  name = "recruit"
  allowed_domains = [ "www. techlabplt. com"]
  start_urls =["http://www. techlabplt. com:8082/searchNew? orderBy = releaseDate&keyword
=JAVA",
        "http://www. techlabplt. com:8082/searchNew? orderBy = releaseDate&keyword =
PHP",
        "http://www. techlabplt. com:8082/searchNew? orderBy = releaseDate&keyword =
大数据"]

  #重写 start_requests,前置请求,用于访问登录界面,存储 cookie
  def start_requests(self):
    login_url = "http://www. techlabplt. com:8082/user/login"
    yield scrapy. Request(url = login_url)

  #登录成功后,发起对数据的请求
  def parse(self,response):
    #循环遍历三个 URL
    for url in self. start_urls:
      #取 50 页数据
      for num in range(1,51):
      time. sleep(2)
      print(url + " -------------------- " + str(num))
      page_url = url + "&pageNum = " + str(num)
      print("发起请求")
      yield scrapy. Request(url = page_url,callback = self. data_analysis,dont_fil-
ter = True)

    #解析页面数据
    def data_analysis(self,response):
      itm = RecruitscrapyItem()
```

```
#将返回的数据转化为 JSON 格式,并获取 data 信息
data = response.json()['data']
#print("json 数据 ------------------:" + str(data))


for i in range(len(data)):
    print("data:----" + str(data[i]['title']))
    #将各个字段提取出来,存入 itm
    itm['recruit_name'] = data[i]['title']
    itm['salary_down'] = data[i]['salaryDown']
    itm['salary_up'] = data[i]['salaryUp']
    itm['work_city'] = data[i]['workCity']
    itm['quantity'] = data[i]['quantity']
    itm['release_time'] = data[i]['releaseDate']
    itm['company'] = data[i]['companyName']
    #gbk 编码问题,做手动转义
    itm['requirement'] = data[i]['requirement'].replace('\xa0',"\n")
    #运行过程中,发现有些职位下没有 skill,所以判断是否存在此 key
    if 'skill' in data[i]:
        itm['skill'] = data[i]['skill']
    #返回数据
    yield itm
```

● 在 Windows cmd 命令行内输入 scrapy crawl recruit，运行后的结果如图 6 – 3 – 4 所示。

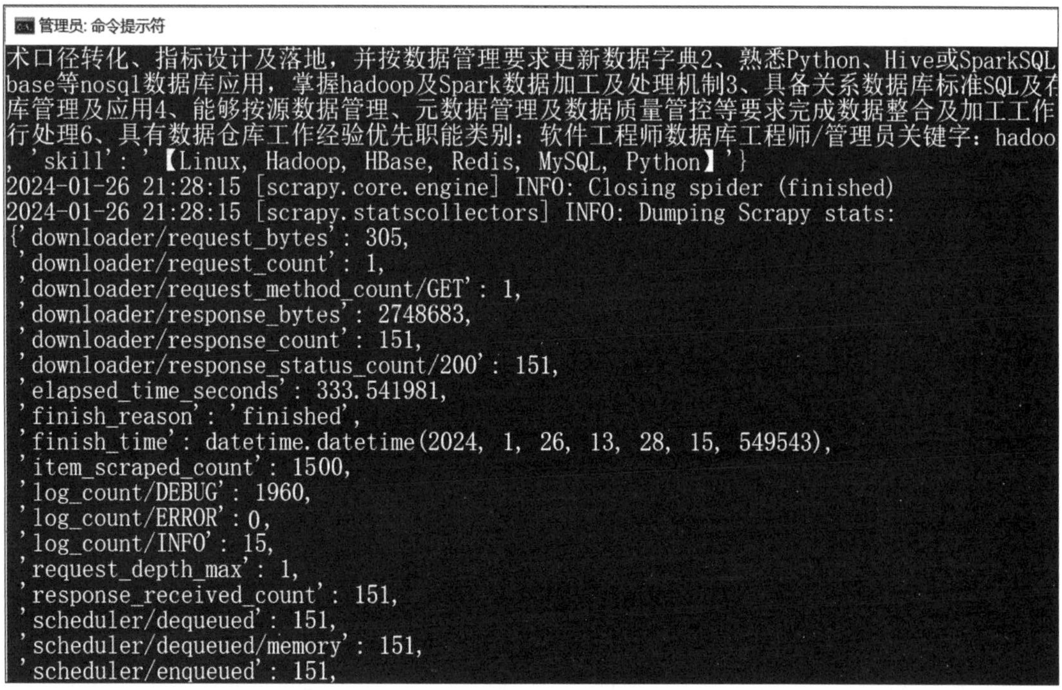

图 6 – 3 – 4　运行结果

从运行结果可知，一共有 151 次，每一次返回状态都是正常。在对应的目录下，新增了 recruit. json 文件，共 1 500 条数据，如图 6 - 3 - 5 所示。

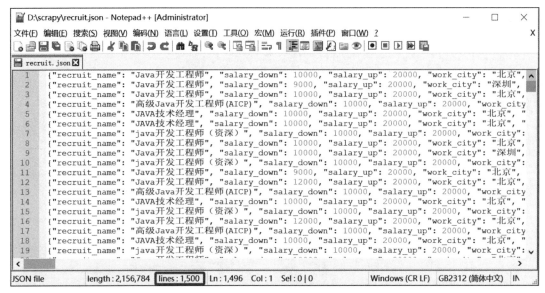

图 6 - 3 - 5 JSON 文件的内容

在对应的数据库内新增了 1 500 条数据，如图 6 - 3 - 6 所示。

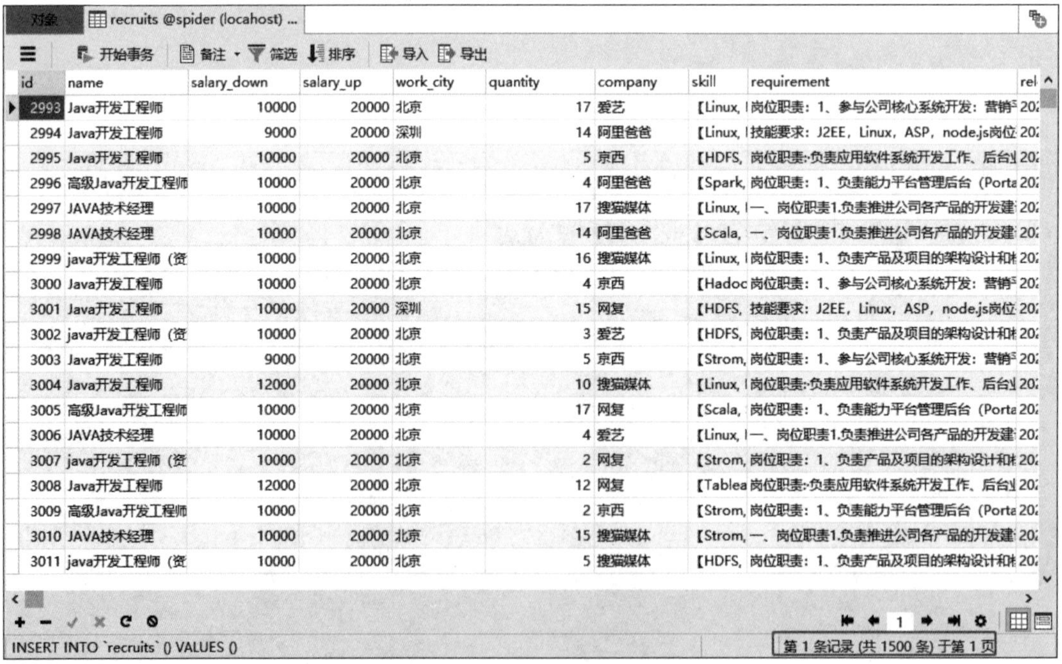

图 6 - 3 - 6 新增数据信息

- 优化与建议。

在程序运行过程中，整个过程所耗费的时间较长。这个可以通过建立代理池来缩短运行时间。大致的思路：通过将从代理网站获取得到的可用的地址放入代理池，以多线程的方式发起连接，从而减少爬取所需的时间。

在通过 Selenium 登录操作的时候，弹出登录界面，手动输入验证码，这个可以通过自动解析的方式，此部分可以参照任务 5.4 进行自动化处理。

练一练

1. 以下（　　）是 Scrapy 框架的核心组件。

A. Spider　　　　　　B. Item Pipelines　　C. Selector　　　　　D. Scrapy Engine

2. 以下（　　）不是 Scrapy 中 Spider 的属性。

A. start_urls　　　　　B. name　　　　　　C. request　　　　　　D. response

3. 以下（　　）选项是关于 Scrapy Selector 使用的正确描述。

A. Selector 用于解析 HTML/XML 文档

B. 常用的选择器类型有 CSS 和 XPath

C. 在 Spider 中，可以通过 Selector 对象选择需要的数据

D. 以上都是

4. 在 Scrapy 中，＿＿＿类用于处理爬取到的数据。

5. Scrapy 中最常用的类是＿＿＿，它用于解析网页源代码。

6. 编写一个 Scrapy 爬虫，获取 http://www.techlabplt.com/ 的热门文章标题和链接。

7. 使用 Scrapy 爬虫获取第 1～5 页的 Java 与大数据相关的职位信息，并将结果保存到 CSV 文件中，网页地址为 "http://www.techlabplt.com:8085/searchlist?keyword ="。

考核评价单

项目	考核任务	评分细则	配分	自评	互评	师评
Scrapy 爬虫框架	1. 初探 Scrapy	1. 概述整个爬虫程序的处理流程，5 分； 2. 概述 Scrapy 爬虫框架结构及每个组件的作用，5 分； 3. 概述 Spider 与 Selector 的作用，5 分； 4. 能使用命令来构建 Scrapy 框架，10 分； 5. 能使用 Spider 类来构建爬虫程序，5 分； 6. 能使用 Selector 类来分析与获取网站内容信息，5 分。	35 分			
	2. 拓展 Scrapy	1. 概述 Scrapy 框架内的中间件的作用，3 分； 2. 概述 Scrapy 框架对接 Selenium 与 Splash 的作用，2 分； 3. 概述 Selenium 与 Splash 中间件的差异，3 分； 4. 能使用 Scrapy 对接 Selenium 来完成爬虫任务，2 分； 5. 能使用 Scrapy 对接 Splash 来完成爬虫任务，5 分； 6. 能灵活运用中间件来拓展与丰富爬虫功能，5 分； 7. 分组设计 Scrapy 框架程序来完成整个爬虫任务，20 分。	40 分			
	3. 学习态度和素养目标	1. 考勤（10 分，缺勤、迟到、早退，1 次扣 5 分）； 2. 按时提交作业，5 分； 3. 诚信、守信，5 分； 4. 分工明确、团结协作，5 分。	25 分			

附录　爬虫的法律法规

2019 年 5 月 28 日，国家互联网信息办公室就《数据安全管理办法（征求意见稿）》（以下简称征求意见稿）公开征求意见，这是我国数据安全立法领域的里程碑事件。以法律的形式规范数据收集、存储、处理、共享、利用以及销毁等行为，强化对个人信息和重要数据的保护，可维护网络空间主权和国家安全、社会公共利益，保护自然人、法人和其他组织在网络空间的合法权益。以网络爬虫为主要代表的自动化数据收集技术，在提升数据收集效率的同时，如果被不当使用，可能影响网络运营者正常开展业务，为回应上述问题，征求意见稿第十六条确立了利用自动化手段（网络爬虫）收集数据不得妨碍他人网站正常运行的原则，并明确了严重影响网站运行的具体判断标准，这将对规范数据收集行为，保障网络运营者的经营自由和网站安全起到积极的作用。

一、网络爬虫的功能和价值

（一）定位网络爬虫，又称为网络蜘蛛或网络机器人，是互联网时代一项普遍运用的网络信息搜集技术。该项技术最早应用于搜索引擎领域，是搜索引擎获取数据来源的支撑性技术之一。随着数据资源的爆炸式增长，网络爬虫的应用场景和商业模式变得更加广泛和多样，较为常见的有新闻平台的内容汇聚和生成、电子商务平台的价格对比功能、基于气象数据的天气预报应用等。一个出色的网络爬虫工具能够处理大量的数据，大大节省了人类在该类工作上所花费的时间。网络爬虫作为数据抓取的实践工具，构成了互联网开放和信息资源共享理念的基石，如同互联网世界的一群工蜂，不断地推动网络空间的建设和发展。

（二）功能与价值网络爬虫技术是互联网开放共享精神的重要实现工具。允许收集者通过爬虫技术收集数据是数据开放共享的重要措施，网络爬虫能够通过聚合信息、提供链接，为数据所有者的网站带来更多的访问量，这些善意、适量的数据抓取行为，符合数据所有者开放共享数据的预期。相较于数据所有者通过开发 API 来提供数据，网络爬虫技术为数据收集者提供了极大的便利，也给专业网络爬虫公司带来巨大的收益：随着网络爬虫技术在市场中的日益普遍，其成本急剧下降，截至 2016 年，其服务成本已经低至每小时 20 元，一般的网络爬虫公司平均每年可赚取 40 万元，而专门为大公司从事网络爬虫外包服务的公司每年收益可达百万。

二、网络爬虫规制的必要性

（一）恶意抓取侵害他人权益和经营自由。通过网络爬虫访问和收集网站数据行为本身已经产生了相当规模的网络流量，但是，有分析表明，其中三分之二的数据抓取行为是恶意的，并且这一比例还在不断上升，恶意机器人可以掠夺资源、削弱竞争对手。恶意机器人往往被滥用于从一个站点抓取内容，然后将该内容发布至另一个站点，而不显示数据源或链接，这一不当手段将帮助非法组织建立虚假网站，产生欺诈风险，以及对知识产权、商业秘密窃取的行为。

（二）恶意爬虫危及网络安全。从行为本身来讲，恶意爬虫会对目标网站产生 DDoS 攻击的效果，当有成百上千的爬虫机器人与同一网站进行交互时，网站将会失去对真实目标的判断，其很难确定哪些流量来自真实用户，哪些流量来自机器人。若平台使用了掺杂虚假访问行为的缺陷数据，做出相关的营销决策，可能会导致大量时间和金钱的损失。尽管 Robots 协议作为国际通行的行业规范，能够帮助网站在 Robot. txt 文件中明确列出限制抓取的信息范围，但并不能从根本上阻止机器人的恶意爬虫行为，其协议本身无法为网站提供任何技术层面的保护。目前恶意的网络爬虫行为已经给互联网平台带来了一定的商业和技术风险，影响了其正常的平台运营和业务开展。

（三）现行法律规制方式及其不足之处。网络爬虫的不当访问、收集、干扰行为应当受到法律规制。目前，我国已有法律对网络爬虫进行规制主要集中在刑法有关计算机信息系统犯罪的相关条文上。从刑法所追求的法益来看，刑法规范的是对目标网站造成严重影响并具有社会危害性的数据抓取行为。若行为人违反刑法的相关规定，通过网络爬虫访问收集一般网站所存储、处理或传输的数据，可能构成刑法中的非法获取计算机信息系统数据罪；如果在数据抓取过程中实施了非法控制行为，可能构成非法控制计算机信息系统罪。此外，由于使用网络爬虫造成对目标网站的功能干扰，导致其访问流量增大、系统响应变缓，影响正常运营的，也可能构成破坏计算机信息系统罪。

由于刑法的谦抑性，其只能在网络爬虫行为产生严重社会危害而无刑罚以外手段进行规制的情形下起到惩治效果，而对于网络爬虫妨碍其他网站正常运行、过量访问收集数据等一般性危害行为很难起到规制作用，因此，我国需要建立在刑法以外的行政规制手段，构建完善的刑事责任、行政责任乃至民事责任体系，以保护互联网平台的合法权益，维护网络空间的正常秩序。

——中共中央网络安全和信息化委员会办公室
中华人民共和国国家互联网信息办公室 &copy；版权所有
网址：http://www.cac.gov.cn/2019 - 06/16/c_1124630015.htm